中等职业教育数控技术应用专业规划教材

# 数控加工工艺

## 第 2 版

主　编　翟瑞波
参　编　段战军

机械工业出版社

本书是依据中等职业学校、技工学校数控技术应用专业领域技能型紧缺人才培养培训指导方案编写的。本书主要内容包括：数控机床、数控加工工艺基础、数控机床夹具、数控机床刀具、数控车削加工工艺、数控铣削加工工艺、加工中心加工工艺、数控电加工工艺。本书内容由浅入深、循序渐进，突出了数控加工工艺的实际应用。全书内容丰富、图文并茂，具有较强的实用性。

　　本书可作为中等职业学校、技工学校数控技术应用专业教材，也可作为职业技术院校机电一体化、机械制造类专业教材及机械加工工人岗位培训和自学用书。

## 图书在版编目（CIP）数据

数控加工工艺/翟瑞波主编．—2 版．—北京：机械工业出版社，2011.6（2020.1 重印）
中等职业教育数控技术应用专业规划教材
ISBN 978-7-111-34968-6

Ⅰ．①数… Ⅱ．①翟… Ⅲ．①数控机床—加工—中等专业学校—教材
Ⅳ．①TG659

中国版本图书馆 CIP 数据核字（2011）第 106740 号

机械工业出版社（北京市百万庄大街 22 号　邮政编码 100037）
策划编辑：王英杰　王晓洁　责任编辑：王晓洁　张振勇
版式设计：霍永明　　　　　责任校对：张晓蓉
封面设计：王伟光　　　　　责任印制：李　昂
北京瑞德印刷有限公司印刷（三河市胜利装订厂装订）

2020 年 1 月第 2 版第 6 次印刷
184mm×260mm · 17.75 印张 · 438 千字
标准书号：ISBN 978-7-111-34968-6
定价：35.00 元

# 中等职业教育数控技术应用专业规划教材
## 编　委　会

# 第2版前言

本书第1版自2007年7月出版以来，受到了各方的关注，教材得到了广泛的使用。由于时间仓促以及作者的水平所限，书中的内容、课题需要进一步优化，加之新一届陕西省数控教学研究会成立后，一些专家、学者提出了很好的建议，因此成立了新的编委会，并完成《数控加工工艺（第2版）》的编写。第2版在第1版的基础上减少较难、不易懂的课题，使结构更为合理，更加适于授课和便于读者学习掌握。

本书从数控加工基础（机床、夹具、刀具等）部分入手，着重分析数控车削加工工艺、数控铣削加工工艺、加工中心加工工艺、数控电加工工艺，对数控工艺与普通工艺的联系、区分、衔接做了重要的讲解。书中的典型零件加工工艺部分，将生产、教学中的成果、技巧有机地结合、融会贯通，具有较强的通用性、适用性。本书实例丰富，图文并茂、书后配有大量的复习思考题，还为选用本书作为教材的教师准备教学课件。本书第五章由段战军编写，其余章节由翟瑞波编写，翟瑞波负责统稿。

本书在编写过程中得到陕西省数控教学研究会各院校专家、学者的大力支持，得到中航工业西安航空发动机（集团）有限公司技术、技能专家的大力帮助，在此一并表示感谢。

由于作者水平所限，书中不足之处恳请批评指正。

编 者

# 第1版前言

  本套教材是在陕西省数控教学研究会的安排、指导下，依据中等职业学校、技工学校数控技术应用领域技能型紧缺人才培养培训指导方案和国家颁布的数控技术应用专业教学大纲编写的。它符合核心教学与训练项目的基本要求和中、高级数控机床操作人员职业技能鉴定规范的基本要求。

  本套教材的编写坚持以就业为导向，将数控机床加工工艺（工艺路线确定、刀具选择、切削用量设置等）和程序编制等专业技术能力融合到实训操作中，充分体现了"教、学、做合一"的职教办学特色，并结合数控机床操作工职业资格考核标准进行实训操作的强化训练，注重提高学生的实践能力和岗位就业竞争力。

  《数控加工工艺》重点讲述数控机床、数控加工工艺基础、数控机床夹具、数控刀具以及专门数控加工工艺，循序渐进、易于掌握。它重点介绍了数控加工中的工艺特点、工艺技巧、数控刀具的选用以及典型零件加工工艺制定，广泛收集了数控加工技术领域的最新技术成果及最新标准，适合职业教育技能培养的需要。本书由具有多年教学、生产经验的教师及技术人员编写，其中翟瑞波曾获得陕西省教学能手、陕西省技术能手称号，并代表陕西省参加了全国第一届数控技能大赛。本书第一、二、三、四、六、七章由翟瑞波编写、第五章由段战军编写、第八章由白一凡编写，全书由翟瑞波统稿并担任主编。本书在编写过程中得到胡克明、苏成、刘振福、刘文祥等教师及有关专家的帮助，在此一并表示感谢。

  本书有配套的电子教案，有关信息可登录机械工业出版社网站 http：//www.cmpbook.com 和机械工业出版社教材服务网 http：//www.cmpedu.com。

  由于编者水平有限，书中存在的不足之处，恳请读者批评指正。

编 者

# 目　　录

第 2 版前言

第 1 版前言

**第一章　数控机床** …………………… 1

　第一节　数控机床的工作原理及组成 …… 1

　第二节　数控机床的分类 …………… 3

　第三节　机床坐标系和工作坐标系 …… 9

　第四节　数控机床的机械结构 ……… 13

　第五节　数控系统及数控机床的发展 … 26

　复习思考题 ……………………… 31

**第二章　数控加工工艺基础** ……… 33

　第一节　生产过程和工艺过程 …… 33

　第二节　数控加工工艺设计 ……… 37

　第三节　定位基准的选择 ………… 41

　第四节　工序尺寸及其公差的确定 … 45

　第五节　数控加工工艺路线设计 … 54

　第六节　数控加工工序设计 ……… 61

　第七节　数控加工工艺文件 ……… 66

　复习思考题 ……………………… 68

**第三章　数控机床夹具** …………… 70

　第一节　机床夹具概述 …………… 70

　第二节　工件的定位 ……………… 73

　第三节　工件在夹具中的夹紧 …… 86

　第四节　数控加工常用夹具 ……… 93

　复习思考题 ……………………… 96

**第四章　数控机床刀具** …………… 99

　第一节　数控机床刀具的要求、特点及

　　　　　材料 …………………… 99

　第二节　数控机床刀具的分类 …… 108

　第三节　数控机床工具系统 ……… 125

　第四节　刀具的磨损和延长刀具寿命的

　　　　　措施 …………………… 135

　复习思考题 ……………………… 137

**第五章　数控车削加工工艺** ……… 138

　第一节　数控车床概述 …………… 138

　第二节　数控车削刀具及切削用量的

　　　　　选择 …………………… 144

　第三节　数控车削加工工艺的制订 … 157

　第四节　典型零件的数控车削加工工艺 … 165

　复习思考题 ……………………… 186

**第六章　数控铣削加工工艺** ……… 190

　第一节　数控铣床概述 …………… 190

　第二节　数控铣削刀具及切削用量的

　　　　　选择 …………………… 195

　第三节　数控铣削加工工艺的制订 … 202

　第四节　典型零件的数控铣削加工工艺 … 211

　复习思考题 ……………………… 216

**第七章　加工中心加工工艺** ……… 218

　第一节　加工中心概述 …………… 218

　第二节　加工中心加工工艺的制订 … 227

　第三节　典型零件的加工中心加工工艺 … 232

　复习思考题 ……………………… 243

**第八章　数控电加工工艺** ………… 246

　第一节　数控电火花成形加工工艺 … 246

　第二节　数控电火花线切割加工工艺 … 259

　复习思考题 ……………………… 276

**参考文献** …………………………… 277

# 第一章　数控机床

数控机床产生于 1952 年，世界上第一台数控机床是由美国麻省理工学院研制的三坐标数控铣床。数控机床发展至今，数控系统经历了早期的硬件数控系统和现代的计算机数控系统两个阶段。硬件数控系统主要由电路硬件和连线组成，它的特点是具有很多硬件电路和连接结点，电路复杂，可靠性不好。计算机数控系统（Computer Numerical Control，简称 CNC 系统）主要是由计算机硬件和软件组成，它最突出的特点是利用存储在存储器里的软件控制系统工作，这种系统容易扩大功能，柔性好，可靠性高。

国际信息处理联合会（IFIP）第五技术委员会对数控机床定义如下：数控机床是一个装有程序控制系统的机床，该系统能够逻辑地处理具有使用号码或其他符号编码指令规定的程序。定义中所说的程序控制系统即数控系统。进一步说，当把数字化了的刀具移动轨迹的信息输入数控装置，经过译码、运算，从而实现控制刀具与工件相对运动，加工出所需要零件的一种机床即为数控机床。

## 第一节　数控机床的工作原理及组成

### 一、数控机床工作原理

数控加工就是根据零件图样及工艺要求等原始条件，编制零件数控加工程序，并输入到数控机床的数控系统，用以控制数控机床中刀具与工件的相对运动，从而完成零件的加工。数控加工原理如图 1-1 所示。数控加工步骤为：

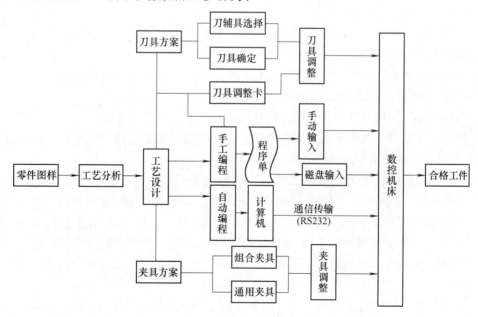

图 1-1　数控加工原理

1）根据零件图样要求确定零件加工的工艺过程、工艺参数和刀具参数。

2）用规定的程序代码和格式编写零件数控加工程序。可采用手工编程、自动编程的方法完成零件的加工程序文件。

3）通过数控机床操作面板或用计算机传送的方式将数控加工程序输入到数控系统。

4）按数控程序进行试运行、刀具路径模拟等。

5）通过对机床的正确操作，运行程序，完成零件加工。

**二、数控机床的组成**

数控机床一般由机床主体、控制部分、伺服系统、辅助装置四部分组成。

**1. 机床主体**

机床主体是指数控机床的机械结构实体，包括床身、导轨、主轴箱、工作台、进给机构等。

数控机床主体结构有以下特点：

1）由于采用了高性能的主轴及伺服传动系统，数控机床的机械传动结构大为简化，传动链较短。如主轴变速形式采用无级变速、分段无级变速、内装电动机主轴变速。

2）为适应连续的自动化加工，数控机床机械结构具有较高的动态刚度和阻尼精度，有较高的耐磨性，而且热变形小。

3）为减少摩擦，提高传动精度，更多地采用了高效传动部件，如滚珠丝杠副和贴塑导轨、滚动导轨、静压导轨等。

**2. 控制部分**（CNC 装置）

CNC 装置是数控机床的控制核心，一般是一台机床专用计算机，包括输入装置、CPU（包括运算器、控制器、存储器及寄存器等）、屏幕显示器（监视器）和输出装置。它的功能是将输入的各种信息，经 CPU 的计算处理后再经输出装置向伺服系统发出相应的控制信号，由伺服系统带动机床按预定轨迹、速度及方向运动。

CNC 装置的基本工作过程如下：

1）输入。输入内容有零件程序、控制参数、补偿数据。输入形式有键盘输入、磁盘输入、计算机传送、光电阅读机纸带输入等。

2）译码。目的是将程序段中的各种信息，按一定语法规则解释成数控装置能识别的语言，并以一定的格式存放在指定的内存专用区间。

3）刀具补偿。包括刀具位置补偿、刀具长度补偿、刀具半径补偿。

4）进给速度处理。编程所给定的刀具移动速度是加工轨迹切线方向的速度。速度处理就是将其分解成各运动坐标方向的分速度。

5）插补。当进给轨迹为直线或圆弧时，数控装置则在线段的起、终点坐标之间进行"数据点的密化"（即插补），向各坐标轴输出脉冲数，保证各个坐标轴同时运动到线段的终点坐标，这样数控机床能够加工出需要的直线或圆弧轮廓。一般 CNC 装置能对直线、圆弧进行插补运算。一些专用或较高档的 CNC 装置还可以完成对椭圆、抛物线、正弦曲线和一些专用曲线的插补运算。常用的插补运算方法有逐点比较插补法、数字积分插补法、时间分割插补法等。

6）位置控制。在 CNC 装置中，通过检测反馈系统，在每个采样周期内，把插补计算得到的理论位置与实际反馈位置相比较，用其差值去控制进给电动机。检测反馈系统可分为半闭环和闭环两种系统。常用的直线型检测反馈装置有长光栅、绝对编码尺和直线感应同步器；旋转型检测反馈装置有圆光栅、光电编码器及旋转变压器。

**3. 伺服系统**

机床伺服系统是以机床移动部件（工作台）的位置和速度作为控制量的自动控制系统。伺服系统接收计算机插补生成的进给脉冲或进给位移量，将其转化为机床工作台的位移。

伺服系统应满足的要求是进给速度范围要大（如 0.1mm/min 低速趋近，15m/min 快速移动）、位移精度要高、工作速度响应要快以及工作稳定性要好。

伺服系统由驱动装置和执行机构组成。驱动装置是数控机床的执行机构（工作台、主轴）的驱动部件，包括主轴电动机、进给伺服电动机。

数控机床的伺服系统按其控制方式可分为开环伺服系统、半闭环伺服系统、闭环伺服系统三大类。

**4. 辅助装置**

辅助装置是指数控机床的一些配套部件，包括刀库、液压装置、气动装置、冷却系统和排屑装置等。

# 第二节　数控机床的分类

目前，数控机床品种齐全，规格繁多，可以从不同的角度分类。

**一、按工艺用途分类**

数控机床是在普通机床的基础上发展起来的，各种类型的数控机床基本上起源于同类型的普通机床，按工艺用途分类大致如下：

**1. 普通数控机床**

如数控车床、数控铣床、数控钻床、数控镗床、数控齿轮加工机床、数控磨床等，这类机床的工艺性能和通用机床相似。

**2. 加工中心**

加工中心是带有刀库和自动换刀系统的数控机床。常见的有数控车削中心、数控车铣中心、数控镗铣中心（简称加工中心）等。

**3. 金属成形类数控机床**

如数控折弯机、数控组合冲床、数控弯管机、数控回转头压力机等。

**4. 数控特种加工机床**

如数控线切割机床、数控电火花加工机床、数控火焰切割机、数控激光切割机床、专用组合机床等。

**5. 其他类型的数控设备**

非加工设备也可采用数控技术，如自动装配机、多坐标测量机、自动绘图机和工业机器人等。

**二、按控制运动的方式分类**

数控机床按其刀具与工件相对运动的方式可以分为点位控制、点位直线控制和轮廓控制数控机床，如图 1-2 所示。

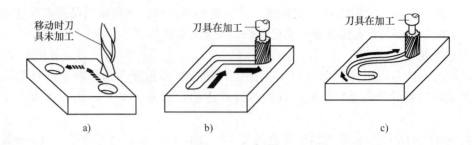

图 1-2　按控制运动的方式分类
a）点位控制　b）点位直线控制　c）轮廓控制

**1. 点位控制数控机床**

点位控制数控机床的特点是机床的运动部件只能够实现从一个位置到另一个位置的精确运动，在运动和定位过程中不进行任何加工，如图 1-2a 所示。

采用点位控制的数控机床有数控钻床、数控坐标镗床、数控冲床以及数控点焊机和数控弯管机等。

**2. 点位直线控制数控机床**

点位直线控制数控机床的特点是机床的运动部件不仅要实现一个坐标位置到另一个位置的精确移动和定位，而且能实现平行于坐标轴的直线进给运动或控制两个坐标轴实现斜线进给运动。

此类机床应具有主轴转速的选择与控制，切削速度与刀具的选择以及循环进给加工等辅助功能。这种控制常应用于简易数控车床、数控铣床、数控磨床等，现已较少使用，如图 1-2b 所示。

**3. 轮廓控制数控机床**

轮廓控制数控机床的特点是能同时对两个或两个以上的坐标轴实现连续控制。它不仅能够控制移动部件的起点和终点，而且能控制整个加工过程中每点的位置与速度。也就是说，能连续控制加工轨迹，使之满足零件轮廓形状要求。这种机床具有刀具补偿、主轴转速控制以及自动换刀等较齐全的辅助功能。

轮廓控制主要用于加工曲面、凸轮及叶片等复杂形状工件的数控车床、数控铣床、数控磨床和数控加工中心等，现在的数控机床多为轮廓控制数控机床，如图 1-2c 所示。

**三、按可控制联动的坐标轴分类**

所谓数控机床可控制联动的坐标轴，是指数控装置能控制几个伺服电动机同时驱动机床移动部件运动的坐标轴。

**1. 二坐标联动**

如数控车床，加工曲面回转体，如图 1-3a 所示。某些数控镗床，二坐标联动可镗铣斜面，如图 1-3b 所示。

**2. 三坐标联动**

如一般的数控铣床、加工中心，三坐标联动可加工曲面零件，如图 1-4 所示。

**3. 二轴半坐标联动**

二轴半坐标联动实为二坐标联动，第三轴做周期性等距运动，如图 1-5 所示。

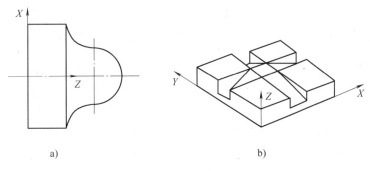

a)                                            b)

图 1-3 二坐标联动
a) 曲面回转体 b) 镗铣斜面

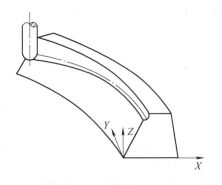

图 1-4 三坐标联动

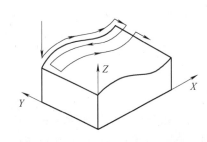

图 1-5 二轴半坐标联动

#### 4. 多坐标联动

四坐标及四坐标以上的联动称为多坐标联动。例如五坐标联动铣床，工作台除 $X$、$Y$、$Z$ 三个方向可沿直线进给外，还可绕 $Z$ 轴（$C$ 轴）旋转进给、刀具主轴可绕 $Y$ 轴（$B$ 轴）作摆动进给，如图 1-6 所示。

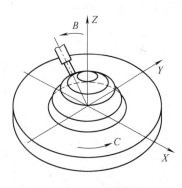

图 1-6 五坐标联动

#### 四、按伺服系统分类

#### 1. 伺服系统的分类

根据有无检测反馈元件及其检测装置，机床的伺服系统可分为开环伺服系统、闭环伺服系统、半闭环伺服系统。

1）开环伺服数控机床。在开环伺服系统中，机床没有检测反馈装置，如图 1-7 所示，即数控装置发出的信号流程是单向的。工作台的移动速度和移动量是由输入脉冲的频率和脉冲数决定的。由于开环伺服系统对移动部件的实际位移无检测反馈，故不能补偿系统精度，因此伺服电动机的误差以及齿轮与丝杠的传动误差都将影响被加工零件的精度。但开环伺服系统的结构简单，成本低，调整维修方便及工作可靠。它适用于精度、速度要求不高的场合，如简易机床、小型 $X—Y$ 工作台、线切割机和绘图仪等。

2）闭环伺服数控机床。闭环伺服系统是在机床移动部件上安装直线位置检测装置，如图 1-8 所示，将检测到的实际位置反馈到数控装置中，与指令要求的位置进行比较，用差值进行控制，直到差值消除为止，最终实现移动部件的高位置精度。这种位置补偿回路也称位

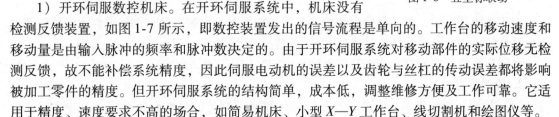

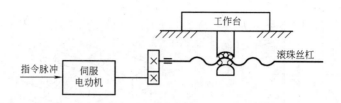

图 1-7 开环伺服系统

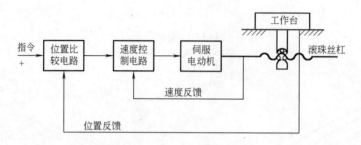

图 1-8 闭环伺服系统

置环。

在闭环系统中，机械系统也包括在位置环之内，诸如机械固有频率，阻尼比和间隙等因素，将会影响系统的稳定性，从而增加系统设计和调试的难度。

3）半闭环伺服数控机床。这种控制方式对移动部件的实际位置不进行检测，而是通过检测伺服电动机的转角间接地测知移动部件的实际位移量，用此值与指令值相比较，通过差值进行控制，如图 1-9 所示。

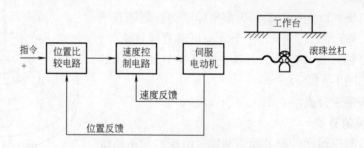

图 1-9 半闭环伺服系统

对于半闭环系统，由于其角位移检测装置结构简单，安装方便，而且惯性大的移动部件不包括在闭环内，所以系统调试方便，并有很好的稳定性。

半闭环系统的控制精度介于开环和闭环之间，应用广泛。

**2. 检测装置**

（1）检测装置的作用　检测装置是把位移和速度测量信号作为反馈信号，并将反馈信号转换成数字信号送回计算机与脉冲指令信号进行比较，以控制驱动元件正确运转。检测装置的精度直接影响数控机床的定位精度和加工精度。

（2）对检测装置的要求　检测装置要有高的可靠性和抗干扰能力，满足机床加工精度和加工速度的要求，使用、维护方便，成本低。

（3）检测装置的分类

1）直接测量与间接测量。

① 直接测量是指所测对象为被测对象本身，其方式有两种：一是直线测量，即测工作台的直线位移（但检测装置需和行程等长）；二是角度测量，即测主轴的旋转角度。

② 间接测量是指以旋转方式的检测装置反映工作台的直线位移，该方法使用方便，又无长度限制，但精度要受机床传动链精度的影响。

2）增量式测量和绝对式测量

① 增量式测量是指只测位移增量，由系统所发脉冲量累计计算位移。

② 绝对式测量是指被测任一点均从固定的零点起算，被测点均有对应编码。

3）位置检测与速度检测。位置检测指对运动部件的位置作测量，而速度检测则是对运动件速度作测量（如测速发电机）。

（4）位置检测装置　包括直线型检测装置（感应同步器、光栅、磁栅）、旋转型检测装置（旋转变压器、脉冲编码器、测速发电机），如图1-10所示为光栅。

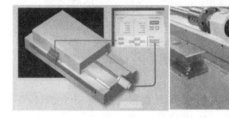

图 1-10　光栅

**五、按数控系统的功能水平分类**

数控系统一般分为高级型、普及型和经济型三个档次。数控系统并没有确切的档次界限，其参考评价指标包括：CPU 性能、分辨率、进给速度、联动轴数、伺服水平、通信功能和人机对话界面等。

1）高级型数控系统。该档次的数控系统采用 32 位或更高性能的 CPU，联动轴数在五轴以上，分辨率≤0.1μm，进给速度≥24m/min（分辨率为1μm时）或≥10m/min（分辨率为0.1μm时），采用数字化交流伺服驱动，具有 MAP 高性能通信接口，具备联网功能，有三维动态图形显示功能。

2）普及型数控系统。该档次的数控系统采用 16 位或更高性能的 CPU，联动轴数在五轴以下，分辨率在 1μm 以内，进给速度≤24m/min，可采用交、直流伺服驱动，具有 RS232或 DNC 通信接口，有 CRT 字符显示和平面线性图形显示功能。

3）经济型数控系统。该档次的数控系统采用 8 位 CPU 或单片机控制，联动轴数在三轴以下，分辨率为 0.01mm，进给速度为 6 ~ 8m/min，采用步进电动机驱动，具有简单的 RS232 通信接口，用数码管或简单的 CRT 字符显示。

**六、主要数控机床介绍**

**1. 数控车床**

数控车床主要用于加工轴类、盘套类等回转体零件，能够通过程序控制自动完成内外圆柱面、锥面、圆弧、螺纹等工序的切削加工，并进行切槽、钻孔、扩孔、铰孔等工作。而近来研制出的数控车削中心和数控车铣中心，使得在一次装夹中可完成更多的加工工序，提高了加工质量和生产效率，因此，特别适宜复杂形状的回转类零件的加工。

如图 1-11 所示是一台数控车床的外观图，机床本体包括主轴、溜板、刀架等。数控系统包括显示器、控制面板、强电控制系统。

**2. 数控铣床**

数控铣床可以三坐标联动，用于各类复杂零件（如曲面和壳体类零件）的加工，它可分为数控立式铣床、数控卧式铣床、数控仿形铣床等。随着数控机床的发展，数控铣床趋于发展为数控加工中心。数控铣床如图 1-12 所示。

图 1-11　数控车床　　　　　图 1-12　数控铣床

**3. 加工中心**

加工中心具有自动换刀装置，主要用于箱体类零件和复杂曲面零件的加工，能进行铣、镗、钻、扩、铰、攻螺纹等工序的加工。加工中心又可分为立式加工中心和卧式加工中心，如图 1-13 所示。

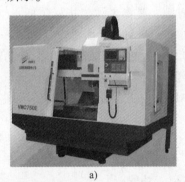

a)　　　　　　　　　　b)

图 1-13　加工中心
a) 立式加工中心　b) 卧式加工中心

**4. 数控钻床**

如图 1-14 所示，数控钻床可分为数控立式钻床和数控卧式钻床。数控钻床主要是完成钻孔、攻螺纹功能，同时也可以完成简单的铣削功能。

**5. 数控磨床**

数控磨床主要用于加工高硬度、高精度表面，可分为数控平面磨床（见图 1-15）、数控外圆磨床、数控轮廓磨床等。随着自动砂轮补偿技术、自动砂轮修整技术和磨削固定循环技术的发展，数控磨床的功能越来越强。

**6. 数控电火花成形机床**

数控电火花成形加工是一种特种加工方法，它是利用两个不同极性的电极在绝缘液体中产生放电现象，去除材料进而完成加工的，对于形状复杂的磨具、难加工材料有特殊的优势，如图 1-16 所示。

**7. 数控线切割机床**

数控线切割机床如图 1-17 所示，它的工作原理与电火花成形机床一样，其电极是电极丝，加工液一般采用去离子水。

图 1-14　数控钻床

图 1-15　数控磨床

图 1-16　数控电火花成形机床

图 1-17　数控线切割机床

# 第三节　机床坐标系和工作坐标系

**一、数控机床的坐标系**

**1. 坐标轴和运动方向命名的原则**

1）假定刀具相对于静止的工件而运动。当工件移动时，则在坐标轴符号上加"'"表示。

2）标准坐标系是一个右手直角笛卡儿坐标系，如图 1-18a 所示。

3）刀具远离工件的运动方向为坐标轴的正方向。

4）机床主轴旋转运动的正方向是按照右旋螺纹进入工件的方向。

5）围绕 $X$、$Y$、$Z$ 坐标旋转的旋转坐标分别用 $A$、$B$、$C$ 表示，根据右手螺旋定则，大拇指的指向为 $X$、$Y$、$Z$ 坐标中任意轴的正向，则其余四指的旋转方向即为旋转坐标 $A$、$B$、$C$ 的正向，如图 1-18b 所示。

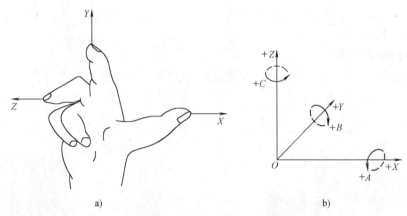

图 1-18　右手直角笛卡儿坐标系

**2. 坐标轴的规定**

（1）Z 坐标轴

1）在机床坐标系中，规定传递切削动力的主轴轴线为 Z 坐标轴。

2）对于没有主轴的机床（如数控龙门刨床），则规定 Z 坐标轴垂直于工件装夹面方向。

3）如机床上有几个主轴，则选一垂直于工件装夹面的主轴作为主要的主轴。

（2）X 坐标轴

1）X 坐标轴是水平的，它平行于工件装夹平面。

2）对于工件旋转的机床，X 坐标的方向在工件的径向上，并且平行于横滑座。

3）对于刀具旋转的机床，如 Z 坐标是水平（卧式）的，当从主要刀具的主轴向工件看时，向右的方向为 X 的正方向；如 Z 坐标是垂直（立式）的，当从主要刀具的主轴向立柱看时，X 的正方向指向右边。

4）对刀具或工件均不旋转的机床（如刨床），X 坐标平行于主要进给方向，并以该方向为正方向。

（3）Y 坐标轴　Y 坐标轴根据 Z 和 X 坐标轴，按照右手直角笛卡儿坐标系确定。如图 1-19所示为卧式数控车床坐标系，图 1-20 所示为立式数控铣床坐标系。

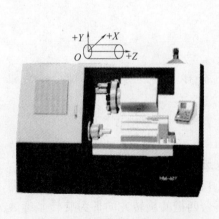

图 1-19　卧式数控车床坐标系

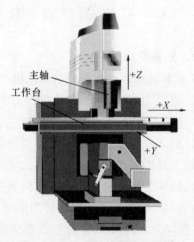

图 1-20　立式数控铣床坐标系

（4）平行于 $X$、$Y$、$Z$ 的坐标　如在 $X$、$Y$、$Z$ 主要直线运动之外另有第二组、第三组平行于它们的运动，可分别将它们的坐标定为 $U$、$V$、$W$ 和 $P$、$Q$、$R$。

（5）旋转坐标轴 $A$、$B$、$C$　$A$、$B$、$C$ 分别表示其轴线平行于 $X$、$Y$、$Z$ 的旋转坐标轴。旋转轴的正方向，用绕 $X$、$Y$ 或 $Z$ 轴的右手螺旋定则来确定。

**3. 机床坐标系的确定方法**

1）坐标轴的确定方法。一般先确定 $Z$ 坐标轴，因为它是传递主切削动力的主要轴或方向，再按规定确定 $X$ 坐标轴，最后用右手直角笛卡儿坐标系确定 $Y$ 坐标轴。图 1-21、图 1-22、图 1-23、图 1-24 所示为几种机床坐标系。

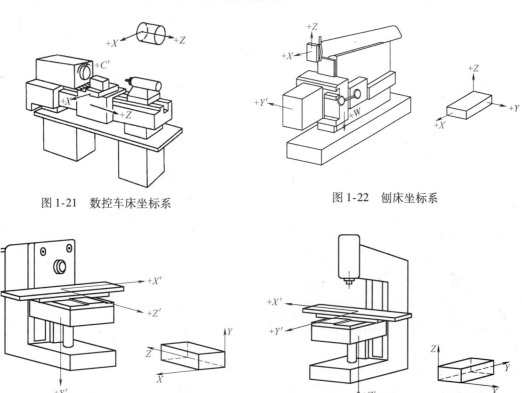

图 1-21　数控车床坐标系　　　　　　图 1-22　刨床坐标系

图 1-23　卧式数控铣床坐标系　　　　　　图 1-24　立式数控铣床坐标系

2）机床原点（机械原点）。机床原点是指机床坐标系的原点，它在机床装配、调试时就已确定下来，是机床制造商设置在机床上的一个物理位置。其作用是使机床与控制系统同步，建立测量机床运动坐标的起始点。

在数控车床上，机床原点一般设在卡盘端面与主轴轴线的交点处。同时，通过设置参数的方法，也可将机床原点设定在 $X$、$Z$ 坐标的正方向极限位置上，如图 1-25 所示。数控铣床、加工中心机床原点一般设置在机床移动部件沿其坐标轴正向的极限位置处，如图 1-26 所示。

3）机床参考点。与机床原点相对应的还有一个机床参考点，它是机床制造商在机床上用行程开关设置的一个物理位置，与机床的相对位置是固定的。机床参考点一般不同于机床原点。一般来说，加工中心的参考点为机床的自动换刀位置。

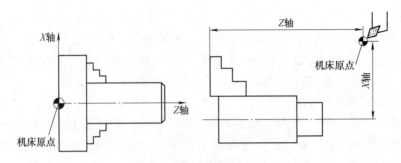

图1-25　数控车床机床原点

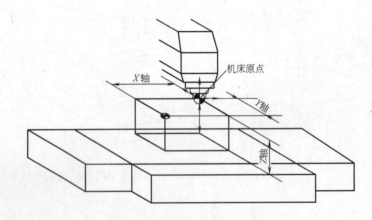

图1-26　立式数控铣床机床原点

通常在数控铣床上机床原点和机床参考点是重合的，而在数控车床上机床参考点是离机床原点最远的极限点。如图1-27所示为数控车床的参考点与机床原点。

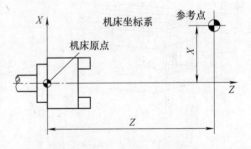

图1-27　数控车床参考点与机床原点

**二、工作坐标系**

工作坐标系是编程人员在编程和加工时使用的坐标系，是程序的参考坐标系，工作坐标系的原点设置以机床坐标系为参考点，一般在一个机床中可以设定6个工作坐标系，同时还可以在程序中多次设置原点。设置时一般用G92（用于数控镗铣床）或G54～G59和G50（用于数控车床）等指令。当工作坐标系设置在工件表面上时又称为工件坐标系。

编程人员以工件图样上某点为工作坐标系的原点，称为工作原点。工作原点一般设在工件的设计工艺基准处，便于尺寸计算。如图1-28所示为数控车加工时的工作原点设置，如图1-29所示为数控铣加工时的工作原点设置。

编程时的刀具轨迹坐标点是按工件轮廓在工作坐标系中的坐标来确定的。

在加工时，工件随夹具安装在机床上，这时测量工作原点与机床原点间的距离，称作工作原点偏置，该偏置预存到数控系统中。在加工时，工作原点偏置能自动加到工作坐标系上，使数控系统可按机床坐标系确定加工时的绝对坐标值。

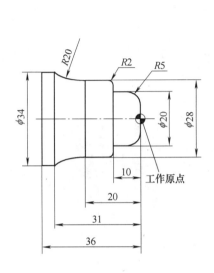

图 1-28 数控车加工时的工作原点设置

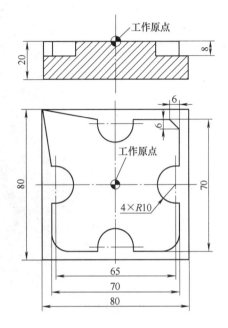

图 1-29 数控铣加工时的工作原点设置

# 第四节 数控机床的机械结构

## 一、数控机床机械结构的特点

数控机床是机电一体化产品的典型代表，尽管它的机械结构与普通机床的结构有许多相似之处，但并不是简单地在普通机床上配备数控系统即可，它与普通机床相比，在结构上进行了改进，主要表现在以下几个方面：

1）主传动装置多采用无级变速或分段无级变速方式，可利用程序控制主轴的变向和变速，主传动具有较宽的调速范围。有些数控机床的主传动系统已开始采用结构紧凑、性能优异的电主轴。

2）进给传动装置中广泛采用无间隙滚珠丝杠传动和无间隙齿轮传动，利用贴塑导轨或静压导轨来减少运动副的摩擦力，提高传动精度。有些数控机床的进给部件直接使用直线电动机驱动，从而实现了高速、高灵敏度伺服驱动。

3）床身、立柱、横梁等主要支承件采用合理的截面形状，且采取一些补偿变形的措施，使其具有较高的结构刚度。

4）加工中心备有刀库和自动换刀装置，可进行多工序、多面加工，大大提高了生产率。

## 二、数控机床对结构的要求

### 1. 数控机床应具备更高的静、动刚度

刚度是指构件在恒定载荷和交变载荷作用下抵抗变形的能力。前者称为静刚度，后者称

为动刚度。

　　应合理地设计结构，改善受力情况，以便减小受力变形。机床的基础大件采用封闭箱形结构，合理布置加强肋板，以及加强构件之间的接触刚度，都是提高机床静刚度和固有频率的有力措施。改善机床结构的阻尼特性，如在机床大件内腔填充阻尼材料，表面喷涂阻尼涂层，充分利用结合面间的摩擦阻尼以及采用新材料可提高机床动刚度。

　　如图1-30所示为数控机床采用的封闭箱形结构，图1-31所示为数控机床采用的大理石床身。

图1-30　封闭箱形结构

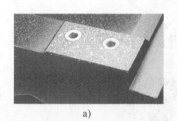

a)　　　　　　　　　　b)

图1-31　大理石床身
a）人造大理石床身（混凝土聚合物）　b）天然大理石床身

**2. 数控机床应有更小的热变形**

　　机床在切削热、摩擦热等内、外热源的影响下，各部件将发生不同程度的热变形，使工件与刀具之间的相对位置关系遭到破坏，从而影响工件的加工精度。

　　减小热变形的措施是对机床热源进行强制冷却以及采用热对称结构，如图1-32所示。

**3. 数控机床运动件之间的摩擦要小，要消除传动系统的间隙，达到低速时无爬行，高速时快速响应**

　　传统机床所使用的滑动导轨，其静摩擦力和动摩擦力相差较大，工作台运动过程中易产生窜动、爬行等现象。数控机床多采用滚动导轨和静压导轨，其静摩擦力较小，而且还由于润滑油的作用，使它们的摩擦力随运动速度的提高而加大，这就有效地避免了低速爬行现象，从而提高了数控机床的运动平稳性和定位精度。此外，近年来又出现了新型导轨材料——塑料导轨，它具有更好的摩擦特性及良好的耐磨性，有取代滚动导轨的趋势。数控机床在进给系统中采用滚珠丝杠代替滑动丝杠，也是基于同样道理。

图 1-32  减小热变形的措施
a) 对机床热源进行强制冷却  b) 热对称结构立柱

对数控机床进给系统的另一个要求就是无间隙传动。因此必须采取措施消除进给运动系统中的间隙，如齿轮副、丝杠螺母的间隙。

**4. 数控机床应有更好的宜人性**（人机关系及环保）

数控机床切削加工时不需人工操作，故采用封闭与半封闭式加工。要有明快、干净、协调的人机界面；要尽可能方便操作者观察；要注意提高机床各部分的互锁能力，并设有紧急停机按钮；要留有最有利于工件装夹的位置。应将所有操作都集中在一个操作面板上，操作面板要一目了然，不要有太多的按钮和指示灯，以减少误操作。

**三、数控机床布局特点**

机床的布局对数控机床是十分重要的，它直接影响机床的结构和使用性能。基于上述特别要求，数控机床的布局大都采用机、电、液、气一体布局，全封闭或半封闭防护。另外，由于电子技术和控制技术的发展，主轴电动机的调速范围很宽，主传动为无级变速或分段无级变速，变速一般不超过二级，各坐标的进给运动由各自的伺服电动机驱动。与传统机床复杂的传动系统比，机械结构大大简化，制造和维修都很方便，而且宜人性好，易于实现计算机辅助设计、制造和生产管理全面自动化。

**1. 数控车床布局结构的特点**

卧式数控车床是主轴轴线处于水平位置的数控车床，如图 1-33 所示。立式数控车床是主轴轴线处于垂直位置的数控车床，如图 1-34 所示。

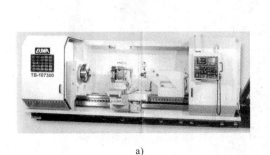

图 1-33  数控车床布局形式
a) 水平床身  b) 倾斜床身

卧式数控车床的床身结构主要有水平床身、倾斜床身以及水平床身斜滑板等。水平床身的工艺性好，便于导轨面的加工。水平床身配上水平放置的刀架可提高刀架的运动精度，一般可用于大型数控车床或小型精密数控车床的布局。但是水平床身由于下部空间小，故排屑困难。从结构尺寸上看，刀架水平放置使得滑板横向尺寸较长，从而加大了机床宽度方向的结构尺寸。

图1-34　立式数控车床

水平床身配上倾斜放置的滑板，并配置倾斜式导轨防护罩，这种布局形式一方面有水平床身工艺性好的特点，另一方面机床宽度方向的尺寸较水平配置滑板的要小，且排屑方便。水平床身配上倾斜放置的滑板和斜床身配置斜滑板布局形式被中、小型数控车床所普遍采用。这是由于此两种布局形式排屑容易，热铁屑不会堆积在导轨上，也便于安装自动排屑器；操作方便，易于安装机械手，以实现单机自动化；机床占地面积小，外形简洁、美观，容易实现封闭式防护。倾斜床身多采用30°、45°、60°、75°和90°（称为立式床身）角，但倾斜角度太大会影响导轨的导向性及受力情况。常用的有45°、60°和75°。如图1-33所示为水平床身和倾斜床身结构。

数控车床多采用自动回转刀架来夹持各种不同用途的刀具，它的回转轴线与主轴轴线平行。刀架的工位数量多采用6、8、10或12位。

数控车削中心是在数控车床的基础上发展起来的，一般具有 $C$ 轴控制（$C$ 轴是绕主轴的回转轴，并与主轴互锁），在数控系统的控制下，实现 $C$ 轴、$Z$ 轴插补或 $C$ 轴、$X$ 轴插补及 $C$ 轴、$Z$ 轴、$X$ 轴插补。它的回转刀架还可安置动力刀具，使工件在一次装夹下，除完成一般车削外，还可在工件轴向或径向等部位进行钻铣加工。

**2. 数控铣床的布局结构特点**

立式数控铣床（见图1-35）的主轴轴线垂直于水平面，是数控铣床中最常见的一种布局形式，应用范围也最广泛。卧式数控铣床（见图1-36）与通用卧式铣床相同，其主轴轴线平行于水平面。

图1-35　立式数控铣床

图1-36　卧式数控铣床

**3. 加工中心的布局结构特点**

加工中心自1959年问世发展至今，出现了很多类型，它们的布局形式随卧式和立式、工作台进给运动和主轴箱进给运动的不同而不同，但从总体来看，不外乎由基础部件、主轴部件、数控系统、自动换刀系统、自动交换托盘系统和辅助系统几大部分构成。

1）卧式加工中心。卧式加工中心通常采用移动式立柱，工作台不升降，采用 T 形床身。T 形床身有一体式和分离式两种。卧式加工中心普遍采用双立柱框架结构形式，主轴箱在两立柱之间，沿导轨上下移动。这种结构刚性大，热对称性好，稳定性高。小型卧式加工中心采用固定立柱式结构，其床身不大，且都是整体结构。图 1-37 所示为移动立柱卧式加工中心。

图 1-37　移动立柱卧式加工中心

卧式加工中心各个坐标的运动可由工作台移动或由主轴移动来完成。卧式加工中心一般具有三坐标联动，包括三、四个运动坐标。常见的是三个直线坐标 $X$、$Y$、$Z$ 联动和一个回转坐标 $B$ 分度。

2）立式加工中心。立式加工中心与卧式加工中心相比，结构简单，占地面积小，价格也便宜。中小型立式加工中心一般都采用固定立柱式，因为主轴箱吊在立柱一侧，通常采用方形截面框架结构，米字形或井字形肋板，以增强抗扭刚度，而且立柱是中空的，以放置主轴箱的平衡重物。

立式加工中心通常也有三个直线运动坐标，由溜板和工作台来实现平面上 $X$、$Y$ 两个坐标轴的移动。图 1-38 所示为立式加工中心的几种布局结构，主轴箱在立柱上上下移动实现 $Z$ 坐标移动。立式加工中心还可在工作台上安放一个第四轴 $A$ 轴，可加工螺旋类和圆柱凸轮等零件。

3）五面加工中心与多坐标加工中心。五面加工中心具有立式和卧式加工中心的功能。常见的有两种形式如下：一种是主轴可做 90°旋转；另一种是工作台可带动工件一起做 90°的旋转，这样可在工件一次装夹下完成除安装面外的所有五个面的加工，这是为适应加工复杂箱体零件的需要，是加工中心的一个发展方向。加工中心的另一个发展方向是五坐标、六坐标甚至更多坐标的加工中心，除 $X$、$Y$、$Z$ 三个直线坐标外，还包括 $A$、$B$、$C$ 三个旋转坐标。图 1-39 所示为一卧式五坐标加工中心，其五个坐标可以联动，进行复杂零件的加工。图 1-40 所示为实现两个回转坐标运动的工作台示意图。

**四、数控机床的主传动系统**

**1. 对主传动系统的要求**

1）足够的转速范围。

2）足够的功率和转矩。

3）各零部件应具有足够的精度、强度、刚度和抗振性。

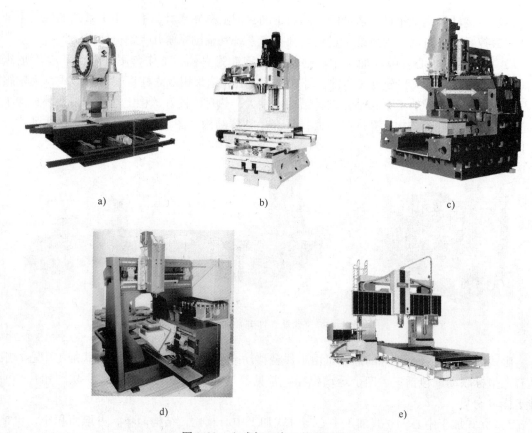

图 1-38　立式加工中心的布局结构
a）固定立柱立式加工中心　b）固定立柱立式加工中心　c）滑枕立式加工中心
d）O 形整体床身立式加工中心　e）移动式龙门加工中心

图 1-39　卧式五坐标加工中心

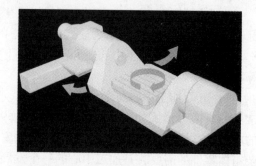

图 1-40　实现两个回转坐标运动的工作台

4）噪声低、运行平稳。

**2. 主传动变速**（主传动链）

数控机床的主运动广泛采用无级变速传动，用交流调速电动机或直流调速电动机驱动，传动链短，传动件少，数控机床的主轴具有较大的刚度和较高的精度，由于多数数控机床具有自动换刀功能，其主轴具有特殊的刀具安装和夹紧机构。根据数控机床的类型与大小，其主传动主要有以下三种形式：

1）带有二级齿轮变速（见图1-41）。主轴电动机经过二级齿轮变速，使主轴获得低速和高速两种转速系列。这种分段无级变速，能确保低速时的大转矩，满足机床对转矩特性的要求。滑移齿轮常用液压拨叉和电磁离合器来改变其位置。

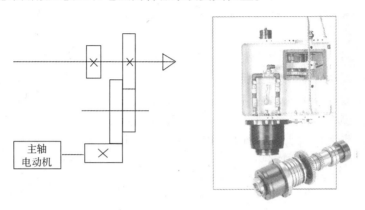

图 1-41　变速齿轮传动

2）带有定比传动。主轴电动机经定比传动传递给主轴，定比传动采用齿轮传动或同步齿形带传动。带传动主要用于小型数控机床上，可减小齿轮传动的噪声与振动。图1-42所示为同步齿形带传动。

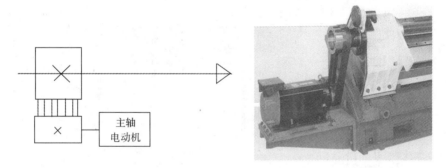

图 1-42　同步齿形带传动

3）由主轴电动机直接驱动（一体化主轴，电主轴）。电动机轴与主轴用联轴器同轴联接，这种方式大大简化了主轴结构，有效地提高了主轴刚度。但主轴输出转矩小，电动机的发热对主轴精度影响大。图1-43所示为主轴电动机直接驱动。

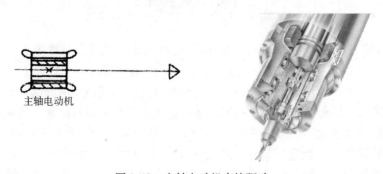

图 1-43　主轴电动机直接驱动

### 3. 主轴（部件）结构

主轴部件是机床的重要部件之一，其精度、抗振性和热变形对加工质量有直接影响。特别是数控机床在加工过程中不进行人工调整，这些影响就更为严重。数控机床主轴部件在结构上要解决好主轴的支承、主轴内刀具自动装夹、主轴的定向停止等问题。

1）主轴的支承。数控机床主轴的支承主要采用图1-44所示的三种主要形式。图1-44a所示结构的前支承采用双列短圆柱滚子轴承和双向推力角接触球轴承组合，后支承采用成对向心推力球轴承。这种结构的综合刚度高，可以满足强力切削的要求，是目前各类数控机床普遍采用的形式。图1-44b所示结构的前支承采用多个高精度向心推力球轴承，后支承采用单个向心球轴承。这种配置的高速性能好，但承载能力较小，适用于高速、轻载和精密的数控机床。图1-44c所示结构为前支承采用双列圆锥滚子轴承，后支承为单列圆锥滚子轴承。这种配置的径向和轴向刚度很高，可承受重载荷，但这种结构限制了主轴最高转速和精度，因而仅适用于中等精度、低速与重载的数控机床主轴。

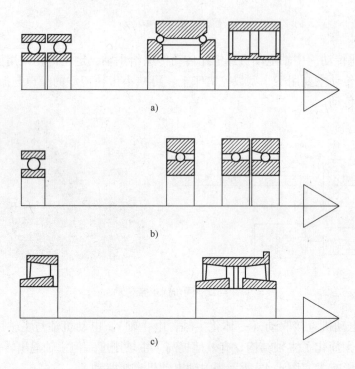

图1-44 主轴支承配置
a) 高刚度型 b) 高速轻载型 c) 低速重载型

2）主轴内部刀具自动夹紧机构。主轴内部刀具自动夹紧机构是数控机床特别是加工中心的特有机构。图1-45所示为加工中心主轴结构部件图，其刀具可以在主轴上自动装卸并进行自动夹紧，其工作原理如下：当刀具2装到主轴孔后，其刀柄后部的拉钉3便被送到主轴拉杆7的前端，在碟形弹簧9的作用下，通过弹性卡爪5将刀具拉紧。当需要换刀时，电气控制指令给液压系统发出信号，使液压缸14的活塞左移，带动推杆13向左移动，推动固定在拉杆7上的轴套10，使整个拉杆7向左移动，当弹性卡爪5向前伸出一段距离后，在弹性力作用下，弹性卡爪5自动松开拉钉3，此时拉杆7继续向左移动，喷气嘴6的端部把刀具顶松，机械手便可把刀具取出进行换刀。装刀之前，压缩空气从喷气嘴 6 中喷出，吹掉锥孔内脏物，当机械手把刀具装入之后，压力油通入液压缸 14 的左腔，使推杆退回原处，在碟形弹簧的作用下，通过拉杆 7 又把刀具拉紧。切削液喷嘴 1 用来在切削时对刀具进行大流量冷却。

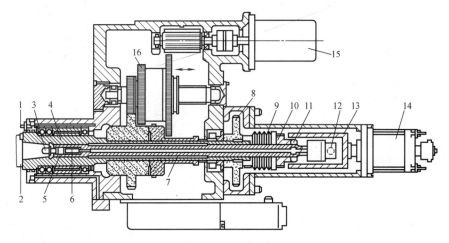

图 1-45　加工中心主轴结构部件图

1—切削液喷嘴　2—刀具　3—拉钉　4—主轴　5—弹性卡爪　6—喷气嘴
7—拉杆　8—定位凸轮　9—碟形弹簧　10—轴套　11—固定螺母　12—旋转接头
13—推杆　14—液压缸　15—交流伺服电动机　16—换挡齿轮

3）主轴准停装置。主轴准停也叫主轴定向。在加工中心等数控机床上，由于有机械手自动换刀，要求刀柄上的键槽对准主轴的端面键，因此主轴每次必须停在一个固定准确的位置上。在镗孔时为不使刀尖划伤已加工表面，在退刀时要让刀尖退出加工表面一个微小量，由于退刀方向是固定的，因此要求主轴准停。另一方面，在加工精密的坐标孔时，由于每次都能在主轴固定的圆周位置上装刀，就能保证刀尖与主轴相对位置的一致性，从而减少被加工孔的尺寸误差，这是主轴准停带来的另一个好处。主轴准停装置有机械式和电气式两种。

**五、数控机床进给运动**

**1. 进给运动机械结构的特点**

1）运动件间的摩擦阻力要小。

2）消除传动系统中的间隙。

3）传动系统的精度和刚度高。

4）减小运动惯量，具有适当的阻尼。

**2. 进给传动系统的种类**

数控机床的进给传动系统包括直线运动部件的进给传动系统和旋转运动部件的进给传动系统，如图 1-46 所示。进给传动系统有以下四种形式：

1）步进伺服电动机伺服进给系统。步进电动机是一种将电脉冲信号转换成机械角位移的转换装置，是开环伺服系统的执行元件。一般用于经济型数控机床。

2）直流伺服电动机伺服进给系统。功率稳定，但因采用电刷，其磨损导致在使用中需进行更换。一般用于中档数控机床。

3）交流伺服电动机伺服进给系统。应用极为普遍，主要用于中高档数控机床。

4）直线电动机伺服进给系统。无中间传动链，精度高，进给快，无长度限制，但散热差，防护要求特别高，主要用于高速机床。

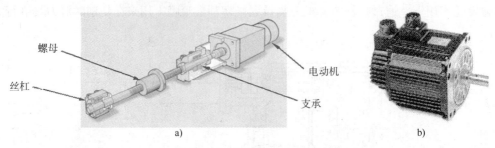

螺母

丝杠

电动机

支承

a)　　　　　　　　　　　　b)

图 1-46　进给传动系统
a）伺服进给系统　b）伺服电动机

### 3. 滚珠丝杠螺母副

滚珠丝杠螺母副的动、静摩擦因数几乎没有差别，并具有传动效率高、运动平稳、寿命长，经预紧后可消除轴向间隙，无反向空行程，成本高，不能自锁，尺寸不能太大等特点，因此滚珠丝杠螺母副广泛用于各类中小型数控机床的直线进给。滚珠丝杠螺母副如图 1-47 所示。

滚珠丝杠必须有可靠的轴向间隙消除机构。这里所指的轴向间隙不仅包括各零件之间的间隙，还包括弹性变形造成的位移。因而滚珠丝杠通过预紧方法消除间隙。滚珠丝杠螺母消除间隙机构有双螺母垫片调隙式、双螺母螺纹调隙式、双螺母齿差调隙式。

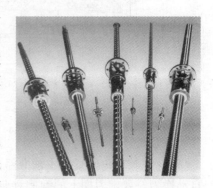

图 1-47　滚珠丝杠螺母副

### 4. 回转坐标进给系统

对三坐标以上的数控机床，除以 $X$、$Y$、$Z$ 三个直线进给运动外，还有绕 $X$、$Y$、$Z$ 轴旋转的圆周进给运动或分度运动。通常数控机床的圆周进给运动由数控回转工作台来实现，分度运动由分度工作台来实现。

图 1-48 所示为一数控回转工作台，同直线进给工作台一样，是在数控系统的控制下，完成工作台的圆周进给运动，并能同其他坐标轴实现联动，以完成复杂零件的加工，还可以做任意角度转位和分度。工作台的运动精度大都由伺服系统的间隙大小决定。因此，用于数控机床回转工作台的蜗轮蜗杆必须有较高的制造精度和装配精度，而且还要采取措施来消除蜗轮蜗杆副的传动间隙。

数控机床的分度工作台与数控回转工作台不同，它只能完成分度运动。由于结构上的原因，分度工作台的分度运动只限于某些规定角度，如在 0°~360°范围内每 5°分一次，或每 1°分一次。

### 六、导轨

导轨是进给系统的重要环节，是机床基本结构的要素之一。机床加工精度和使用寿命在很大程度上取决于机床导轨的质量。导轨要求具有高的导向精度、良好的精度保持性、良好的摩擦特性、运动平稳、高灵敏度、寿命长。数控机床常用的导轨按其接触面间摩擦性质的不同可分为滑动导轨和滚动导轨，如图 1-49 所示。

图 1-48　数控回转工作台

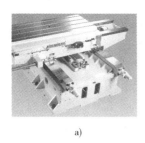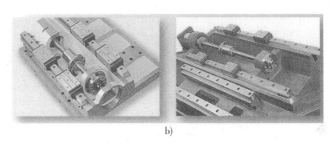

a)　　　　　　　　　　　　　　　　　　b)

图 1-49　导轨形式

a）滑动导轨　b）滚动导轨

**1. 滑动导轨**

在数控机床上常用的滑动导轨有液体静压导轨、气体静压导轨和贴塑导轨。滑动导轨摩擦特性好、耐磨性好、运动平稳、工艺性好。

1）液体静压导轨：在两导轨工作面间通入具有一定压力的润滑油，形成静压油膜，使导轨工作面处于纯液态摩擦状态，摩擦因数极低，多用于进给运动导轨。

2）气体静压导轨：在两导轨工作面间通入具有恒定压力的气体，使两导轨面形成均匀分离，以得到高精度的运动。这种导轨摩擦因数小，不易引起发热变形，但会随空气压力波动而使空气膜发生变化，且承载能力小，故常用于负荷不大的场合。

3）贴塑导轨：在动导轨的摩擦表面上贴上一层由塑料等其他化学材料组成的塑料薄膜软带，其优点是导轨面的摩擦因数低，且动静摩擦因数接近，不易产生爬行现象；塑料的阻尼性能好，具有吸收振动能力，可减小振动和噪声；耐磨性、化学稳定性、可加工性能好；工艺简单、成本低。

**2. 滚动导轨**

滚动导轨的最大优点是摩擦因数很小，一般为 0.0025~0.005，比贴塑导轨还小很多，且动、静摩擦因数很接近，因而运动轻便灵活，在很低的运动速度下都不出现爬行，低速运动平稳性好，位移精度和定位精度高。滚动导轨的缺点是抗振性差，结构比较复杂，制造成本较高。近年来数控机床越来越多地采用由专业厂家生产的直线滚动导轨副或滚动导轨块。这种导轨组件本身制造精度很高，对机床的安装基面要求不高，安装、调整都非常方便。

**七、自动换刀装置**

自动换刀装置可帮助数控机床节省辅助时间，并满足在一次安装中完成多工序、多工步加工要求。数控机床对自动换刀装置的要求是：换刀迅速、时间短、重复定位精度高、刀具储存量足够、所占空间位置小、工作稳定可靠。

**1. 换刀形式**

自动换刀装置的结构形式随机床类型的不同而有所不同。

1）回转刀架式。回转刀架是一种最简单的自动换刀系统，多用于数控车床，回转刀架上可安装四、六、八把甚至更多的刀具，由数控系统控制换刀。其特点是结构简单、紧凑，但空间利用率低，刀库容量小。图1-50所示为回转刀架式换刀。

2）更换主轴头式。在带有旋转刀具的数控机床中，如数控钻床，更换主轴头是一种比较简单的换刀方式，常用转塔的转位来更换主轴头，以实现自动换刀。图1-51所示为更换主轴头式换刀。

图1-50 回转刀架式换刀

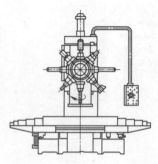

图1-51 更换主轴头式换刀

3）刀库—机械手式。目前大量使用的是这种自动换刀系统。使用时将加工中所需刀具分别装上标准刀柄，在机外进行尺寸调整之后按一定方式放入刀库，由交换装置从刀库和主轴上取刀交换。这种结构形式主轴的刚度高，刀具的存储量大，如图1-52所示。

图1-52 刀库—机械手式换刀

刀具交换方式常有两种：采用机械手交换刀具和由刀库与机床主轴的相对运动交换刀具（刀库移至主轴处换刀或主轴运动到刀库换刀位置换刀），其中以机械手换刀最为常见。

**2. 加工中心刀库**

刀库是自动换刀装置中最主要的部件之一，其容量、布局及具体结构对数控机床的总体设计有很大影响。一般有盘式、链式及鼓轮式刀库几种。在加工中心上使用的刀库主要有两种，一种是盘式刀库，一种是链式刀库。

1）盘式刀库。刀具呈环行排列，空间利用率低，容量不大但结构简单。刀库容量相对较小，一般为 1～24 把刀具，主要适用于小型加工中心。

2）链式刀库。结构紧凑，容量大，链环的形状也可随机床布局制成各种形式而灵活多变，还可将换刀位突出以便于换刀，应用较为广泛。刀库容量大，一般为 1～100 把刀具，主要适用于大中型加工中心。

3）轮式或格子式刀库。占地小，结构紧凑，容量大，但选刀、取刀动作复杂，多用于 FMS 的集中供刀系统。

图 1-53 所示为加工中心刀库。

a)

b)

图 1-53　加工中心刀库
a）盘式刀库　b）链式刀库

### 3. 加工中心选刀方式

按数控装置的刀具选择方式指令，从刀库中挑选各工序所需的刀具的操作，称为自动选刀。常用的选刀方式有以下两种方式：

1）顺序选刀方式。刀具的顺序选择方式是将刀具按加工工序的顺序，依次放入刀库的每一个刀座内。每次换刀时，刀库按顺序转动一个刀座位置。并取出所需要的刀具。已使用过的刀具可以放回原来的刀座内，也可以按顺序放入下一个刀座内。

顺序选刀方式具有结构简单、工作可靠等优点，但由于刀库中的刀具在不同的工序中不能重复使用，从而降低了刀具和刀库的利用率。此外，人工的装刀操作必须准确，一旦刀具在刀库中的顺序发生差错，将会造成严重事故。

2）光电识别选刀方式。光电识别选刀方式是近年来出现的一种新的尝试，选刀时通过光学系统将刀具外形"信息图形"与存储器内指定刀具的"信息图形"相比较，当一致时，发出信号使该刀具停在换刀位置，由机械手将刀具取出。光电识别选刀方式选刀迅速、准确，但价格较贵，所以限制了它的使用。

### 八、排屑装置

对数控机床来说，迅速有效地排出切屑十分重要。排屑装置的作用就是将切屑从加工区域排送到数控机床之外。由于切屑中往往混合着切削液，因而排屑装置要能够将切削液回流到切削液箱内，而将分离出的切屑送入切屑收集箱内。有的数控机床切屑不能直接落入排屑装置，常常需要用大流量切削液将其冲入排屑槽中。

常见的排屑装置主要有以下几种：

### 1. 刮板式排屑装置

刮板式排屑装置（见图 1-54a）广泛用于数控机床、加工中心等自动流水线中，以收集和输送粉末状、颗粒状金属和非金属切屑。便于集中处理，运输平稳、可靠、噪声小，具有机械过载保护性能。

**2. 链板式排屑装置**

链板式排屑装置（见图1-54b）广泛应用于数控机床、加工中心等机床的自动流水线中。链板为不锈钢材料制成，不同节距的链板适用于不同大小的切屑，此排屑装置不适用于粉末状切屑。运输平稳可靠，噪声小，具有机械过载保护性能。

**3. 螺旋式排屑装置**

螺旋式排屑装置（见图1-54c）通过减速机驱动带有螺旋叶的旋转轴推动物料向前（向后），集中在出料口，落入指定位置，该机结构紧凑，占用空间小，安装使用方便，传动环节少，故障率极低，主要用于输送颗粒状、粉末状的金属和非金属切屑。尤其适用于排屑空间狭小，其他排屑形式不易安装的机床。

图1-54　排屑装置
a）刮板式排屑装置　b）链板式排屑装置　c）螺旋式排屑装置

# 第五节　数控系统及数控机床的发展

## 一、数控机床的特点

数控机床与传统的机床相比，具有以下特点：

**1. 具有高度柔性**

在数控机床上加工零件，主要取决于加工程序，它与普通机床不同，不必制造、更换许多工具、夹具，不需要经常重新调整机床。因此，数控机床适用于零件频繁更换的场合，也就是适合单件、小批生产及新产品的开发，缩短了生产准备周期，节省了大量工艺装备的费用。

**2. 加工精度高、质量稳定、可靠**

数控机床加工精度一般可达0.005～0.05mm之间，数控机床是按数字信号形式控制的，数控装置每输出一个脉冲信号，则机床移动部件移动一个脉冲当量（一般为0.001mm/脉冲），而且机床进给传动链的反向间隙与丝杠螺距平均误差可由数控装置进行补偿。因此，数控机床定位精度比较高。

加工同一批零件，在同一机床，在相同加工条件下，使用相同刀具和加工程序，刀具的进给轨迹完全相同，零件的一致性好，质量稳定。

**3. 加工生产效率高**

数控机床可有效地减少零件的加工时间，数控机床的主轴转速和进给量范围大，允许机床进行大切削量的强力切削，极大提高了生产率。另外配合加工中心的刀库使用，实现了在一台机床上进行多道工序的连续加工，减少了半成品工序间的周转时间，提高了生产率。

**4. 改善劳动条件**

数控机床加工前经调整以后，输入程序并启动，机床就能自动连续地加工，直至加工结束。操作者主要完成程序的输入、编辑、装卸零件、刀具准备、加工状态的观测、零件的检验等工作，极大地降低了劳动强度，机床操作者的劳动趋于智力型工作。另外，机床一般是封闭式，加工既清洁又安全。

**5. 利于生产管理现代化**

数控机床的加工，预先精确估计加工时间，所使用的刀具、夹具、可进行规范化、现代化管理。数控机床使用数字信号与标准代码为数控信息，易于实现加工信息的标准化，目前已与计算机辅助设计与制造（CAD/CAM）有机地结合起来，是现代集成制造技术的基础。

**二、数控系统**

数控系统由数控装置、伺服系统和反馈系统组成。在数控机床中，该系统采用数字代码形式的信息指令控制机床运动部件的速度和轨迹，以实现对零件给定形状的加工。

数控机床配置的数控系统不同，其功能和性能有很大差异。目前数控系统应用较多的有国外的 FANUC（日本）、SIEMENS（德国）、FAGOR（西班牙）、HEIDENHAIN（德国）、MITSUBISHI（日本）数控系统以及国内的华中数控、广州数控等。

**1. FANUC 系统**

1）高可靠性的 PowerMate 0 系列：用于控制二轴的小型车床，取代步进电动机的伺服系统；可配画面清晰、操作方便、中文显示的 CRT/MDI，也可配性价比高的 DPL/MDI。

2）普及型 CNC 0—D 系列：0—TD 用于车床，0—MD 用于铣床及小型加工中心，0—GCD 用于圆柱磨床，0—GSD 用于平面磨床，0—PD 用于冲床。

3）全功能型的 0—C 系列：0—TC 用于通用车床、自动车床，0—MC 用于铣床、钻床、加工中心，0—GCC 用于内、外圆磨床，0—GSC 用于平面磨床，0—TTC 用于双刀架四轴车床。

4）高性价比的 0i 系列：整体软件功能包，高速、高精度加工，并具有网络功能。0i—MB/MA 用于加工中心和铣床，四轴四联动；0i—TB/TA 用于车床，四轴二联动，0i—mate MA 用于铣床，三轴三联动；0i—mateTA 用于车床，二轴二联动。

5）具有网络功能的超小型、超薄型 CNC 16i/18i/21i 系列：控制单元与 LCD 集成于一体，具有网络功能，超高速串行数据通信。其中 FS16i—MB 的插补、位置检测和伺服控制以纳米（nm）为单位。16i 最大可控八轴，六轴联动；18i 最大可控六轴，四轴联动；21i 最大可控四轴，四轴联动。

除此之外，还有实现机床个性化的 CNC16/18/160/180 系列。

**2. SIEMENS 系统**

1）SINUMERIK 802S/C。802S 和 802C 系统标准配置包具备了所有的必要组成单元：NC、PLC、操作面板、机床控制面板、输入/输出单元及系统软件。操作编程极其简便、免维护、性能价格比高，是专门为低端 CNC 机床市场而开发的经济型 CNC 控制系统。

802S 和 802C 系统用于车床、铣床等，可控制三个进给轴和一个主轴，802S 适用于步进电动机驱动，802C 适用于伺服电动机驱动，具有数字 I/O 接口。

2）SINUMERIK 802D。控制四个数字进给轴和一个主轴，PLC I/O 模块，具有图形式循环编程，车削、铣削/钻削工艺循环，FRAME（包括移动、旋转和缩放）等功能，为复杂加工任务提供智能控制。SINUMERIK 802D 系统属于低档系统，但是基本上已经是标准的数控系统，最适合于数控车床、铣床、磨床和带小型刀库的数控加工中心。

3）SINUMERIK 840D。SINUMERIK 840D 系统用于各种复杂加工，它在复杂的系统平台上，通过系统设定而适于各种控制技术。840D 与 SINUMERIK-611 数字驱动系统和 SIMATIC7 可编程控制器一起，构成全数字控制系统，它适用于各种复杂加工任务的控制，具有优于其他系统的动态品质和控制精度。

标准 840D 控制系统的特征是具有大量的控制功能，如钻削、车削、铣削、磨削以及特殊控制，这些功能在使用中不会有任何相互影响。由于开放的结构，这个完整的系统也适于其他技术，如剪切、冲压和激光加工等。

4）SINUMERIK 810D。用于数字闭环驱动控制，最多可控制六轴（包括一个主轴和一个辅助主轴），紧凑型可编程输入/输出。

SINUMERIK 810D 是 840D 的 CNC 和驱动控制集成型，NC CPU 和驱动集成在一块板子上，驱动的功率部分又可提供三个坐标和两个坐标两种。简单来说，也就是 SINUMERIK 810D 系统没有驱动接口，SINUMERIK 810D NC 软件基本包含了 840D 的全部功能，具有高的性价比。

5）SINUMERIK 840C 系统。SINUMERIK 840C 系统一直雄居世界数控系统水平之首，内装功能强大的 PLC 135WB2，可以控制 SIMODRIVE 611A/D 模拟式或数字式交流驱动系统，适合于高复杂度的数控镗铣床、加工中心、龙门加工中心、五面体加工中心、高档磨床。

**3. 华中数控系统**

华中"世纪星"数控系统是在华中 I 型、华中 2000 系列数控系统的基础上，满足用户对低价格、高性能、简单、可靠的要求而开发的数控系统。华中"世纪星"系列数控单元（HNC-21/22T、HNC-21/22M）采用先进的开放式体系结构，内置嵌入式工业 PC，配置 7.5 英寸或 9.4 英寸彩色液晶显示屏和通用工程面板，集成进给轴接口、主轴接口、手持单元接口、内嵌式 PLC 接口于一体，支持硬盘、电子盘等程序存储方式以及软驱、DNC、以太网等程序交换功能，具有低价格、高性能、配置灵活、结构紧凑、易于使用、可靠性高的特点。HNC-21/22T 为车削系统，HNC-21/22M 为铣削系统，最大联动轴数为四轴。

HNC-21/22M 铣削系统功能介绍如下：

1）最大联动轴数为四轴。

2）可选配各种类型的脉冲式、模拟式交流伺服驱动单元或步进电动机驱动单元以及 HSV 系列串口式伺服驱动单元。

3）除标准机床控制面板外，配置 40 路光电隔离开关量输入和 32 路开关量输出接口、手持单元接口、主轴控制与编码器接口。还可扩展远程 128 路输入/128 路输出端子板。

4）采用 7.5 英寸彩色液晶显示器（分辨率为 640×480），全汉字操作界面、故障诊断与报警、多种形式的图形加工轨迹显示和仿真，操作简便，易于掌握和使用。

5）采用国际标准 G 代码编程，与各种流行的 CAD/CAM 自动编程系统兼容具有直线、圆弧、螺旋线、固定循环、旋转、缩放、镜像、刀具补偿、宏程序等功能。

6）小线段连续加工功能，特别适合于 CAD/CAM 设计的复杂模具零件加工。

7）加工断点保存/恢复功能，方便用户使用。

8）反向间隙和单、双向螺距误差补偿功能。

9）超大程序加工能力，不需要 DNC，配置硬盘可直接加工单个高达 2GB 的 G 代码程序。

10）内置 RS232 通信接口，轻松实现机床数据通信。

**4. 广州数控系统**

GSK 218T 为新一代普及型车床数控系统，采用了 32 位高性能的 CPU 和超大规模可编程器件 FPGA，运用实时多任务控制技术和硬件插补技术，实现了微米（μm）级精度的运动控制。

GSK 218M 为普及型加工中心及铣床数控系统，采用 32 位高性能的 CPU 和超大规模可编程器件 FPGA，实时控制和硬件插补技术保证了系统在微米（μm）级精度下的高效运动控制，可在线编辑的 PLC 使逻辑控制功能更加灵活强大。

GSK 928TC-1 车床数控系统具有 CPLD 硬件插补、微米（μm）级精度；国际标准 ISO 代码，24 种 G 代码，可满足多种加工需要；主轴编码器可选 1024p/r 或 1200p/r 增量式编码器；加减速时间参数可调，可适配步进驱动、交流伺服构成不同档次车床数控系统，具有更高性价比，192×64 点阵 LCD 显示，中文菜单，全屏幕编辑；操作更直观、简单、方便等特点。

GSK 928MA 铣床数控系统可控四个坐标轴：$X$、$Y$、$Z$ 及附加轴 $C$；四轴直线插补、二轴圆弧插补，$Z$ 轴可攻螺纹；22 种铣、钻、攻螺纹循环加工指令，编程更方便；中英文显示界面；参数编程功能，可满足特殊需求。

GSK 980TD1 车床数控系统是 GSK980TD 的升级产品，采用 7.4 英寸 LCD 显示器，具备 PLC 梯形图显示、实时监控功能，提供操作面板 I/O 接口，可由用户设计、选配独立的操作面板。GSK980TD1 车床数控系统具有卓越的性价比，是中档数控车床的最佳选择。

GSK 980M 系列钻、铣床数控系统，采用高速处理器和超大规模可编程门阵列进行硬件插补，实现高速微米（μm）级控制；采用四层线路板，集成度高，整机工艺结构合理，抗干扰能力强，可靠性高；34 种 G 指令，包括多种循环指令；320×240 点阵 LCD 显示中文操作界面，操作方便。可配套 DA98A 系列或进口全数字式交流伺服单元，构成半闭环普及性数控系统，又可以连接 DF3 系列多细分反应式步进电动机驱动或 DY3 系列混合式步进电动机驱动装置，构成高性能经济型数控系统。

**5. 开放式数控系统介绍**

标准的软件化、开放式控制器是真正的下一代控制器。

传统的数控系统采用专用计算机系统，软硬件对用户都是封闭的，主要存在以下问题：

1）由于传统数控系统的封闭性，各数控系统生产厂家的产品软硬件不兼容，使得用户投资安全性受到威胁，购买成本和产品生命周期内的使用成本高。同时专用控制器的软硬件的主流技术远远地落后于 PC 的技术，系统无法"借用"日新月异的 PC 技术而升级。

2）系统功能固定，不能充分反映机床制造厂的生产经验，不具备某些机床或工艺特征需要的性能，用户无法对系统进行重新定义和扩展，也很难满足最终用户的特殊要求。

3）传统数控系统缺乏统一有效和高速的通道与其他控制设备和网络设备进行互联，对企业的网络化和信息化发展是一个障碍。

4）传统数控系统人机界面不灵活，系统的培训和维护费用昂贵。

在计算机技术飞速发展的今天，商业和办公自动化的软硬件系统开放性已经非常好，如果计算机的任何软硬件出了故障，都可以很快从市场买到它并加以解决，而这在传统封闭式数控系统中是做不到的。为克服传统数控系统的缺点，数控系统正朝着开放式数控系统的方向发展。目前其主要形式是基于PC的NC，即在PC的总线上插上具有NC功能的运动控制卡完成实时性要求高的NC内核功能，或者利用NC与PC通信改善NC的界面和其他功能。这种形式的开放式数控系统在开放性、功能、购买和使用总成本以及人机界面等方面较传统数控有很大的改善，但它还包含有专用硬件，扩展不方便。国内外现阶段开发的开放式数控系统大都是这种结构形式的。这种PC化的NC还有专有化硬件，还不是严格意义上的开放式数控系统。

开放式数控系统是制造技术领域的革命性飞跃。其硬件、软件和总线规范都是对外开放的，由于有充足的软、硬件资源可被利用，系统软硬件可随着PC技术的发展而升级，不仅使数控系统制造商和用户进行的系统集成得到有力的支持，而且针对用户的二次开发也带来方便，促进了数控系统多档次、多品种的开发和广泛应用，既可通过升档或裁剪构成各种档次的数控系统，又可通过扩展构成不同类型数控机床的数控系统，开发周期大大缩短。

开放式数控系统是数控系统的发展方向。

### 三、数控机床的发展

随着计算机技术突飞猛进的发展，数控技术正不断采用计算机、控制理论等领域的最新技术成就，使其朝着高速化、高精化、复合化、智能化、高柔性化及信息网络化等方向发展。整体数控加工技术向着CIMS（计算机集成制造系统）方向发展。

#### 1. 高速切削

受高生产率的驱使，高速化已是现代机床技术发展的重要方向之一。主要表现在：

1）数控机床主轴高转速。采用电主轴（内装式主轴电动机），即主轴电动机的转子轴就是主轴部件，可将主轴转速大大提高。日本的超高速数控立式铣床主轴最高转速达100000r/min

2）工作台高快速移动和高进给速度。当今知名数控系统的进给率都有了大幅度的提高。目前的最高水平是分辨率为$1\mu m$时，最大快速进给速度可达240m/min。

#### 2. 高精加工

高精加工是高速加工技术与数控机床的广泛应用结果。以前零件的加工精度要求在0.01mm数量级，现在精加工及光整加工所需精度已提高到$0.1\mu m$，加工精度进入了亚微米的世界。

#### 3. 复合化加工

机床的复合化加工是通过增加机床的功能，减少工件加工过程中的多次装夹、重新定位、对刀等辅助工艺时间来提高机床利用率。

#### 4. 控制智能化

数控技术智能化程度不断提高，体现在以下几个方面：

1）加工过程自适应控制技术。监测加工过程中的刀具磨损、破损、切削力、主轴功率等信息并进行反馈，利用传统的或现代的算法进行调节运算，实时修调加工参数或加工指令，使设备处于最佳运行状态，以提高加工精度和设备运行安全性。

2）加工参数的智能优化与选择。将加工专家的经验、切削加工的一般规律与特殊规律，按人工智能中知识表达的方式建立知识库存入计算机，以加工工艺参数数据库为支撑，建立专家系统，并通过它提供经过优化的切削参数，使加工系统始终处于最优和最经济的工作状态，从而达到提高编程效率和加工工艺技术水平，缩短生产准备时间的目的。

3）故障自诊断功能。故障诊断专家系统为数控设备提供了一个包括二次监测、故障诊断、安全保障和经济策略等方面在内的智能诊断及维护决策信息集成系统。采用智能混合技术，可在故障诊断中实现以下功能：故障分类、信号提取与特征提取、故障诊断专家系统、维护管理等。

4）智能化交流伺服驱动装置。目前已开始研究能自动识别负载，并自动调整参数的智能化伺服系统，包括智能主轴交流驱动装置和智能化进给伺服装置。这种驱动装置能自动识别电动机及负载的转动惯量，并自动对控制系统参数进行优化和调整，使驱动系统获得最佳运行。

**5. 互联网络化**

网络功能正逐渐成为现代数控机床、数控系统的特征之一。诸如现代数控机床的远程故障诊断、远程状态监控、远程加工信息共享、远程操作（危险环境的加工）、远程培训等都是以网络功能为基础的。

**6. 计算机集成制造系统**（CIMS）

计算机集成制造系统的发展可以实现整个机械制造厂的全盘自动化，成为自动化工厂或无人化工厂，是自动化制造技术的发展方向。

计算机集成制造系统主要由设计与工艺模块、制造模块、管理信息模块和存储运输模块构成。

设计与工艺模块的主要功能模块有 CAD、CAE、CAPP、CAM 等。

制造模块的主要功能有 DNC、CNC、车间生产计划、作业调度、刀具管理、质量检测与控制、装配、自动化仓库、FMC/FMS 等。

管理信息模块的主要功能有：市场预测、物料需求计划、生产计算、成本核算及销售等。

存储运输模块的主要功能有仓库管理、自动搬运等。

## 复习思考题

1. 试述数控机床的工作原理。
2. 数控机床由哪几部分组成？
3. 简述 CNC 装置的基本工作过程。
4. 数控机床如何分类？
5. 数控机床根据有无检测反馈元件及其检测装置分为哪几类？各类型有何特点？
6. 试述检测装置如何分类。
7. 画图并说明卧式数控车床、立式数控铣床的坐标系。
8. 什么是机床原点、机床参考点？

9. 什么是工作原点？如何设置？

10. 数控机床对结构有哪些要求？

11. 分析数控车床、数控铣床、加工中心的布局特点。

12. 数控机床主传动主要有哪几种形式？

13. 数控机床主轴支承有哪几种形式？各有何特点？

14. 什么是主轴准停装置？有何作用？

15. 进给传动有哪几种形式？

16. 数控机床的分度工作台与数控回转工作台有何不同？

17. 数控机床常用的导轨有哪几种？如何应用？

18. 简述数控机床的自动换刀装置。

19. 排屑装置有何作用？常用的有哪几种？

20. 数控机床有哪些特点？

21. 分析 FANUC、SIEMENS 系统的常用类型及其应用场合。

# 第二章  数控加工工艺基础

## 第一节  生产过程和工艺过程

**一、基本概念**

**1. 生产过程和工艺过程**

1）生产过程。将原材料转变为成品的全过程，称为生产过程。生产过程包括：生产技术准备，如产品设计、毛坯的制造、零件的加工和热处理、装配、检验和试车及各种生产服务等，如半成品标准件和材料的供应及产品的包装、运输等工作过程。

2）工艺过程。改变生产对象的形状、尺寸、相对位置和性质等，使其成为成品或半成品的过程，称为工艺过程。它包括：毛坯制造、机械加工、热处理和装配等过程。

3）机械加工工艺过程。利用机械力对各种工件进行加工的过程，称为机械加工工艺过程。它主要是使材料或毛坯改变形状、尺寸和表面质量，使之成为零件的过程。

**2. 机械加工工艺过程的组成**

1）工序。一个或一组工人，在一个工作地（如机床、钳台等）对同一个或同时对几个工件所连续完成的那一部分工艺过程，称为工序。

划分工序的主要依据是零件加工过程中的工作地点是否变动，如图 2-1 所示的小轴，按单件生产制订的工艺过程见表 2-1，按成批生产制订的工艺过程见表 2-2。

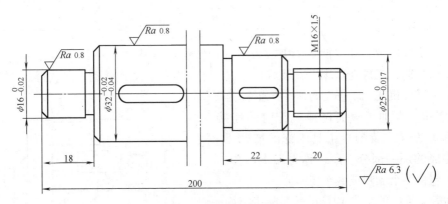

图 2-1  小轴零件简图

2）安装与工位。工件加工前，使其在机床上（或夹具中）获得一个正确而固定位置的过程称为安装。安装包括工件定位和夹紧两部分内容。在一个工序中，可能只有一次安装，也可能几次安装，例如表 2-1 的工序 1 中就需要两次以上的安装，而表 2-2 中的工序 2 和 3 中只需要一次安装。工件加工中应尽可能减少安装次数，在一个工序中安装次数增多，不仅增加了装卸的辅助时间，而且影响工件的位置精度。

表 2-1　单件生产的小轴加工工艺过程

| 工序号 | 工序名称 | 工序内容 | 工作地点 |
|---|---|---|---|
| 0 | 毛坯 | 下料 φ35mm×205mm | 锯床 |
| 1 | 车工 | 车两端面及钻中心孔，车全部外圆、切槽及倒角，外圆留磨量，车螺纹 | 卧式车床 |
| 2 | 热处理 | 调质 28～35HRC | 热处理车间 |
| 3 | 磨工 | 磨各外圆至图样尺寸要求 | 外圆磨床 |
| 4 | 铣工 | 铣两键槽，并去毛刺 | 立式铣床 |
| 5 | 检验 | 按零件图尺寸检验 | 检验台 |

表 2-2　成批生产的小轴加工工艺过程

| 工序号 | 工序名称 | 工序内容 | 工作地点 |
|---|---|---|---|
| 0 | 毛坯 | 下料 φ35mm×205mm | 锯床 |
| 1 | 车工 | 车两端面及打中心孔 | 车床 |
| 2 | 车工 | 车右端三处外圆并切槽、倒角，外圆留磨削余量 | 车床 |
| 3 | 车工 | 车左端外圆并切槽、倒角，外圆留磨削余量 | 车床 |
| 4 | 热处理 | 调质 28～35HRC | 热处理车间 |
| 5 | 钳工 | 研磨中心孔 | 钻床 |
| 6 | 磨工 | 磨 $\phi25_{-0.017}^{0}$mm 外圆 | 外圆磨床 |
| 7 | 磨工 | 磨 $\phi32_{-0.04}^{-0.02}$mm 外圆 | 外圆磨床 |
| 8 | 磨工 | 磨 $\phi16_{-0.02}^{0}$mm 外圆 | 外圆磨床 |
| 9 | 铣工 | 铣两端键槽 | 专用键槽铣床 |
| 10 | 铣工 | 铣螺纹 | 螺纹铣床 |
| 11 | 钳工 | 去毛刺 | 钳工台 |
| 12 | 检验 | 按图样尺寸要求检查 | 检验台 |

　　为减少安装次数，在成批生产中常采用各种转位（或移位）夹具。利用回转工作台或多轴机床加工时，工件在机床上安装后，经过若干位置的转动或移动，而获得几个不同的加工位置。工件在机床上占据的每一个位置称为工位。

　　3）工步。在加工表面（或装配时的连接表面）和加工（或装配）工具不变的情况下，所连接完成的那一部分工序，称为工步。在一个工序中包含一个工步或数个工步。

　　例如表 2-1 中的工序 1 需要车削两个端面、两个中心孔、四个外圆表面、三个沟槽及螺纹表面就要分 12 个工步。

　　在批量生产加工过程中经常采用多刀多刃或复合刀同时加工几个表面的工步，称为复合工步。图 2-2 所示是用立轴转塔车床回转刀架加工齿轮内孔及外圆的一个复合工步。

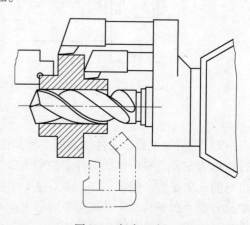

图 2-2　复合工步

4）行程。行程俗称进给，是指在一个工步中，切削刀具在加工表面上切削一次所完成的那部分工艺过程。例如轴类零件如果要切去的金属层很厚，则需分几次切削，这时每切削一次就称为一次进给。因此在切削速度和进给量不变的前提下刀具完成一次进给运动称为一次进给。

行程有工作行程和空行程之分，工作行程是指刀具以加工进给速度相对工件所完成一次进给运动的工步部分；空行程是指刀具以非加工进给速度相对工件所完成一次进给运动的工步部分。图 2-3 所示为工序、安装、工位、工步和行程的关系示意图。

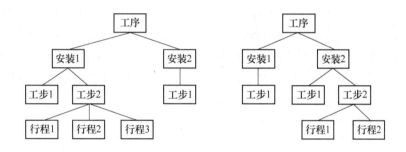

图 2-3　工序、安装、工位、工步和行程的关系示意图

**二、生产纲领和生产类型**

各种机械产品的结构、技术要求等差异很大，但它们的制造工艺则存在着很多共同的特征。机械产品加工工艺过程取决于企业的生产类型，而企业的生产类型又由生产纲领所决定。

**1. 生产纲领**

生产纲领是指企业在计划期内应当生产的产品产量和进度计划。计划期常定为一年，所以生产纲领常称为年产量。零件的生产纲领要计入备品和废品的数量，可按下式计算。

$$N = Qn(1 + a)(1 + b)$$

式中　$N$——零件的年产量（件/年）；

　　　$Q$——产品的年产量（台/年）；

　　　$n$——每台产品中，该零件的数量（件/台）；

　　　$a$——备品的百分率；

　　　$b$——废品的百分率。

**2. 生产类型**

生产类型是指企业（或车间、工段、班组、工作地）生产专业化程度的分类。一般分为单件生产、成批生产和大量生产三种类型。生产类型的划分主要根据生产纲领确定，同时还与产品的大小和结构复杂程度有关。

1）单件生产。产品品种很多，但同一产品的产量很少，各个工作地的加工对象经常改变，而且很少重复生产。通常新产品的试制、重型机械、刀具、量具、夹具、模具的制作多属于单件或小批量生产。其特点是：在单件小批量生产中，一般多采用数控机床、普通机床和标准附件，极少采用专用夹具，靠划线及试切法保证尺寸精度。因此，加工质量主要取决于操作者的技术熟练程度，这种生产类型的生产效率较低。

2）成批生产。成批生产是在一年中分批轮流地制造不同的产品，每种产品均有一定的数量，生产呈周期性重复。每批生产相同零件的数量称为批量。按照批量的大小，成批生产又可分为小批生产、中批生产和大批生产。小批生产在工艺上接近单件生产，常称单件小批生产。中批生产的工艺特点介于单件生产和大量生产之间。大批生产在工艺上接近于大量生产，常称大批大量生产。成批生产的特点是：在成批生产中，既采用数控机床、通用机床和标准附件，又采用高效率机床和专用工艺装备。在零件加工时，广泛采用调整法，部分采用划线法。因此，对操作者的技术水平要求比单件生产低。

3）大量生产。大量生产的基本特点是产品品种单一而固定，同一产品产量很大，大多数工作长期进行一个零件某道工序的重复加工。例如，汽车、拖拉机、摩托车、轴承和自行车等的制造属于大量生产。其特点是：在大量生产中，广泛采用专用机床、自动机床、自动生产线及专用工艺装备。由于该类型工艺过程自动化程度高，因此对操作者的技术水平要求较低，但对于机床的调整，则要求工人的技术水平较高。

对于生产类型的划分，一方面要考虑生产纲领，即年产量；另一方面还要考虑产品本身的大小和结构的复杂性。产品的不同生产类型和生产纲领的关系见表2-3。

表2-3　生产类型和生产纲领的关系

| 生产类型 | | 生产纲领(件/年) | | |
|---|---|---|---|---|
| | | 重型零件（2000kg以上） | 中型零件（100~2000kg） | 轻型零件（100kg以下） |
| 单件生产 | | ≤5 | ≤10 | ≤100 |
| 成批生产 | 小批生产 | >5~100 | >10~150 | >100~500 |
| | 中批生产 | >100~300 | >150~500 | >500~5000 |
| | 大批生产 | >300~1000 | >500~5000 | >5000~50000 |
| 大量生产 | | >1000 | >5000 | >50000 |

### 三、机械加工工艺规程的制订

规定产品或零部件制造工艺过程和操作方法等的工艺文件称为工艺规程。其中，规定零件机械加工工艺过程和操作方法等的工艺文件称为机械加工工艺规程。它是在具体的生产条件下，采用最合理或较合理的工艺过程和操作方法，并按规定的形式书写成工艺文件，经审批后用来指导生产的。

**1. 工艺规程的作用**

1）工艺规程是指导生产的主要技术文件。工艺规程是在总结广大工人和技术人员实践经验的基础上，依据工艺理论和必要的工艺试验而制订的。按照工艺规程组织生产可以实现高质、优产和最佳的经济效益。

2）工艺规程是生产、组织和管理工作的基本依据。从工艺规程所涉及的内容可以看出：在生产管理中，原材料和毛坯的供应，机床设备、工艺装备的调配，专用工艺装备的设计和制造，作业计划的编排，劳动力的组织以及生产成本的核算等都是以工艺规程作为基本依据的。

3）工艺规程是生产准备和技术准备的基本依据。根据工艺规程能正确地确定生产所需的机床和其他设备的种类、规格、数量，车间的面积，机床的布置，工人的工种、等级和数量以及辅助部分的安排等。

**2. 编制工艺规程的要求**

制订工艺规程的基本要求是在保证产品质量的前提下，尽量提高生产效率和降低生产成本，使经济效益最大化。另外，还应在充分利用本企业现有生产条件的基础上，尽可能采用国内外的先进工艺技术和经验，并保证工人具有良好而安全的劳动条件。同时工艺规程还应做到正确、完整、统一和清晰，所用术语、符号、单位、编号等都要符合相应标准，并积极采用国际标准。

**3. 编制工艺规程的主要依据**

1）产品的全套装配图和零件图。

2）产品的技术设计说明书。它是针对技术设计中确定的产品结构、工作原理和技术性能等方面的说明性文件。

3）产品的验收质量标准。

4）产品的生产纲领及生产类型。

5）工厂的生产条件。包括毛坯的生产条件或协作关系，工厂设备和工艺装备的情况，专用设备和专用工艺装备的制造能力，工人的技术等级，各种工艺资料，如工艺手册、图册和各种标准。

6）国内外同类产品的有关工艺资料。

**4. 制订工艺规程的方法与步骤**

1）零件的工艺分析。

2）确定生产类型。

3）确定毛坯的种类和尺寸。

4）选择定位基准和主要表面加工方法，拟定零件加工工艺路线。

5）确定工序尺寸及其公差。

6）选择机床、工艺装备、切削用量及工时定额。

7）填写工艺文件。

① 填写机械加工工艺过程卡。该卡列出了整个零件加工所经过的工艺路线（包括毛坯、机械加工和热处理等），它是制订其他工艺文件的基础，也是生产技术准备、安排计划组织生产的依据。

② 填写机械加工工序卡（数控加工工序卡）。该卡用来具体指导工人加工的工艺文件，卡片上画有工序简图，并注明该工序的加工表面及应达到的尺寸和公差，以及工件装夹方式、刀具、夹具、量具、切削用量、时间定额等。

③ 填写数控加工刀具卡。该卡是装刀和调整刀具的依据。内容包括刀具号、刀具名称、刀柄型号、刀具的直径和长度等。

# 第二节　数控加工工艺设计

在进行数控加工工艺设计时，一般应进行以下几方面的工作：数控加工工艺内容的选择；数控加工工艺性的分析；数控加工工艺路线的设计。

## 一、数控加工工艺内容的选择

对于一个零件来说，并非全部加工工艺过程都适合在数控机床上完成，而往往只是其中的一部分工艺内容适合数控加工。这就需要对零件图样进行仔细的工艺分析，选择那些最适合、最需要进行数控加工的内容和工序。在考虑选择内容时，应结合本企业设备的实际，立足于解决难题、攻克关键问题和提高生产效率，充分发挥数控加工的优势。

### 1. 适于数控加工的内容

1）形状复杂，加工精度要求高，普通机床无法加工或可加工但经济性差的零件。

2）加工轮廓虽不复杂，但要求同批产品一致性较高的，或要求一次性装夹后完成多工序加工的零件。

3）用普通机床加工时，需要复杂工装保证的或检测部位多、检测费用高的零件。

4）在普通机床上加工时，需要做反复调整或需要反复修改设计参数后才能定型的零件。

5）用普通机床加工时，加工结果极易受到人为因素（心理、生理及技能等）影响的大型或贵重的零件。

6）用普通机床加工生产效率很低或劳动强度很大时。

### 2. 不适应数控加工内容

一般来说，上述这些加工内容采用数控加工后，在产品质量、生产效率与综合效益等方面都会得到明显提高。相比之下，下列一些内容不宜选择采用数控加工：

1）加工轮廓简单，精度要求低或生产批量又特别大的零件。

2）装夹困难或必须靠人工找正定位才能保证其加工精度的单件零件。

3）加工余量特别大或材质及余量都不均匀的坯件。

4）加工中，刀具的质量（主要是耐用度）特别差时。

此外，在选择和决定加工内容时，也要考虑生产批量、生产周期、工序间周转情况等。总之，要尽量做到合理，达到多、快、好、省的目的。要防止把数控机床降格为通用机床使用。

## 二、数控加工工艺性的分析

被加工零件的数控加工工艺性问题涉及面很广，下面结合编程的可能性和方便性提出一些必须分析和审查的主要内容。

### 1. 尺寸标注应符合数控加工的特点

在数控编程中，所有点、线、面的尺寸和位置都是以编程原点为基准的。因此零件图样上最好直接给出坐标尺寸，或尽量以同一基准引注尺寸。

### 2. 几何要素的条件应完整、准确

在程序编制中，编程人员必须充分掌握构成零件轮廓的几何要素参数及各几何要素间的关系。因为在自动编程时要对零件轮廓的所有几何元素进行定义，手工编程时要计算出每个节点的坐标，无论哪一点不明确或不确定，编程都无法进行。但由于零件设计人员在设计过程中考虑不周或被忽略，常常出现参数不全或不清楚，如圆弧与直线、圆弧与圆弧是相切还是相交或相离。所以在审查与分析图样时，一定要仔细核算，如发现问题要及时与设计人员联系。

### 3. 定位基准可靠

在数控加工中，加工工序往往较集中，以同一基准定位十分重要。因此往往需要设置一

些辅助基准（如工艺孔），或在毛坯上增加一些工艺凸台。

**4. 统一几何类型及尺寸**

零件的外形、内腔最好采用统一的几何类型及尺寸，这样可以减少换刀次数，还可能应用控制程序或专用程序以缩短程序长度。零件的形状尽可能对称，便于利用数控机床的镜像加工功能来编程，以节省编程时间。

**三、零件结构工艺性**

**1. 零件结构设计工艺性**

在机械设计中，不仅要保证所设计的机械设备具有良好的工作性能，而且还要考虑能否制造、便于制造和尽可能降低制造成本。这种在机械设计中综合考虑制造、装配工艺、维修及成本等方面的技术，称为机械设计工艺性。零件结构设计工艺性，简称零件结构工艺性，是指所设计的零件在满足使用要求的条件下制造的可行性和经济性。

零件结构工艺性存在于零部件生产和使用的全过程，包括：材料选择、毛坯生产、机械加工、热处理、机器装配、机器使用、维护，直至报废、回收和再利用等。

**2. 零件机械加工结构工艺性**

对于零件机械加工结构工艺性，主要从零件加工的难易性和加工成本两方面考虑。在满足使用要求的前提下，一般对零件的技术要求应尽量降低，同时对零件每一个加工表面的设计，应充分考虑其可加工性和加工的经济性，使其加工工艺路线简单，有利于提高生产效率，并尽可能使用标准刀具和通用工装等，以降低加工成本。此外零件机械加工结构工艺性还要考虑以下要求：

1）设计的结构要有足够的加工空间，以保证刀具能够接近加工部位，留有必要的退刀槽和越程槽等。

2）设计的结构应便于加工，如应尽量避免使钻头在斜面上钻孔。

3）尽量减少加工面积，如对大平面或长孔合理加设空刀槽等。

4）从提高生产率的角度考虑，在结构设计中应尽量使零件上相似的结构要素（如退刀槽、键槽等）规格相同，并应使类似的加工面（如凸台面、键槽等）位于同一平面上或同一轴截面上，以减少换刀或安装次数及调整时间。

5）零件结构设计应便于加工时的安装与夹紧。

表 2-4 给出了部分零件切削加工结构工艺性改进前后的示例。

表 2-4　零件切削加工结构工艺性示例

（续）

| 序号 | 改进前 | 改进后 |
|---|---|---|
| 3 | 插键槽时,底部无退刀空间,易打刀 | 留出退刀空间,可避免打刀 |
| 4 | 插齿无退刀空间,小齿轮无法加工 | 留出退刀空间,小齿轮可以插齿加工 |
| 5 | 两端轴颈需磨削加工,因砂轮圆角不能清根 | 留有退刀槽,磨削时可以清根 |
| 6 | 锥面磨削加工时易碰伤仿圆柱面,且不能清根 | 留出砂轮越程空间,可方便地对锥面进行磨削加工 |
| 7 | 斜面钻孔,钻头易引偏 | 只要结构允许,留出平台,钻头不易偏斜 |
| 8 | 孔壁出口处有台阶面,钻孔时钻头易引偏,易折断 | 只要结构允许,内壁出口处做成平面,钻孔位置容易保证 |
| 9 | 钻孔过深,加工量大,钻头损耗大,且钻头易偏斜 | 钻孔一端留空刀,减小钻头工作量 |
| 10 | 加工面高度不同,需两次调整加工,影响加工效率 | 加工面在同一高度,一次调整可完成两个平面加工 |
| 11 | 三个空刀槽宽度不一致,需使用三把不同尺寸的刀具进行加工 | 空刀槽宽度尺寸相同,使用一把刀具即可加工 |
| 12 | 键槽方向不一致,需两次装夹才能完成加工 | 键槽方向一致,一次装夹即可完成加工 |

（续）

| 序号 | 改进前 | 改进后 |
|------|--------|--------|
| 13 | 加工面大,加工时间长,平面度要求不易保证 | 加工面减小,加工时间短,平面度要求容易保证 |

# 第三节 定位基准的选择

用来确定生产对象上几何要素间的几何关系所依据的那些点、线、面，称为基准点、基准线、基准面。根据它们来确定其他点、线、面的距离和位置。

**一、基准的分类**

基准分设计基准和工艺基准两大类。

**1. 设计基准**

设计图样上所采用的基准，称为设计基准。设计基准一般是零件图上标注尺寸的起点或对称点，以及有基准符号的点和面，如齿轮的轴线或孔中心线等。矩形零件和箱体零件等很多以底面为设计基准。如图2-4所示衬套的设计基准，轴心线 O—O 是各外圆表面和内孔的设计基准。端面 A 是端面 B、C 的设计基准，内孔 $\phi D$ 的轴心线是 $\phi$40h6 外圆表面径向圆跳动和端面 B 轴向圆跳动的设计基准。

**2. 工艺基准**

在工艺过程中所采用的基准称为工艺基准。其中包括：定位基准、测量基准、装配基准和工序基准等。

1）定位基准。在加工中用作定位的基准称为定位基准。作为定位基准的点、线、面有时在工件上并不一定实际存在，是假想的（如孔和轴的轴心线、两平面之间的对称中心面等），在定位时是通过有关具体表面体现的，这些表面称为定位表面。工件以回转表面（如孔、外圆）定位时，回转表面的轴心线是定位基准，而回转表面就是定位基面。工件以平面定位时，其定位基准与定位基面一致。

如图2-5所示，加工 A 面和 B 面时，以 C 面和 D 面为工件的定位基准。

2）测量基准是在测量工件的形状、位置和尺寸误差时采用的基准。测量基准是标注尺寸的起点或对称点。如图2-6所示的两种测量方法，图2-6a所示为检验面 A 时以小圆柱面的上素线为测量基准，图2-6b所示为以大圆柱面的下素线为测量基准。

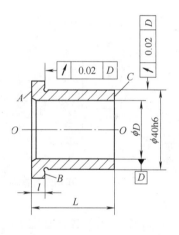

图2-4 衬套的设计基准

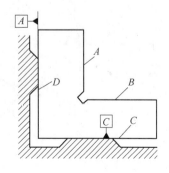

图2-5 定位基准示例

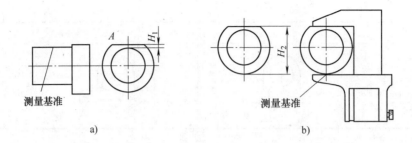

图 2-6　工件上已加工表面的测量基准

a）以小圆柱面的上素线为测量基准　b）以大圆柱面的下素线为测量基准

3）装配基准。装配时用来确定零件或部件在产品中的相对位置所采用的基准称为装配基准，如圆柱齿轮的内孔是装配基准。如图 2-7 所示是齿轮和轴的装配基准示例。

4）在工序图上用来确定本工序所加工表面加工后的尺寸、形状、位置的基准，称为工序基准，如图 2-8 所示表面 $A$ 是内孔 $\phi D$ 轴线的垂直度工序基准，表面 $B$、$C$ 分别是尺寸 $L_1$、$L_2$ 的工序基准。

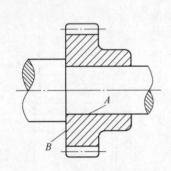

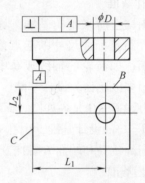

图 2-7　齿轮和轴的装配基准示例　　　　图 2-8　工件钻孔工序基准

图 2-9 所示为各种基准之间相互关系的实例。

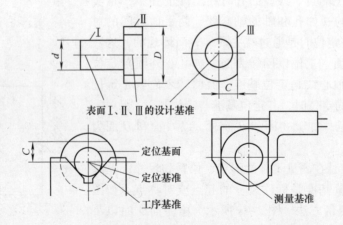

图 2-9　各种基准之间的相互关系

**二、定位基准的选择原则**

选择定位基准时，主要应掌握两个原则，即要保证加工精度和使装夹方便。

（1）粗基准的选择　以毛坯未经加工过的表面为基准，这种定位基准称为粗基准。粗基准的选择原则如下：

1）工件上各个表面不需要全部加工时，应以不加工的面作粗基准，这样可以较好地保证不加工表面与加工表面间的相互位置要求。如图 2-10a 所示零件，为保证壁厚均匀，选用了不加工的外圆作为粗基准。如图 2-10b 所示零件，在径向有三个不加工表面 $\phi A$、$\phi B$ 和 $\phi C$，若要求 $\phi B$ 与 $\phi 50^{+0.1}_{0}$ mm 之间壁厚均匀，则应在这三个不加工表面中选取 $\phi B$ 作为径向的粗基准。

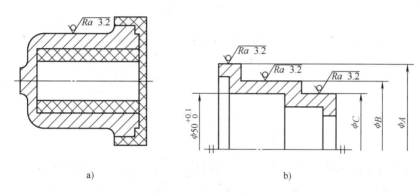

图 2-10　粗基准的选择

2）当工件上所有表面都需要加工时，应选择加工余量最小的表面作粗基准。

如图 2-11 所示的零件毛坯，表面 $\phi A$ 比 $\phi B$ 的余量要大，故选择 $\phi B$ 作为粗基准就比较有利。

3）为保证重要加工工件表面的加工余量均匀，应选重要加工表面为粗基准。如图 2-12a 所示，为保证机床床身导轨面的组织均匀和耐磨性一致，应使其加工余量均匀。因此选择导轨面为粗基准加工床身底面，然后再以底面为精基准加工导轨面。当工件上有多个重要加工面要求保证余量均匀时，应选余量要求最高的面为粗基准。

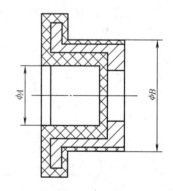

图 2-11　用余量小的表面作粗基准

对具有较多加工表面的零件，粗基准选择应使零件各加工表面总的金属切除量最少，故应选择零件上加工面积较大，形状比较复杂的表面为粗基准。以图 2-12 为例，当选择床身导轨面为粗基准加工床腿表面时，由于加工平面是一面积小的平面，金属切除量并不大。再以床腿为精基准加工导轨面，可使导轨面加工余量小而均匀，这样总的金属切除量和加工劳动量都减少了许多，如图 2-12a 所示。而图 2-12b 所示零件总的金属切除量明显增多。

4）尽量选择光洁、平整和幅度大的表面作粗基准。要避开铸造浇冒口、分型面、锻造飞边等表面缺陷，以保证工件定位准确，夹紧可靠。

5）粗基准精度低、表面粗糙，一般只使用一次，尽量避免重复使用。如图 2-13 所示小

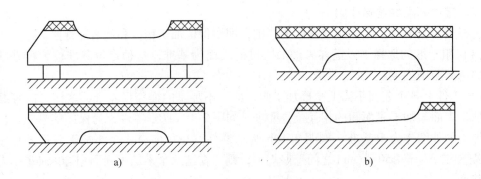

图 2-12　机床床身粗基准的选择

轴，如重复使用毛坯面 $B$ 定位加工表面 $A$ 和 $C$，则必然会使 $A$ 与 $C$ 表面的轴线产生较大的同轴度误差。

但在毛坯精度高，且不影响本工序加工精度和本工序表面与已加工表面相互位置精度的前提下，粗基准可适当重复使用。

（2）精基准的选择　以加工过的表面作为定位基准，称为精基准。精基准的选择原则如下：

1）采用基准重合的原则。就是尽量采用设计基准、装配基准和测量基准，作为定位基准，避免产生基准不重合误差。如图 2-14 所示，零件的表面 $A$ 和 $B$ 已经加工好，即设计尺寸 $a$ 及其公差要求已经得到保证。现采用调整法加工零件的表面 $C$，以底面 $A$ 为定位基准进行加工，即定位基准与设计基准、测量基准重合，加工时得到尺寸 $c$。

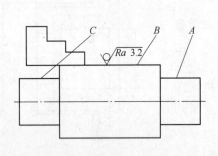

图 2-13　重复使用粗基准

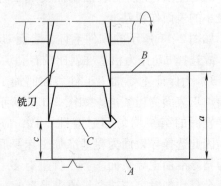

图 2-14　定位基准与设计基准、测量基准重合

2）采用基准统一的原则。同一零件的多道工序尽可能选择同一个定位基准，称为基准统一原则。这样既可保证各加工表面间的相互位置精度，避免或减少因基准转换而引起的误差，而且在加工过程中，采用同一个基准，可使各道工序的夹具结构基本相同，甚至采用同一夹具，可减少制造夹具的费用。

3）自为基准原则。精加工或光整加工工序要求余量小而均匀，选择加工表面本身作为定位基准，称为自为基准原则。如图 2-15 所示，在无心磨床上磨外圆表面时，被磨削的工件由外圆表面本身定位进行加工。又如用浮动铰刀铰孔，用拉刀拉孔等，都是利用内孔表面自身进行定位加工。

但需指出，用自为基准原则加工时，只能提高加工面本身的尺寸精度，不能提高加工面的几何形状和相互位置精度，其精度要求必须在前道工序加工时予以保证。

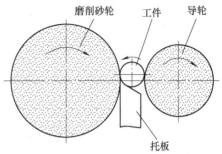

图 2-15　无心磨床磨削外圆

4）互为基准原则。为使各加工表面之间具有较高的位置精度，或为使加工表面具有均匀的加工余量，可采取两个加工表面互为基准反复加工的方法，称为互为基准原则。如加工内外圆同轴度要求很高的轴套类零件，往往以内孔为定位基准加工外圆，再以外圆为基准加工内孔，甚至反复加工数次。

5）定位基准应能保证工件在定位时具有良好的稳定性，以及尽量使夹具的结构简单，便于装夹。

6）定位基准应保证工件在受夹紧力和切削力等外力作用时，引起的变形最小。

选择定位基准时必须根据具体情况，进行仔细的分析和比较，选择合理的定位基准。

（3）辅助基准的选择　辅助基准是为了便于装夹或易于实现基准统一而人为制成的一种定位基准，如轴类零件加工所用的两个中心孔，它不是零件的工作表面，只是出于工艺上的需要才做出的。为安装方便，毛坯上专门铸出工艺凸台，也是典型的辅助基准，加工完毕后应将其从零件上切除，如

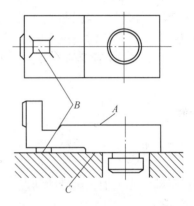

图 2-16　零件上的工艺凸台

图2-16所示为零件上的工艺凸台。此外，零件上的某些次要表面，即非配合表面，因工艺上宜作为定位基准而提高它的加工精度和表面质量，以备定位时使用，这种表面也属于辅助基准，例如齿轮的齿顶圆、丝杠的外圆表面等。

# 第四节　工序尺寸及其公差的确定

## 一、加工余量及其确定方法

### 1. 加工余量

加工余量是指零件在加工过程中从加工表面所切除的金属层厚度。加工余量主要有工序余量和加工总余量两种。

（1）工序余量　工序余量是指相邻两工序的工序尺寸之差，也就是指某表面在一道工序中所切除表层的厚度。

工序余量公差又称为工序尺寸的公差，一般按"向体原则"标注。对于被包容面，如工件的厚度和轴等，工序尺寸就是最大尺寸；对于包容面，如槽和孔等，则工序尺寸就是最小尺寸。

工序（工步）余量有单边余量和双边余量之分。通常平面加工属于单边余量，回转面（外圆、内孔等）和某些对称平面（键槽等）加工属于双边余量。双边余量各边余量等于工序（工步）余量的一半。

影响工序余量的因素如下：

1）上道工序的各种表面缺陷和误差。包括工序表面粗糙度 $Ra$ 和缺陷层 $D_a$。为了使工件的加工质量逐步提高，一般每道工序都应切到待加工表面以下的正常金属组织，将上道工序留下的表面粗糙度 $Ra$ 和缺陷层 $D_a$ 全部切去，如图 2-17 所示。

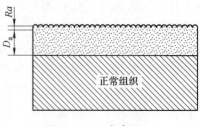

图 2-17　工序余量

上道工序的尺寸公差为 $T_a$，它直接影响本道工序的基本余量，因此，本道工序的余量应包含上道工序的尺寸公差 $T_a$。

上道工序的形位误差（也称空间误差）为 $\rho_a$。当形位公差与尺寸公差之间的关系是包容要求时，尺寸公差控制形位误差，可不计 $\rho_a$ 值。但当形位公差与尺寸公差之间是独立原则或最大实体要求时，尺寸公差不控制形位误差，此时加工余量中要包括上道工序的形位误差 $\rho_a$。如图 2-18 所示的小轴，其轴线有直线度误差 $\omega$，需在本道工序中纠正，因而直径方向的加工余量应增加 $2\omega$。

2）本道工序的装夹误差 $\varepsilon_b$。装夹误差包括定位误差、夹紧误差（夹紧变形）及夹具本身的误差。由于装夹误差的影响，使工件待加工表面偏离了正确位置，所以确定加工余量时还应考虑装夹误差的影响。如图 2-19 所示，用自定心卡盘夹持工件外圆磨削内孔时，由于自定心卡盘定心不准，使工件轴线偏离主轴回转轴线 $e$ 值，导致内孔磨削余量不均匀，甚至造成局部表面无加工余量的情况。为保证全部待加工表面有足够的加工余量，孔的直径余量应增加 $2e$。

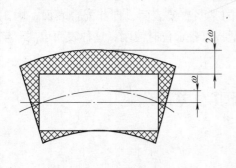

图 2-18　小轴

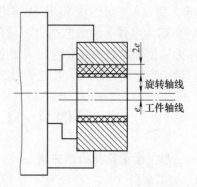

图 2-19　自定心卡盘夹持工件外圆磨削内孔

综上所述，工序余量的组成可用下式来表示。

对单边余量　　　　　　　$Z_b = T_a + Ra + D_a + |\rho_a + \varepsilon_b|$

对双边余量　　　　　　　$2Z_b = T_a + 2(Ra + D_a) + 2|\rho_a + \varepsilon_b|$

形位误差 $\rho_a$ 和装夹误差 $\varepsilon_b$ 都具有方向性，它们的合成应为向量和。应用上述公式时，可视具体情况作适当修正。例如，在无心磨床上磨削外圆，或用拉刀、浮动铰刀、浮动镗刀加工孔时，都是自为基准，加工余量不受装夹误差 $\varepsilon_b$ 和形位误差 $\rho_a$ 中位置误差的影响。此时加工余量的计算公式可修正为

$$2Z_b = T_a + 2(Ra + D_a) + 2\rho_a$$

又如，外圆表面的光整加工，若以减小表面粗糙度为主要目的（如研磨、超精加工等），则加工余量的计算公式为

$$2Z_b = 2Ra$$

若还需进一步提高尺寸精度和形状精度时，则加工余量的计算公式为

$$2Z_b = T_a + 2Ra + 2\rho_a$$

（2）加工总余量  加工总余量又称毛坯余量，是指毛坯尺寸与零件图的设计尺寸之差。加工总余量是工序余量的总和。

**2. 确定加工余量的方法**

1）计算法。在影响因素清楚、统计分析资料齐全的情况下，可以采用分析计算法，用公式计算出工序余量。

分析计算法确定加工余量的过程较为复杂，多用于大批量生产或贵重材料零件的加工。对于成批单件生产，目前大部分工厂都采用查表法或经验法来确定工序余量和总余量。

2）经验估计法。经验法是由一些有经验的工艺设计人员或工人根据经验确定余量。为避免产生废品，所确定的加工余量一般偏大。

3）查表修正法。实际生产中常用的方法是将生产实践和试验研究积累的大量数据列成表格，以便使用时直接查找，同时还应根据实际情况加以修正。

**3. 确定加工余量时应该注意的问题**

1）采用最小加工余量原则。在保证加工精度和加工质量的前提下，余量越小越好，以缩短加工时间、减少材料消耗、降低加工费用。

2）余量要充分，防止因余量不足而造成不良品。

3）余量中应包含因热处理引起的变形量。

4）大零件取大余量。零件越大，切削力、内应力引起的变形越大。因此工序加工余量应取大一些，以便通过本道工序消除变形量。

5）加工总余量（毛坯余量）和工序余量要分别确定。加工总余量的大小与所选择的毛坯制造精度有关。粗加工工序的加工余量不能用查表法确定，应等于加工总余量减去其他各工序的余量之和。

**二、基准重合时工序尺寸及其公差的计算**

零件上的设计尺寸一般要经过几道机械加工工序的加工才能得到，每道工序所应保证的尺寸叫工序尺寸，与其相对应的公差即工序尺寸的公差。

当工序基准、测量基准、定位基准或编程原点与设计基准重合时，工序尺寸及其公差直接由各工序的加工余量和所能达到的精度确定。其计算方法是由最后一道工序开始向前推算，具体步骤如下；

1）确定毛坯的加工总余量和工序余量。

2）确定工序公差。最终工序尺寸公差等于零件图上设计尺寸公差，其余工序尺寸公差按经济精度确定。

3）计算工序基本尺寸。从零件图上的设计尺寸开始向前推算，直至毛坯尺寸。最终工序基本尺寸等于零件图上的基本尺寸，其余工序基本尺寸等于后道工序基本尺寸加上或减去前道工序余量。

4）标注工序尺寸公差。最后一道工序的公差按零件图上设计尺寸标注，中间工序尺寸

公差按"入体原则"标注，毛坯尺寸公差按双向标注。

例如某车床主轴箱主轴孔的设计尺寸为 $\phi 100_{\ 0}^{+0.035}$ mm，表面粗糙度值为 $Ra0.8\mu$m，毛坯为铸铁件。已知其加工工艺过程为粗镗→半精镗→精镗→浮动镗。用查表修正法或经验估算法确定毛坯的加工总余量和各工序余量，其中粗镗余量由毛坯的加工总余量减去其余工序余量确定，各道工序的基本余量如下：

浮动镗　　　$Z = 0.1$mm

精镗　　　　$Z = 0.5$mm

半精镗　　　$Z = 2.4$mm

毛坯　　　　$Z = 8$mm

粗镗　　　　$Z = [8 - (2.4 + 0.5 + 0.1)]$mm $= 5$mm

按照各工序能达到的经济精度查表确定的各工序尺寸公差分别为：

精镗　　　　$T = 0.054$mm

半精镗　　　$T = 0.23$mm

粗镗　　　　$T = 0.46$mm

毛坯　　　　$T = 2.4$mm

各工序的基本尺寸计算如下：

浮动镗　　　$D = 100$mm

精镗　　　　$D = (100 - 0.1)$mm $= 99.9$mm

半精镗　　　$D = (99.9 - 0.5)$mm $= 99.4$mm

粗镗　　　　$D = (99.4 - 2.4)$mm $= 97$mm

毛坯　　　　$D = (97 - 5)$mm $= 92$mm

按照工艺要求分布公差，最终得到的工序尺寸为：

毛坯　　　　$\phi(92 \pm 1.2)$mm

粗镗　　　　$\phi 97_{\ 0}^{+0.46}$mm

半精镗　　　$\phi 99.4_{\ 0}^{+0.23}$mm

精镗　　　　$\phi 99.9_{\ 0}^{+0.054}$mm

浮动镗　　　$\phi 100_{\ 0}^{+0.035}$mm

孔加工余量、公差及工序尺寸的分布如图 2-20 所示。

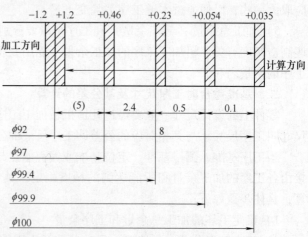

图 2-20　孔加工余量、公差及工序尺寸分布图

### 三、基准不重合时工序尺寸及其公差的计算

当工序基准、测量基准、定位基准或编程原点与设计基准不重合时，工序尺寸及其公差的确定，需要借助于工艺尺寸链的基本知识和计算方法，通过解工艺尺寸链才能获得。

**1. 工艺尺寸链**

1）工艺尺寸链的定义。在机器装配或零件加工过程中，互相联系且按一定顺序排列的封闭尺寸组合，称为尺寸链。其中，由单个零件在加工过程中的各有关工艺尺寸所组成的尺寸链，称为工艺尺寸链。

如图 2-21a 所示，图中尺寸 $A_1$、$A_0$ 为设计尺寸，先以底面定位加工上表面，得到尺寸 $A_1$，当用调整法加工凹槽时，为了使定位稳定可靠并简化夹具，仍然以底面定位，按尺寸 $A_2$ 加工凹槽，于是该零件上在加工时并未直接予以保证的尺寸 $A_0$ 就随之确定。这样相互联系的尺寸 $A_1$—$A_2$—$A_0$ 就构成一个如图 2-21b 所示的封闭尺寸组合，即工艺尺寸链。

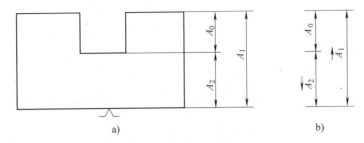

图 2-21　定位基准与设计基准不重合的工艺尺寸链

又如图 2-22a 所示零件，尺寸 $A_1$ 及 $A_0$ 为设计尺寸。在加工过程中，因尺寸 $A_0$ 不便直接测量，若以面 1 为测量基准，按容易测量的尺寸 $A_2$ 加工，就能间接保证尺寸 $A_0$。这样相互联系的尺寸 $A_1$—$A_2$—$A_0$ 也同样构成一个工艺尺寸链，见图 2-22b。

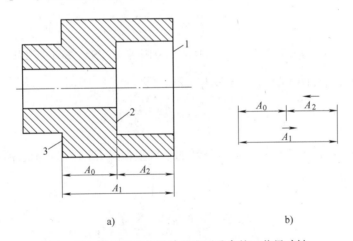

图 2-22　测量基准与设计基准不重合的工艺尺寸链

2）工艺尺寸链的组成。我们把组成工艺尺寸链的各个尺寸称为环。图 2-21 和图 2-22 中的尺寸 $A_1$、$A_2$、$A_0$ 都是工艺尺寸链的环，它们可分为两种：

① 封闭环。工艺尺寸链中间接得到的尺寸，称为封闭环。它的基本属性是派生性，随着别的环的变化而变化。图 2-21 和图 2-22 中的尺寸 $A_0$ 均为封闭环。一个工艺尺寸链中只有一个封闭环。

② 组成环。工艺尺寸链中除封闭环以外的其他环，称为组成环。根据其对封闭环的影响不同，组成环又可分为增环和减环。

增环是当其他组成环不变，该环增大（或减小）使封闭环随之增大（或减小）的组成环。图 2-21 和图 2-22 中的尺寸 $A_1$ 即为增环。

减环是当其他组成环不变，该环增大（或减小），使封闭环随之减小（或增大）的组成环。图 2-21 和图 2-22 中的尺寸 $A_2$ 即为减环。

**2. 工艺尺寸链的计算**

1）封闭环的基本尺寸。封闭环的基本尺寸 $A_0$ 等于所有增环的基本尺寸之和减去所有减环的基本尺寸之和，即

$$A_0 = \sum_{i=1}^{m} \vec{A}_i - \sum_{j=m+1}^{n-1} \overleftarrow{A}_j$$

式中  $m$——增环的环数；

  $n$——包括封闭环在内的总环数。

2）封闭环的极限尺寸。封闭环的上极限尺寸 $A_{0max}$ 等于所有增环的上极限尺寸 $\vec{A}_{imax}$ 之和减去所有减环的下极限尺寸 $\overleftarrow{A}_{jmin}$ 之和，即

$$A_{0max} = \sum_{i=1}^{m} \vec{A}_{imax} - \sum_{j=m+1}^{n-1} \overleftarrow{A}_{jmin}$$

封闭环的下极限尺寸 $A_{0min}$ 等于所有增环的下极限尺寸 $\vec{A}_{imin}$ 之和减去所有减环的上极限尺寸 $\overleftarrow{A}_{jmax}$ 之和，即

$$A_{0min} = \sum_{i=1}^{m} \vec{A}_{imin} - \sum_{j=m+1}^{n-1} \overleftarrow{A}_{jmax}$$

3）封闭环的上、下极限偏差。封闭环的上极限偏差 $ESA_0$ 等于所有增环的上极限偏差 $ES\vec{A}_i$ 之和减去所有减环的下极限偏差 $EI\overleftarrow{A}_j$ 之和，即

$$ESA_0 = \sum_{i=1}^{m} ES\vec{A}_i - \sum_{j=m+1}^{n-1} EI\overleftarrow{A}_j$$

封闭环的下极限偏差 $EIA_0$ 等于所有增环的下极限偏差 $ES\vec{A}_i$ 之和减去所有减环的下极限偏差 $EI\overleftarrow{A}_j$ 之和，即

$$EIA_0 = \sum_{i=1}^{m} ES\vec{A}_i - \sum_{j=m+1}^{n-1} EI\overleftarrow{A}_j$$

4）封闭环的公差。封闭环的公差 $TA_0$ 等于所有组成环的公差 $TA_i$ 之和，即

$$TA_0 = \sum_{i=1}^{n-1} TA_i$$

**3. 工序尺寸及其公差的计算**

**例1**  加工如图 2-23 所示台阶轴。加工步骤为：平端面、车 $\phi32$mm 长为 $L$、车 $\phi60$mm 长为 35mm、切断保证总长为 $80_{-0.1}^{\ 0}$mm，求编制程序时的尺寸 $L$。

**解**  画出尺寸链图（见图 2-24）。

根据加工过程分析，$30_{-0.15}^{\ 0}$mm 是间接保证的，是封闭环。

判断增、减环：$80_{-0.1}^{\ 0}$mm 是增环，$L$ 是减环。

根据公式计算（计算熟练后可以不写）：

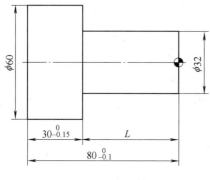

图 2-23　台阶轴

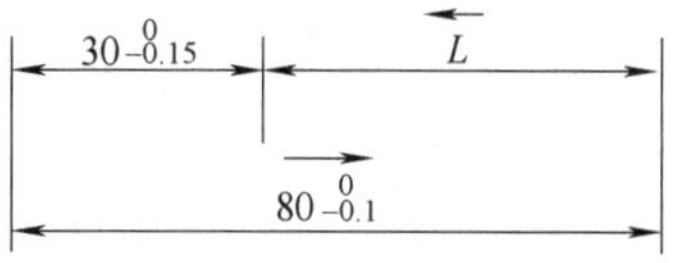

图 2-24　尺寸链图（一）

① 封闭环的基本尺寸 = 增环的基本尺寸之和 − 减环的基本尺寸之和。即

$30\text{mm} = 80\text{mm} - L$　$L = 50\text{mm}$

② 封闭环的上极限偏差 = 增环的上极限偏差之和 − 减环的下极限偏差之和。即

$0\text{mm} = 0\text{mm} - L_{下极限偏差}$　$L_{下极限偏差} = 0\text{mm}$

③ 封闭环的下极限偏差 = 增环的下极限偏差之和 − 减环的上极限偏差之和。即

$-0.15\text{mm} = -0.1\text{mm} - L_{上极限偏差}$　$L_{上极限偏差} = +0.05\text{mm}$

所以 $L = 50^{+0.05}_{0}\text{mm}$

④ 封闭环公差 = 组成环公差之和（用于验证计算结果是否正确）。即

$$0.15\text{mm} = 0.1\text{mm} + 0.05\text{mm} = 0.15\text{mm}$$

正确 $L$ 尺寸的公差应为 $0.05\text{mm}$，满足工艺要求，工序尺寸 $L$ 可行。

**例 2**　如图 2-25 所示套筒零件，两端面已经加工完毕，加工孔底面 $C$ 时，要保证其与左端面的距离，因该尺寸不便测量，试计算加工中的测量尺寸 $L$。

**解**　画出尺寸链图（见图 2-26）。

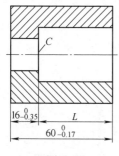

图 2-25　套筒零件

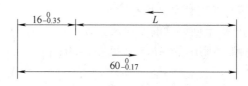

图 2-26　尺寸链图（二）

$16^{0}_{-0.35}\text{mm}$ 为封闭环，$60^{0}_{-0.17}\text{mm}$ 为增环，$L$ 为减环

因 $16\text{mm} = 60\text{mm} - L$　故 $L = 44\text{mm}$

因 $0\text{mm} = 0\text{mm} - L_{下极限偏差}$　故 $L_{下极限偏差} = 0\text{mm}$

因 $-0.35\text{mm} = -0.17\text{mm} - L_{上极限偏差}$　故 $L_{上极限偏差} = +0.18\text{mm}$

所以 $L$ 为 $44^{+0.18}_{0}\text{mm}$

**例 3**　铣削如图 2-27 所示零件 $10^{0}_{-0.036}\text{mm}$ 时，通过保证尺寸 $H$ 间接保证图样要求，问 $H$ 的尺寸及其公差应为多少？

**解**　画出尺寸链图（见图 2-28）。

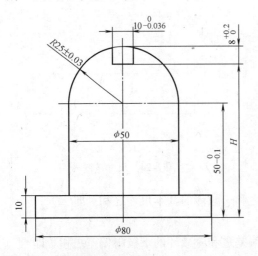

图 2-27　零件图

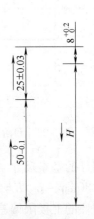

图 2-28　尺寸链图（三）

$8^{+0.2}_{0}$mm 为封闭环，$H$ 为减环，$(25 \pm 0.03)$mm、$50^{0}_{-0.1}$mm 为增环

$8\text{mm} = 25\text{mm} + 50\text{mm} - H$　故 $H = 67\text{mm}$

$0.2\text{mm} = 0.03\text{mm} + 0\text{mm} - H_{下极限偏差}$　故 $H_{下极限偏差} = -0.17\text{mm}$

$0\text{mm} = -0.03\text{mm} - 0.1\text{mm} - H_{上极限偏差}$　故 $H_{上极限偏差} = -0.13\text{mm}$

所以 $H$ 为 $67^{-0.13}_{-0.17}$mm

**例4**　如图 2-29 所示为齿轮内孔的局部简图，设计要求为：孔径为 $\phi40^{+0.05}_{0}$mm，键槽深度为 $43.6^{+0.34}_{0}$mm，其加工顺序为：

1）镗内孔至 $\phi39.6^{+0.1}_{0}$mm。

2）插键槽至尺寸 $A$。

3）热处理，淬火。

4）磨内孔至 $\phi40^{+0.05}_{0}$mm。

试确定插键槽的工序尺寸 $A$。

**解**　画出尺寸链图（见图 2-30）。

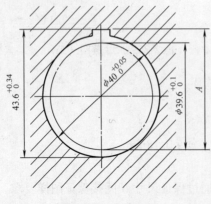

图 2-29　齿轮内孔

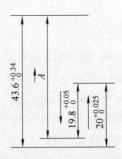

图 2-30　尺寸链图（四）

$43.6^{+0.34}_{0}$ mm 为封闭环，$A$、$20^{+0.025}_{0}$ mm 为增环，$19.8^{+0.05}_{0}$ mm 为减环。

$43.6$ mm $= A + 20$ mm $- 19.8$ mm　故 $A = 43.4$ mm

$0.34$ mm $= A_{上极限偏差} + 0.025$ mm $- 0$ mm　故 $A_{上极限偏差} = +0.315$ mm

$0$ mm $= A_{下极限偏差} + 0$ mm $- 0.05$ mm　故 $A_{下极限偏差} = +0.05$ mm

所以插键槽的工序尺寸 $A$ 应为 $43.4^{+0.315}_{+0.05}$ mm。

**例5**　有一套筒如图 2-31 所示，以端面 $B$ 定位加工缺口 $A$ 时，计算工序尺寸 $L$。

**解**　尺寸链图（见图 2-32）。

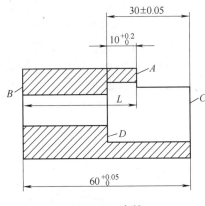

图 2-31　套筒

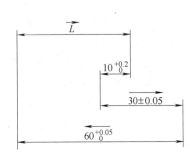

图 2-32　尺寸链图（五）

封闭环为 $10^{+0.2}_{0}$ mm，增环为 $30 \pm 0.05$ mm、$L$，减环为 $60^{+0.05}_{0}$ mm

因 $10$ mm $= L + 30$ mm $- 60$ mm　故 $L = 40$ mm

因 $0.2$ mm $= L_{上极限偏差} + 0.05$ mm $- 0$ mm　故 $L_{上极限偏差} = +0.15$ mm

因 $0$ mm $= L_{下极限偏差} - 0.05$ mm $- 0.05$ mm　故 $L_{下极限偏差} = +0.10$ mm

所以 $L = 40^{+0.15}_{+0.10}$ mm

**例6**　如图 2-33 所示的定位套，部分加工工序是：车左面，保证总长 $26.5^{0}_{-0.50}$ mm；车右面和大孔，保证总长 $25.5^{0}_{-0.15}$ mm，大孔深 $L$；热处理；磨右面，保证总长 $25^{0}_{-0.05}$ mm，求工序尺寸 $L$。

**解**　画出尺寸链图（见图 2-34）。

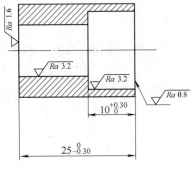

图 2-33　定位套

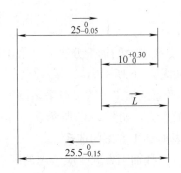

图 2-34　尺寸链图（六）

$10^{+0.30}_{0}$ mm 是封闭环，$25^{0}_{-0.05}$ mm 和 $L$ 是增环，$25.5^{0}_{-0.15}$ mm 是减环。

因 $10\mathrm{mm} = (25\mathrm{mm} + L) - 25.5\mathrm{mm}$ 故 $L = 10.5\mathrm{mm}$

因 $0.3\mathrm{mm} = 0\mathrm{mm} + L_{上极限偏差} - (-0.15)\mathrm{mm}$ 故 $L_{上极限偏差} = +0.15\mathrm{mm}$

因 $0\mathrm{mm} = -0.05\mathrm{mm} + L_{下极限偏差} - 0\mathrm{mm}$ 故 $L_{下极限偏差} = +0.05\mathrm{mm}$

所以 $L = 10.5^{+0.15}_{+0.05}\mathrm{mm}$

# 第五节 数控加工工艺路线设计

工艺路线的拟定是制订工艺规程的重要内容之一，其主要内容包括：表面加工方案的选择、加工阶段的划分、划分工序、工序顺序的安排。数控加工工艺路线设计与通用机床加工工艺路线设计的主要区别在于：它往往不是指从毛坯到成品的整个工艺过程，而仅是几道数控加工工序工艺过程的具体描述。因此在工艺路线设计中一定要注意到，由于数控加工工序一般都穿插于零件加工的整个工艺过程中，因而要与其他加工工艺衔接好。

## 一、表面加工方案的选择

### 1. 典型零件表面的加工方法

一般的零件都是由若干个典型表面组成。选择零件的加工方法和加工方案，实质上是选择典型表面的加工方法和加工方案。

1）外圆表面的加工方法。可采用车削、成形车削、拉削、研磨、铣削、外圆磨、无心磨、车铣加工、滚压加工等加工方法，如图 2-35 所示。

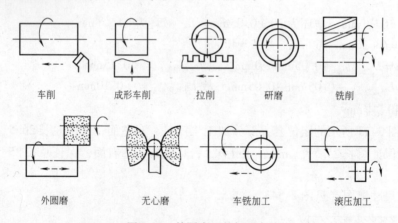

车削　　成形车削　　拉削　　研磨　　铣削

外圆磨　　无心磨　　车铣加工　　滚压加工

图 2-35　外圆表面的加工方法

2）内孔表面的加工方法。可采用钻孔、扩孔、铰孔、镗孔、拉孔、挤孔、磨孔等加工方法，如图 2-36 所示。

3）平面的加工方法。可采用刨平面、插削、铣平面、磨削平面、车（镗）平面、拉平面等加工方法，如图 2-37 所示。

### 2. 表面加工方案的选择

（1）选择加工方案时应考虑的因素

1）任何一种加工方法获得的精度只在一定范围内才是经济的，这种一定范围内的加工精度即为该种加工方法的经济精度。它是指在正常加工条件下（采用符合质量标准的设备、工艺装备和标准等级的工人，不延长加工时间）所能达到的加工精度。相应的表面粗糙度

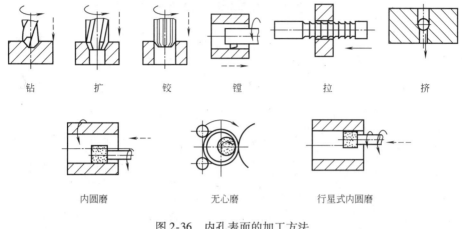

钻　　　扩　　　铰　　　镗　　　拉　　　挤

内圆磨　　　　　无心磨　　　　行星式内圆磨

图 2-36　内孔表面的加工方法

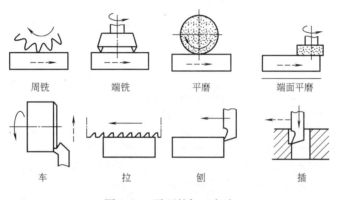

周铣　　　端铣　　　平磨　　　端面平磨

车　　　拉　　　刨　　　插

图 2-37　平面的加工方法

称为经济粗糙度。因此零件表面的加工方法，首先应根据加工表面的加工精度和表面粗糙度选择与经济精度相适应的加工方案。

　　2）工件材料的性质。例如，淬火钢的精加工常用磨削；有色金属的精加工为避免磨削时堵塞砂轮，则要用高速精细车（金刚车）或精细镗（金刚镗）。

　　3）工件的形状和尺寸。例如，对于加工精度为 IT7 级、表面粗糙度值为 $Ra1.6\mu m$ 的孔采用镗、铰、拉或磨削等都可以，但对于箱体上同样要求的孔，常用镗孔（大孔）或铰孔（小孔），一般不采用拉削或磨削。

　　4）结合生产类型考虑生产效率和经济性。选择加工方法应与生产类型相适应。例如，平面和孔的加工，在大批量生产中可选用高效率的拉削加工；单件小批生产时则采用刨、铣平面和钻、扩、铰孔。同时，大批量生产中可以采用精密毛坯，从根本上改变毛坯的形态，大大减少切削加工量。例如，用粉末冶金制造液压泵齿轮，用熔模浇铸制造柴油机上的小零件。

　　5）根据现有生产条件因地制宜。选择加工方法时应首先考虑充分利用本厂现有的设备，挖掘企业潜力、发挥工人的积极性和创造性。

　　（2）具体加工方案的确定（可参照表 2-5 ~ 表 2-7）

　　1）外圆表面的加工方案。表 2-5 给出了外圆表面的加工方案。

表 2-5 外圆表面的加工方案

| 序号 | 加工方案 | 经济精度（公差等级） | 经济粗糙度 Ra/μm | 适用范围 |
|---|---|---|---|---|
| 1 | 粗车 | IT11 ~ 13 | 12.5 ~ 50.0 | 适用于淬火钢以外的各种金属 |
| 2 | 粗车→半精车 | IT8 ~ 10 | 3.2 ~ 6.3 | |
| 3 | 粗车→半精车→精车 | IT7 ~ 8 | 0.8 ~ 1.6 | |
| 4 | 粗车→半精车→精车→滚压（或抛光） | IT7 ~ 8 | 0.025 ~ 0.200 | |
| 5 | 粗车→半精车→磨削 | IT7 ~ 8 | 0.4 ~ 0.8 | 主要用于淬火钢,也可用于未淬火钢,但不宜加工有色金属 |
| 6 | 粗车→半精车→粗磨→精磨 | IT6 ~ 7 | 0.1 ~ 0.4 | |
| 7 | 粗车→半精车→粗磨→精磨→超精加工（或轮式超精磨） | IT5 | 0.012 ~ 0.100 | |
| 8 | 粗车→半精车→精车→精细车（金刚车） | IT6 ~ 7 | 0.025 ~ 0.400 | 用于要求较高的有色金属加工 |
| 9 | 粗车→半精车→粗磨→精磨→超精磨（或镜面磨） | IT5 以上 | 0.006 ~ 0.025 | 用于极高精度的外圆加工 |
| 10 | 粗车→半精车→粗磨→精磨→研磨 | IT5 以上 | 0.006 ~ 0.100 | |

2）内孔表面加工方案。表2-6给出了内孔表面的加工方案。

表 2-6 内孔表面的加工方案

| 序号 | 加工方案 | 经济精度（公差等级） | 经济粗糙度 Ra/μm | 适用范围 |
|---|---|---|---|---|
| 1 | 钻 | IT11 ~ 13 | 12.5 | 加工未淬火钢及铸铁的实心毛坯,可用于加工有色金属。孔径小于15 ~ 20mm |
| 2 | 钻→铰 | IT8 ~ 10 | 1.6 ~ 6.3 | |
| 3 | 钻→粗铰→精铰 | IT7 ~ 8 | 0.8 ~ 1.6 | |
| 4 | 钻→扩 | IT10 ~ 11 | 6.3 ~ 12.5 | 加工未淬火钢及铸铁的实心毛坯,可用于加工有色金属。孔径大于15 ~ 20mm |
| 5 | 钻→扩→铰 | IT8 ~ 9 | 1.6 ~ 3.2 | |
| 6 | 钻→扩→粗铰→精铰 | IT7 | 0.8 ~ 1.6 | |
| 7 | 钻→扩→机铰→手铰 | IT6 ~ 7 | 0.2 ~ 0.4 | |
| 8 | 钻→扩→拉 | IT7 ~ 9 | 0.1 ~ 1.6 | 大批量生产,精度由拉刀的精度而定 |
| 9 | 粗镗（或扩孔） | IT11 ~ 13 | 6.3 ~ 12.5 | 除淬火钢外各种材料,毛坯有铸出孔或锻出孔 |
| 10 | 粗镗（粗扩）→半精镗（精扩） | IT9 ~ 10 | 1.6 ~ 3.2 | |
| 11 | 粗镗（粗扩）→半精镗（精扩）→精镗（铰） | IT7 ~ 8 | 0.8 ~ 1.6 | |
| 12 | 粗镗（粗扩）→半精镗（精扩）→精镗→浮动镗刀精镗 | IT6 ~ 7 | 0.4 ~ 0.8 | |
| 13 | 粗镗（扩）→半精镗→磨孔 | IT7 ~ 8 | 0.2 ~ 0.8 | 主要用于淬火钢,也可用于未淬火钢,但不宜用于有色金属 |
| 14 | 粗镗（扩）→半精镗→粗磨孔→精磨孔 | IT6 ~ 7 | 0.1 ~ 0.2 | |
| 15 | 粗镗→半精镗→精镗→精细镗（金刚镗） | IT6 ~ 7 | 0.05 ~ 0.40 | 用于要求较高的有色金属加工 |

（续）

| 序号 | 加工方案 | 经济精度<br>（公差等级） | 经济粗糙度 $Ra/\mu m$ | 适用范围 |
|---|---|---|---|---|
| 16 | 钻→（扩）→粗铰→精铰→珩磨钻→（扩）→拉→珩磨粗镗→半精镗→精镗→珩磨 | IT6~7 | 0.025~0.200 | 精度要求很高的孔 |
| 17 | 钻→（扩）→粗铰→精铰→研磨钻→（扩）→拉→研磨粗镗→半精镗→精镗→研磨 | IT5~6 | 0.006~0.100 | |

3）平面加工路线。表2-7给出了平面的加工方案，表中尺寸公差的等级是指平行平面之间距离尺寸的公差等级。

表2-7　平面的加工方案

| 序号 | 加工方案 | 经济精度<br>（公差等级） | 经济粗糙度 $Ra/\mu m$ | 适用范围 |
|---|---|---|---|---|
| 1 | 粗车 | IT11~13 | 12.5~50.0 | 端面 |
| 2 | 粗车→半精车 | IT8~10 | 3.2~6.3 | |
| 3 | 粗车→半精车→精车 | IT7~8 | 0.8~1.6 | |
| 4 | 粗车→半精车→磨削 | IT6~8 | 0.2~0.8 | |
| 5 | 粗刨（或粗铣） | IT11~13 | 6.3~25.0 | 一般不淬硬平面（端铣表面粗糙度值较小） |
| 6 | 粗刨（或粗铣）→精刨（或精铣） | IT8~10 | 1.6~6.3 | |
| 7 | 粗刨（或粗铣）→精刨（或精铣）→刮研 | IT6~7 | 0.1~0.8 | 精度要求较高的不淬硬平面，批量较大时宜采用宽刃方案精刨 |
| 8 | 粗刨（或粗铣）→精刨（或精铣）→宽刃精刨 | IT7 | 0.2~0.8 | |
| 9 | 粗刨（或粗铣）→精刨（或精铣）→磨削 | IT7 | 0.2~0.8 | 精度要求较高的淬硬平面或不淬硬平面 |
| 10 | 粗刨（或粗铣）→精刨（或精铣）→粗磨→精磨 | IT6~7 | 0.025~0.400 | |
| 11 | 粗铣→拉削 | IT7~9 | 0.2~0.8 | 大量生产、较小的平面，精度视拉刀精度而定 |
| 12 | 粗铣→精铣→磨削→研磨 | IT5以上 | 0.006~0.100 | 高精度平面 |

4）平面轮廓和曲面轮廓加工方法的选择。平面轮廓常用的加工方法有数控铣削、线切割及磨削等。对如图2-38a所示的内平面轮廓，当曲率半径较小时，可采用数控线切割方法加工。若选择铣削方法，因铣刀直径受最小曲率半径的限制，直径太小，刚性不足，会产生较大的加工误差。对如图2-38b所示的外平面轮廓，可采用数控铣削方法加工，常用粗铣—精铣方案，也可采用数控线切割方法加工。对精度及表面粗糙度要求较高的轮廓表面，在数控铣削加工之后，再进行数控磨削加工。数控铣削加工适用于除淬火钢以外的各种金属，数控线切割加工可用于各种金属，数控磨削加工适用于除有色金属以外的各种金属。

立体曲面轮廓的加工方法主要是数控铣削。多用球头铣刀，以"行切法"加工，如图2-39所示。根据曲面形状、刀具形状以及精度要求等通常采用二轴半坐标联动或三坐标联动。对精度和表面粗糙度要求高的曲面，当用三坐标联动的"行切法"加工不能满足要求时，可用模具铣刀，选择四坐标或五坐标联动加工。

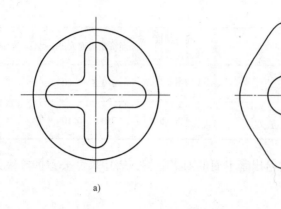

图 2-38　平面轮廓类零件
a）内平面轮廓　b）外平面轮廓

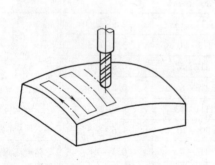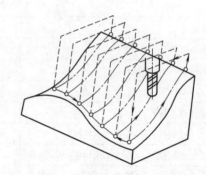

图 2-39　曲面的行切法加工

## 二、划分加工阶段

对重要的零件，为保证其加工质量和合理使用设备，加工过程一般应划分为三个阶段，即粗加工阶段、半精加工阶段和精加工阶段。

### 1. 三个加工阶段的性质

1）粗加工阶段。粗加工是从坯料上切除较多余量，所能达到的精度较低、表面粗糙度值比较大的加工过程。粗加工阶段的任务有两个方面，一方面以尽可能高的效率去除余量，减少工件的内应力，为精加工阶段做准备。另一方面及时发现毛坯的缺陷。

2）半精加工阶段。半精加工阶段是在粗加工和精加工之间所进行的过程。对毛坯余量较大和要求高的工件，在精加工之前可安排半精加工，以保证零件的质量。热处理工序一般安排在半精加工之前或之后。

3）精加工阶段。精加工是从工件上切除较少余量，所得精度比较高，表面粗糙度值比较小的加工过程。精加工阶段的任务是，使零件的形状尺寸基本上达到图样要求。

对零件精度和表面粗糙度要求很高（IT6 级以上、$Ra0.2\mu m$ 以下）的表面，需进行光整加工，此时在精加工时还应留一些余量。光整加工的主要目的是获得很高的尺寸精度、降低表面粗糙度值或使其表面得到强化。一般不用来提高位置精度。常用的光整加工方法有研磨、砂带磨削、低表面粗糙度磨削、超精加工以及抛光等。

### 2. 划分加工阶段的目的

划分加工阶段的主要目的是保证加工质量和合理使用设备。

1）保证加工质量。工件加工划分阶段后，粗加工因加工余量大、切削力大等因素造成的加工误差，可通过半精加工和精加工逐步得到纠正，保证加工质量。

2）有利于合理使用设备。粗加工要求功率大、刚性好、生产率高的设备，可用精度不高的普通机床来完成；精加工则要求在精度高的设备或数控机床上完成。可见划分加工阶段后，就可充分发挥粗、精加工设备的特点，避免以精干粗，做到合理使用设备。

3）便于安排热处理工序。如粗加工后一般要安排时效处理，消除残余应力；精加工前要安排淬火等最终热处理，引起的变形又可在精加工中消除。使冷热工序配合得更好。

4）便于及时发现毛坯缺陷。毛坯的各种缺陷，如气孔、砂眼和加工余量不足等，在粗加工后即可发现，便于及时修补或报废，以免继续加工后造成工时和费用的浪费。

5）精加工、光整加工安排在最后，可保护精加工和光整加工过的表面少受磕碰损坏。

上述加工阶段的划分并不是一成不变的，在应用时要灵活掌握。当加工质量要求不高、工件刚性足够、毛坯质量好、加工余量小时，可以少划分或不划分加工阶段。因为严格划分加工阶段，不可避免地要增加工序的数目，使加工成本提高。例如加工重型零件，由于安装运输费时，常常不划分加工阶段，而在一次装夹下完成粗、精加工。

**三、加工顺序先后的安排**

工件的机械加工工艺路线中要经过切削加工、热处理和辅助工序。因此，在拟定工艺路线时，要合理全面安排好切削加工、热处理和辅助工序顺序。

**1. 加工顺序的安排原则**

1）按"先基准后其他"的顺序，应先加工作为精基准的表面，以利于后几道工序的定位正确。

例如，车床上加工轴类零件一般先车端面钻中心孔，然后再以中心孔为精基准定位加工各表面；对于箱体零件，一般先以重要孔为粗基准加工主要平面，再以平面为精基准加工孔系。

零件上主要表面在精加工之前，一般还必须安排对精基准进行修整，以进一步提高定位精度。若基准不统一，则应以基准转换顺序逐步提高精度的原则安排基准面的加工。

2）按"先粗后精"的顺序，各表面均应按照粗加工—半精加工—精加工—光整加工的顺序依次进行，以便逐步提高加工精度和降低表面粗糙度值。

3）按"先主后次"的顺序，先对精度要求高的表面作粗加工和半精加工。对易于出现废品的工序，精加工和光整加工可适当提前。但在一般情况下，主要表面的精加工和光整加工，应放在最后进行，以免在加工其他表面时引起变形和损伤。

4）先面后孔。对于箱体、支架、连杆和机体类工件，一般应先加工平面后加工孔。这是因为先加工好平面后，就能以平面定位加工孔，定位稳定可靠，保证平面和孔的位置精度。

5）对零件上刚性低、强度差的表面，以及对装夹有影响的表面，应在较后加工，目的是在加工其他表面时有较好的刚性。

**2. 热处理工序的安排**

为提高材料的力学性能，改善金属加工性能以及消除残余应力，在工艺过程中适当安排一些热处理工序。

1）预备热处理。其目的是改善工件的加工性能，消除内应力，改善金相组织为最终扩处理做好准备，如正火、退火和调质等。它一般安排在粗加工前，但调质常安排在粗加工后进行。

2）消除残余应力处理。其目的是消除毛坯制造和切削加工过程中产生的残余应力，如时效和退火。

3）最终热处理。最终热处理的目的是提高零件的力学性能，如强度、硬度、耐磨性。最终热处理如调质、淬火—回火，以及各种表面处理（渗碳、渗氮和碳氮共渗）。最终热处理一般安排在精加工前。

**3. 辅助工序的安排**

辅助工序包括检验、去毛刺、倒棱、清洗、防锈、去磁和平衡等。辅助工序也是必要的工序，若安排不当或遗漏，会给后续工序和装配带来困难，甚至影响产品质量。其中检验工序是最主要的，它对保证产品质量、防止产生废品起到重要作用。除每道工序结束操作者自检外，还必须在下列情况下安排单独的检验工序：粗加工阶段结束后；关键工序前后；转换车间的前后，热处理工序前后；零件全部加工结束之后。

**四、工序划分的原则**

**1. 工序的集中和分散**

根据工序数目（或工序内容多少），工序的划分有工序的集中和工序的分散两种不同的拟订工艺路线的原则。

（1）工序集中 工序的集中是指在一道工序中尽可能包含多的加工内容，而使总的工序数目减少。工序集中有以下特点：

1）利于采用高生产率的设备，如数控机床等，以提高生产率。

2）工序集中，工件装夹次数可减少，在一次装夹中可加工较多的表面，容易保证零件表面间的相互位置精度。

3）由于减少了工序数目，从而简化了工艺路线，缩短了生产周期。

4）减少了机床设备、生产工人和生产场地，但对操作工人的技术水平，一般要求较高。

（2）工序分散 工序分散是将各个表面的加工分得很细，工序多，每个工序的加工内容少，甚至每道工序只加工某个表面。工序分散有以下特点：

1）一般都可利用普通机床和通用的工艺设备。

2）生产工人容易掌握，产品变换容易。

3）利于选择最合理的切削用量，减少基本时间。

4）大量生产时采用的流水线式生产方式，就是采用工序分散法。

工序划分主要考虑生产纲领、所用设备及零件本身的结构和技术要求等因素。大批量生产时，若使用多刀、多轴等高效机床，工序可按集中原则划分；若在由组合机床组成的自动线上加工，工序一般按分散原则划分。现代生产的发展多趋向于前者。单件小批生产时，工序划分通常采用集中原则。成批生产时，工序可按集中原则划分，也可按分散原则划分，应视具体情况而定。对于尺寸和质量都很大的重型零件，为减少装夹次数和运输量，应按集中原则划分工序。对于刚性差且精度高的精密零件，应按工序分散原则划分工序。

数控机床加工零件一般采用工序集中的原则。随着机械加工设备的精度和自动化程度的不断提高，成组加工技术的推广和应用，机械加工更趋向于工序集中的原则。

**2. 数控加工工序划分的方法**

根据数控加工的特点在数控机床上加工的零件，一般按工序集中原则划分工序，划分方法如下：

1）安装次数分序法。以一次安装、加工作为一道工序。这种方法适合于加工内容较少的零件，加工完成后就能达到待检状态。

2）刀具集中分序法。以同一把刀具加工的内容划分工序。有些零件虽然能在一次安装中加工出很多待加工表面，但考虑到程序太长，会受到某些限制，如控制系统的限制（主要是内存容量），机床连续工作时间的限制（如一道工序在一个工作班内不能结束）等。此外，程序太长会增加出错与检索的困难。因此程序不能太长，一道工序的内容不能太多。

3）按加工部位分序法。对于加工内容很多的工件，可按其结构特点将加工部位分成几个部分，如内腔、外形、曲面或平面，并将每一部分的加工作为一道工序。

4）粗、精加工分序法。以粗、精加工划分工序。对于经加工后易发生变形的工件，由于需要对粗加工后可能发生的变形进行校形，故一般来说，凡要进行粗、精加工的过程，都应将工序分开。

**3. 加工顺序的安排**

顺序的安排应根据零件的结构和毛坯状况，以及定位、安装与夹紧的需要来考虑。顺序安排一般应按以下原则进行：

1）上道工序的加工不能影响下道工序的定位与夹紧，中间穿插有通用机床加工工序的也应综合考虑。

2）先进行内腔加工，后进行外形加工。

3）以相同定位、夹紧方式加工或用同一把刀具加工的工序，最好连续加工，以减少重复定位次数、换刀次数。

**4. 数控加工工艺与普通工序的衔接**

数控加工工序前后一般都穿插有其他普通加工工序，如衔接得不好就容易产生矛盾。因此在熟悉整个加工工艺内容的同时，要清楚数控加工工序与普通加工工序各自的技术要求、加工目的、加工特点，如要不要留加工余量，留多少；定位面与孔的精度要求及几何公差；对校形工序的技术要求；对毛坯的热处理状态等，这样才能使各工序达到相互满足加工需要，且质量目标及技术要求明确，交接验收有依据。

# 第六节 数控加工工序设计

当数控加工工艺路线确定之后，各道工序的加工内容也就基本确定，接下来便可以进行数控加工工序的设计。数控加工工序设计的主要任务是进一步把本工序的加工内容、切削用量、工艺装备、装夹方式及刀具运动轨迹都具体确定下来，为编制加工工序做好充分准备。

工序设计时，所用机床不同，工序设计的要求也不一样。对普通机床加工工序，有些细节问题可不必考虑，由操作者在加工过程中处理。对数控机床加工工序，针对数控机床高度自动化、自适应性差的特点，要充分考虑到加工过程中的每一个细节，工序设计必须十分严密。

## 一、机床的选择

当工件表面的加工方法确定之后，机床的种类就基本上确定了。但是，每一类机床都有不同的形式，它们的工艺范围、技术规格、加工精度和表面粗糙度、生产率和自动化程度都各不相同。为了正确地为每一道工序选择机床，除了充分了解机床的技术性能外，通常还要考虑以下几点。

### 1. 机床的类型应与工序的划分原则相适应

若工序按集中原则划分的，对单件小批生产，则应选择通用机床或数控机床；对大批量生产，则应选择高效自动化机床和多刀、多轴机床。若工序按分散原则划分的，则应选择结构简单的专用机床。

### 2. 机床的主要规格尺寸应与工件的外形尺寸和加工表面的有关尺寸相适应

即小工件则选小规格的机床加工，大工件则选大规格的机床加工。

### 3. 机床的精度与工序要求的加工精度相适应

如精度要求低的粗加工工序，应选用精度低的机床；精度要求高的精加工工序，应选用精度高的机床。但机床的精度不能过低，也不能过高。机床精度过低，不能保证加工精度，机床精度过高，又会增加零件的制造成本，应根据加工精度要求合理选择。

## 二、确定进给路线和安排加工顺序

进给路线就是刀具在整个加工工序中的运动轨迹，它不但包括了工步的内容，也反映出工步顺序。进给路线是编写程序的依据之一。确定进给路线时应注意以下几点。

### 1. 保证零件的加工精度和表面粗糙度

例如在铣床上进行加工时，因刀具的运动轨迹和方向不同，可能是顺铣或逆铣，其不同的加工路线所得到的零件表面的质量就不同。究竟采用哪种铣削方式，应视零件的加工要求、工件材料的特点以及机床刀具等具体条件综合考虑，确定原则与普通机械加工相同。数控机床一般采用滚珠丝杠传动，其运动间隙很小，并且顺铣优点多于逆铣，所以应尽可能采用顺铣。在精铣内外轮廓时，为了改善表面粗糙度，应采用顺铣的进给路线加工方案。对于铝镁合金、钛合金和耐热合金等材料，建议也采用顺铣加工，这对于降低表面粗糙度值和延长刀具寿命都有利。但如果零件毛坯为黑色金属锻件或铸件，表皮硬而且余量较大，这时采用逆铣较为有利。

加工位置精度要求较高的孔系时，应特别注意安排孔的加工顺序。若安排不当，就可能将坐标轴的反向间隙带入，直接影响位置精度。镗削如图 2-40a 所示零件上六个尺寸相同的孔，有两种进给路线。按图 2-40b 所示路线加工时，由于 5、6 孔与 1、2、3、4 孔定位方向相反，$X$ 向反向间隙会使定位误差增加，从而影响 5、6 孔与其他孔的位置精度。按图 2-40c 所示路线加工时，加工完 4 孔后往上多移动一段距离至 $P$ 点，然后折回来在 5、6 孔处进行定位加工，从而使各孔的加工进给方向一致，避免反向间隙的引入，提高了 5、6 孔与其他孔的位置精度。

### 2. 寻求最短加工路线

加工如图 2-41a 所示零件上的孔系。图 2-41b 所示的进给路线为先加工完外圈孔后，再加工内圈孔。若改用图 2-41c 所示的进给路线，减少空刀时间，则可节省定位时间近一倍，提高了加工效率。

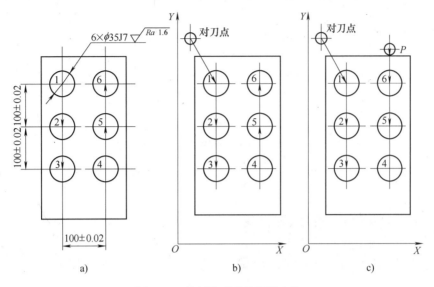

图 2-40　镗削孔系进给路线比较
a）零件图　b）差　c）好

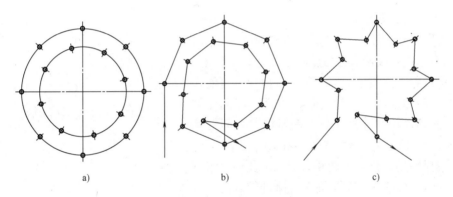

图 2-41　最短进给路线的设计
a）零件图样　b）路线 1　c）路线 2

### 3. 最终轮廓一次进给完成

为保证工件轮廓表面加工后的表面粗糙度要求，最终轮廓应安排在最后一次进给中连续加工出来。

如图 2-42a 所示为用行切方式加工内腔的进给路线，这种进给路线能切除内腔中的全部余量，不留死角，不伤轮廓。但行切法将在两次进给路线的起点和终点间留下残留高度，而达不到要求的表面粗糙度。所以如采用如图 2-42b 所示的进给路线，先用行切法，最后沿周向环切一刀，光整轮廓表面，能获得较好的效果。图 2-42c 所示也是一种较好的进给路线方式。

### 4. 选择切入切出方向

考虑刀具的进、退刀（切入、切出）路线时，刀具的切出或切入点应在沿零件轮廓的切线上，以保证工件轮廓光滑；应避免在工件轮廓面上垂直上、下刀而划伤工件表面；尽量减少在轮廓加工切削过程中的暂停（切削力突然变化造成弹性变形），以免留下刀痕，如

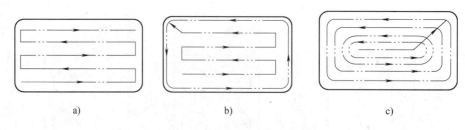

图 2-42 铣削内腔的三种进给路线
a）路线1 b）路线2 c）路线3

图 2-43 所示。

**5. 选择使工件在加工后变形小的路线**

对横截面积小的细长零件或薄板零件应采用分几次进给加工到最终尺寸或对称去除余量法安排进给路线。安排工步时，应先安排对工件刚性破坏较小的工步。

**三、确定定位和夹紧方案**

在确定定位和夹紧方案时应注意以下几个问题。

1）力求设计基准、工艺基准与编程原点统一，以减少基准不重合误差和数控编程中的计算工作量。

2）尽量将工序集中，减少装夹次数，尽可能在一次装夹后能加工出大部分待加工表面，甚至全部待加工表面，以减少装夹误差，提高加工表面之间的相互位置精度，并充分发挥数控机床的效率。

3）避免采用占机人工调整时间长的装夹方案。

4）夹紧力的作用点应落在工件刚性较好的部位。

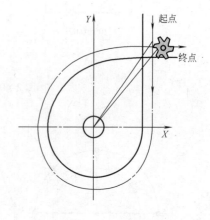

图 2-43 刀具切入和切出时的外延

**四、确定刀具与工件的相对位置**

对于数控机床来说，在加工开始时，确定刀具与工件的相对位置是很重要的，这一相对位置是通过确认对刀点来实现的。对刀点是指通过对刀确定刀具与工件相对位置的基准点。对刀点可以设置在被加工零件上，也可以设置在夹具上与零件定位基准有一定尺寸联系的某一位置，对刀点往往就选择在零件的加工原点。

**1. 对刀点的选择原则**

1）所选的对刀点应使程序编制简单。

2）对刀点应选择在容易找正、便于确定零件加工原点的位置。

3）对刀点应选在加工时检验方便、可靠的位置。

4）对刀点的选择应有利于提高加工精度。

例如，数车加工如图 2-44 所示零件时，工作原点在工件左端面。为了便于对刀，将对刀点确定在工件右端面处，因此对刀后应将 $Z$ 向坐标值减去工件长度 43（即对刀点与工作原点的距离）从而得到工作原点坐标值。数铣加工如图 2-45 所示零件时，对刀点与工作原点重合且便于对刀，因此对刀后即可获得工作原点坐标值。

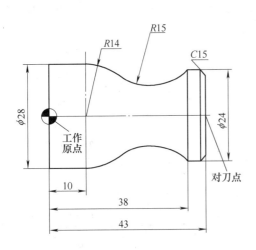

图 2-44　数车加工对刀点

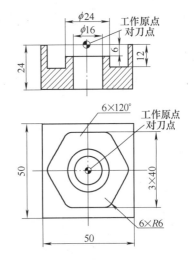

图 2-45　数铣加工对刀点

### 2. 对刀

在使用对刀点确定加工原点时，就需要进行"对刀"。所谓对刀是指使"刀位点"与"对刀点"重合的操作。每把刀具的半径与长度尺寸都是不同的，刀具装在机床上后，应在控制系统中设置刀具的基本位置。"刀位点"是指刀具的定位基准点。如图 2-46 所示，圆柱铣刀的刀位点是刀具中心线与刀具底面的交点；球头铣刀的刀位点是球头的球心点或球头顶点；车刀的刀位点是刀尖或刀尖圆弧中心；钻头的刀位点是钻头顶点。

图 2-46　刀位点

### 3. 换刀点

换刀点是为加工中心、数控车床等采用多刀进行加工的机床而设置的，因为这些机床在加工过程中要自动换刀。对于手动换刀的数控铣床，也应确定相应的换刀位置。为防止换刀时碰伤零件、刀具或夹具，换刀点常常设置在被加工零件的轮廓之外，并留有一定的安全量。

### 五、确定切削用量

对于高效率的金属切削机床加工来说，被加工材料、切削刀具、切削用量是三大要素。这些条件决定着加工时间、刀具寿命和加工质量。经济的、有效的加工方式，要求必须合理地选择切削条件。

编程人员在确定每道工序的切削用量时，应根据刀具的耐用度和机床说明书中的规定去选择。也可以结合实际经验用类比法确定切削用量。在选择切削用量时要充分保证刀具能加工完一个零件，或保证刀具寿命不低于一个工作班，最少不低于半个工作班的工作时间。

背吃刀量主要受机床刚度的限制，在机床刚度允许的情况下，尽可能使背吃刀量等于工序的加工余量，这样可以减少进给次数，提高加工效率。对于表面粗糙度和精度要求较高的零件，要留有足够的精加工余量，数控加工的精加工余量可比通用机床加工的余量小一些。

编程人员在确定切削用量时，要根据被加工工件材料、硬度、切削状态、背吃刀量、进给量，刀具寿命，最后选择合适的切削速度。表2-8所列为车削加工时选择切削条件的参考数据。

表2-8 车削加工的切削速度 （单位：m/min）

| 被切削材料名称 | | 轻切削背吃刀量为 0.5~1.0mm 进给量为 0.05~0.3mm/r | 一般切削背吃刀量为 1~4mm 进给量为 0.2~0.5mm/r | 重切削背吃刀量为 5~12mm 进给量为 0.4~0.8mm/r |
|---|---|---|---|---|
| 优质碳素结构钢 | 10 | 100~250 | 150~250 | 80~220 |
| | 45 | 60~230 | 70~220 | 80~180 |
| 合金钢 | $\sigma_b \leqslant 750\text{MPa}$ | 100~220 | 100~230 | 70~220 |
| | $\sigma_b > 750\text{MPa}$ | 70~220 | 80~220 | 80~200 |

# 第七节 数控加工工艺文件

### 一、工艺文件

将工艺规程的内容填入一定格式的卡片中，即成为生产准备和施工所依据的工艺文件。常见的工艺文件有下列几种。

**1. 机械加工工艺过程卡片**

这种卡片主要列出了整个零件加工所经过的工艺路线（包括毛坯、机械加工和热处理等），它是制订其他工艺文件的基础，也是生产技术准备、编制作业计划和组织生产的依据。由于它对各个工序的说明不够具体，故适用于生产管理。

**2. 机械加工工艺卡片**

这种卡片是用于普通机床加工的卡片，它是以工序为单位详细说明整个工艺过程的工艺文件。它的作用是用来指导工人进行生产和帮助车间管理人员以及技术人员掌握整个零件的加工过程。广泛用于成批生产的零件和小批生产中的重要零件。工艺卡片的内容包括：零件的材料、质量、毛坯性质、各道工序的具体内容及加工要求等。

**3. 机械加工工序卡片**

这种卡片是用来具体指导工人在普通机床上加工时进行操作的一种工艺文件。它是根据工艺卡片每道工序制订的，多用于大批大量生产的零件和成批生产中的重要零件。卡片上要画出工序简图，注明工序的加工表面及应达到的尺寸和公差、工件的装夹方式、刀具、夹具、量具、切削用量和时间定额等。

### 二、数控加工工艺文件

填写数控加工专用技术文件是数控加工工艺设计的内容之一。这些技术文件既是数控加工的依据、产品验收的依据，也是操作者遵守、执行的规程。技术文件是对数控加工的具体说明，目的是让操作者更明确加工程序的内容、装夹方式、各个加工部位所选用的刀具及其他技术问题。数控加工技术文件主要有：数控加工工序卡片、数控加工进给路线图、数控刀具卡片等。以下提供了常用文件格式，文件格式可根据企业实际情况自行设计。

**1. 数控加工工序卡片**

数控加工工序卡与普通加工工序卡有许多相似之处，所不同的是：工序卡的简图中应注明编程原点与对刀点，要进行简要编程说明（如：所用机床型号、程序编号、刀具半径补偿、镜向对称加工方式等）及切削参数（即程序编入的主轴转速、进给速度、最大背吃刀量或宽度等）的选择。

数控加工工序卡示例见表2-9（数控车削）、表2-10（数控铣削、加工中心）。

**表2-9　数控加工工序卡**（数控车削）　编制人：　　年　月　日

| 单位 | | 产品名称或代码 | 零件名称 | 材料 | 零件图号 |
|---|---|---|---|---|---|
| | | | 轴套 | | |
| 工序号 | 程序编号 | 夹具名称 | 夹具编号 | 使用设备 | 车间 |
| | | 自定心卡盘 | | CK6140 | |
| 工步号 | 工步内容 | 刀具号 | 刀具规格 | 主轴转速 /(r/min) | 进给速度 /(mm/r) | 背吃刀量 /mm | 备注 |

（续）

| 工步号 | 工步内容 | 刀具号 | 刀具规格 | 主轴转速 /(r/min) | 进给速度 /(mm/r) | 背吃刀量 /mm | 备注 |
|---|---|---|---|---|---|---|---|
| 安装1：自定心卡盘夹 $\phi$96mm 外圆，一夹一顶 | | | | | | | |
| 1 | 粗加工右端外形 | T01 | | 800 | 0.15 | | |
| 安装2：自定心卡盘夹 $\phi$94mm 外圆，一夹一顶 | | | | | | | |
| 1 | 精加工右端外形 | T02 | | 800 | 0.15 | | |
| 2 | 车外螺纹 | T03 | | 800 | 1.5 | | |
| 编制 | | 审核 | | 批准 | | 年 月 日 | 共 页　第 页 |

**表2-10　数控加工工序卡**（数控铣削、加工中心）　编制人：　　年　月　日

| 单位名称 | ××× | 产品名称或代号 | | 零件名称 | 零件图号 |
|---|---|---|---|---|---|
| | | ××× | | 拨动杆 | ××× |
| 工序号 | 程序编号 | 夹具名称 | | 使用设备 | 车间 |
| ××× | ××× | 组合夹具 | | 立式加工中心 | 数控中心 |
| 工步号 | 工步内容（进给路线） | 刀具号 | 刀具规格 | 主轴转速 /(r/min) | 进给速度 /(mm/min) | 背吃刀量 /mm | 备注 |
| 1 | 粗铣 17mm、15mm、72.5mm 槽形及两侧缺口 | T01 | $\phi$14mm 立铣刀 | 600 | 60 | 2 | |
| 2 | 精铣 17mm、15mm、72.5mm 槽形及两侧缺口 | T02 | $\phi$12mm 立铣刀 | 600 | 60 | | |
| 3 | 用 $\phi$6mm 立铣刀铣宽为 6mm 的槽 | T03 | $\phi$6mm 立铣刀 | 800 | 50 | | |
| 4 | 中心钻钻 2×M4-6H 定位孔 | T04 | 中心钻 | 1000 | 80 | | |
| 编制 | ××× | 审核 | ××× | 批准 | ××× | 年 月 日 | 共 页　第 页 |

## 2. 数控刀具卡片

数控加工时，对刀具的要求十分严格，一般可在机外对刀仪上预先调整刀具。刀具卡反映刀具编号及相应参数。它是组装刀具和调整刀具的依据。数控刀具卡见表2-11（数控车

削)、表2-12(数控铣削、加工中心)。

不同的机床或不同的加工目的可能会需要不同形式的数控加工专用技术文件。在工作中,可根据具体情况设计文件格式。

表2-11 刀具卡      编制人:    年   月   日

| 零件名称 | | | 零件图号 | | | 数控系统 | |
|---|---|---|---|---|---|---|---|
| 序号 | 刀具号 | 刀具名称及规格 | 刀具材料 | 刀尖半径/mm | 刀位点 | | 加工表面 |
| 1 | T01 | 30°菱形外圆车刀 | 硬质合金 | $R0.2$ | 刀尖 | | 粗车外形 |
| 2 | T02 | 30°菱形外圆车刀 | 硬质合金 | $R0.2$ | 刀尖 | | 精车外形 |
| 3 | T03 | 60°外螺纹刀 | 硬质合金 | | 刀尖 | | 车外螺纹 |

表2-12 刀具卡      编制人:    年   月   日

| 产品名称或代号 | | ××× | | 零件名称 | 拨动杆 | 零件图号 | ××× |
|---|---|---|---|---|---|---|---|
| 序号 | 刀具号 | 刀具规格名称 | 数量 | 加工表面 | | 刀长/mm | 备注 |
| 1 | T01 | $\phi$14mm 立铣刀 | 1 | 粗加工型腔及两槽 | | 实测 | |
| 2 | T02 | $\phi$12mm 立铣刀 | 1 | 精加工型腔及两槽 | | 实测 | |
| 3 | T03 | $\phi$6mm 立铣刀 | 1 | 铣宽为 6mm 的槽 | | 实测 | |
| 4 | T04 | 中心钻 | 1 | 钻 2×M4-6H 定位孔 | | 实测 | |
| 编制 | ××× | 审核 | ××× | 批准 | ××× | 共 页 | 第 页 |

# 复习思考题

1. 什么是机械加工工艺过程? 由哪几部分组成?

2. 生产类型有哪几种? 如何划分? 有何特点?

3. 常用的加工工艺文件有哪些?

4. 如何选择数控加工工艺内容?

5. 零件机械加工结构工艺性分析的主要内容有哪些?

6. 基准如何分类?

7. 试述粗基准、精基准的选择原则。

8. 什么是加工余量? 如何确定?

9. 尺寸链如何确定? 如何确定封闭环、增环、减环?

10. 计算加工图 2-47 所示零件时, $\phi$24mm 外圆(含倒角)轴向尺寸的变化范围。

11. 图 2-48a 为轴套零件图, 图 2-48b 所示为车外圆及端面, 图 2-48c 所示为钻孔。钻孔时需保证设计尺寸 10mm ± 0.1mm, 试计算三种定位方案的工序尺寸 $A_1$、$A_2$、$A_3$。

12. 图 2-49 为轴套零件, 在车床上已加工好外圆、内孔及各面, 现需在铣床上铣出右端槽, 并保证尺寸 $5_{-0.06}^{0}$mm、26mm ± 0.2mm, 求试切调刀时的度量尺寸 H、A 及其上、下极限偏差。

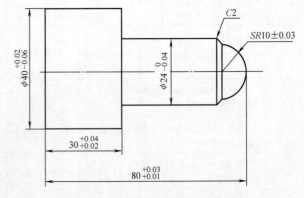

图 2-47 尺寸链计算(一)

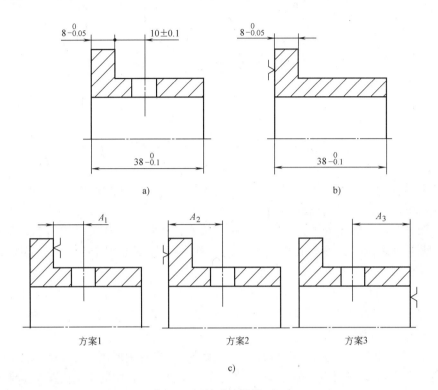

图 2-48　尺寸链计算（二）

a）轴套零件图　b）车外圆及端面　c）钻孔

13. 如何确定表面加工方案？

14. 如何划分加工阶段？划分加工阶段的目的是什么？

15. 试述加工顺序的安排原则？

16. 什么是工序集中、工序分散？各有何特点？

17. 简述数控加工工序划分的方法？

18. 如何选择数控机床？

19. 如何确定数控加工的进给路线？

20. 什么是对刀点？如何选择？

21. 什么是刀位点？常用刀具的刀位点如何确定？

22. 确定切削用量的原则是什么？

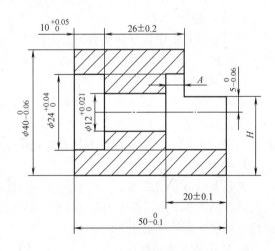

图 2-49　轴套零件

# 第三章　数控机床夹具

## 第一节　机床夹具概述

为了加工出符合规定技术要求的表面，必须在加工前将工件装夹在机床上或夹具中。工件的装夹包括定位和夹紧两个过程。

工件在夹具中定位的任务是：使同一工序中的所有工件都能在夹具中占据正确的位置。一批工件在夹具上定位时，各个工件在夹具中占据的位置不可能完全一致，但各个工件的位置变动量必须控制在加工要求所允许的范围之内。

将工件定位后的位置固定下来称为夹紧。工件夹紧的任务是：使工件在切削力、离心力、惯性力和重力的作用下不离开已经占据的正确位置，以保证机械加工的正常进行。

### 一、机床夹具的组成

图 3-1 所示为在数控铣床上铣连杆槽夹具。该夹具靠工作台 T 形槽和夹具体上的定位键 9 确定其在数控铣床上的位置，用 T 形螺钉紧固。加工时，工件在夹具中的正确位置靠夹具体 1 的上平面、圆柱销 11 和菱形销 10 保证。夹紧时，转动螺母 7，压下压板 2，压板 2 一端压着夹具体，另一端压紧工件，保证工件的正确位置不变。从上例可知，数控机床夹具由以下几部分组成。

**1. 定位装置**

定位装置是由定位元件及其组合而构成。定位装置的作用是使工件在夹具中占据正确的位置。如图 3-1 所示的圆柱销 11，菱形销 10 等都是定位元件。

**2. 夹紧装置**

夹紧装置的作用是将工件压紧夹牢，保证工件在加工过程中受到外力作用时不离开已经占据的正确位置。它包括夹紧元件、传动装置及动力装置等。如图 3-1 所示的压板 2、螺母 3 和 7、垫圈 4 和 5、螺栓 6 及弹簧 8 等元件组成的装置就是夹紧装置。

**3. 夹具体**

夹具上的所有组成部分，需要通过一个基础件使其连接成为一个整体，这个基础件称为夹具体，如图 3-1 所示的夹具体 1。常用的夹具体为铸件结构、锻造结构、焊接结构和装配结构，形状有回转体形和底座形等。

**4. 其他装置或元件**

用夹具安装工件时，一般都用调整法加工。如为了调整刀具的位置，在夹具上设有确定刀具（如铣刀等）位置或引导刀具（孔加工用刀具）方向的元件。此外按照加工要求，有些夹具上还设有其他装置，如分度装置、连接元件等。

上述各组成部分中，定位元件、夹紧装置、夹具体是夹具的基本组成部分。

### 二、机床夹具的分类

**1. 按夹具的通用特性分类**

1）通用夹具。通用夹具是指结构、尺寸已规格化，且具有一定通用性的夹具，如自定

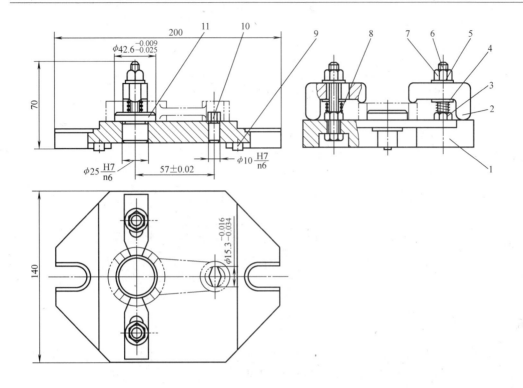

图 3-1　连杆铣槽夹具
1—夹具体　2—压板　3、7—螺母　4、5—垫圈
6—螺栓　8—弹簧　9—定位键　10—菱形销　11—圆柱销

心卡盘、单动卡盘、机用平口钳、万能分度头、回转工作台、中心架、电磁吸盘等。其特点是适用性强、不需调整或稍加调整即可装夹一定形状范围内的各种工件。这类夹具已商品化，且成为机床附件。采用这类夹具可缩短生产准备周期，减少夹具品种，从而降低生产成本。其缺点是夹具的加工精度不高，生产率也较低，且较难装夹形状复杂的工件，故适用于单件、小批量生产中。

2）专用夹具。专用夹具是针对某一工件的某一工序的加工要求而专门设计和制造的夹具。其特点是针对性极强，没有通用性。在产品相对稳定、批量较大的生产中，常用各种专用夹具，可获得较高的生产率和加工精度。专用夹具的设计制造周期较长，随着现代多品种及中、小批生产的发展，专用夹具在适应性和经济性等方面已产生许多问题。

3）可调夹具。可调夹具是针对通用夹具和专用夹具的缺陷而发展起来的一类新型夹具。对不同类型和尺寸的工件，只需调整或更换原来夹具上的个别定位元件和夹紧元件便可使用。它一般又分为通用可调夹具和成组夹具两种。

通用可调夹具的通用范围大，适用性广，加工对象不太固定。成组夹具是专门为成组工艺中某组零件设计的，调整范围仅限于本组内的工件。成组夹具从外形上看，它和可调夹具不易区别。但它与可调夹具相比，具有使用对象明确、设计科学合理、结构紧凑、调整方便等优点。如图 3-2 所示为成组夹具。

4）组合夹具。组合夹具是指按一定的工艺要求，由一套预先制造好的通用标准元件和部件组合而成的夹具。这种夹具使用完后，可进行拆卸或重新组装夹具，具有缩短生产周

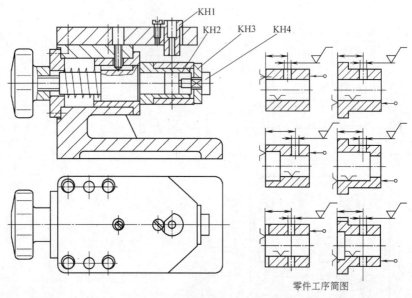

零件工序简图

图 3-2　成组夹具

期，减少专用夹具的品种和数量的优点，因此组合夹具在单件、中小批多品种生产和数控加工中，是一种较经济的夹具。如图 3-3 所示为组合夹具。

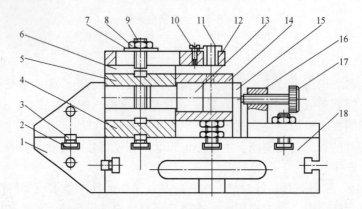

图 3-3　组合夹具

1—加肋角铁　2—T 形螺栓　3—平键　4、6、15—方形支承　5—定位支承
7—平垫圈　8—六角螺母　9—槽用螺栓　10—钻套螺钉　11—快换钻套　12—钻模板
13—圆形定位销　14—工件　16—角铁　17—压紧螺钉　18—基础板

5）自动线夹具。自动线夹具一般分为两种：一种为固定式夹具，它与专用夹具相似；另一种为随行夹具，使用中夹具随着工件一起运动，并将工件沿着自动线从一个工位移至下一个工位进行加工。

**2. 按夹具使用的机床分类**

这是专用夹具设计所用的分类方法。按使用的机床分类，可把夹具分为车床夹具、铣床夹具、钻床夹具、镗床夹具、磨床夹具、齿轮机床夹具、数控机床夹具等。

**3. 按夹具动力源来分类**

按驱动夹具工作的动力源分类，可将夹具分为手动夹具和机动夹具两大类。为减轻劳动强度和确保安全生产，手动夹具应有扩力机构与自锁性能。常用的机动夹具有气动夹具、液压夹具、气液夹具、电动夹具、电磁夹具、真空夹具和离心力夹具等。

### 三、机床夹具的功用

**1. 保证加工精度**

采用夹具安装，可以准确地确定工件与机床、刀具之间的相互位置，工件的位置精度由夹具保证，不受工人技术水平的影响，其加工精度高而且稳定。

**2. 提高生产率、降低成本**

用夹具装夹工件，无需找正便能使工件迅速地定位和夹紧，显著地减少了辅助工时；用夹具装夹工件提高了工件的刚性，因此可加大切削用量；可以使用多件、多工位夹具装夹工件，并采用高效夹紧机构，这些因素均有利于提高劳动生产率。另外，采用夹具后，产品质量稳定，废品率下降，可以安排技术等级较低的工人，明显地降低了生产成本。

**3. 扩大机床的工艺范围**

使用专用夹具可以改变原机床的用途和扩大机床的使用范围，实现一机多能。例如，在车床或摇臂钻床上安装镗模夹具后，就可以对箱体孔系进行镗削加工；通过专用夹具还可将车床改为拉床使用，以充分发挥通用机床的作用。

**4. 减轻工人的劳动强度**

用夹具装夹工件方便、快速，当采用气动、液压等夹紧装置时，可减轻工人的劳动强度。

# 第二节　工件的定位

### 一、工件定位

**1. 六点定位原则**

1）工件的六个自由度。位于任意空间的工件，相对于三个互相垂直的坐标平面共有六个自由度，如图3-4所示，即工件沿 $OX$、$OY$、$OZ$ 三个坐标轴移动的自由度，分别用 $\vec{X}$、$\vec{Y}$、$\vec{Z}$ 表示，以及绕三个坐标轴转动的自由度，分别用 $\hat{X}$、$\hat{Y}$、$\hat{Z}$ 表示。

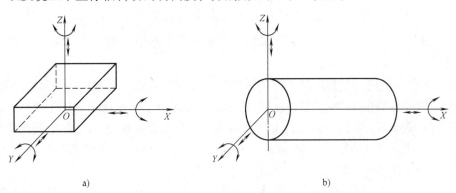

图3-4　工件的六个自由度
a）矩形工件　b）圆柱形工件

2）六个自由度的限制（六点定位）。要使工件在空间的位置完全确定下来，必须消除六个自由度。通常是用一个固定的支承点限制工件的一个自由度，用合理分布的六个支承点限制工件的六个自由度，使工件在夹具中的位置完全确定，这就是六点定位原则。六个支承点的分布，要视工件的形状而定。如图 3-5 所示的矩形零件上铣削半封闭式矩形槽时，为保证加工尺寸 $A$，需要用图 3-5b 所示支承 1、2、3 来限制工件的 $\vec{Z}$、$\hat{X}$、$\hat{Y}$ 三个自由度；为保证 $B$ 尺寸，还需用支承 4、5 来限制 $\hat{X}$ 和 $\vec{Z}$ 两个自由度；为保证 $C$ 尺寸，最后需用支承 6 来限制 $\vec{Y}$ 的自由度。根据在矩形工件上铣削半封闭槽的要求，需把工件的六个自由度全部限制，并用六个支承点加以限制，如图 3-5c 所示。

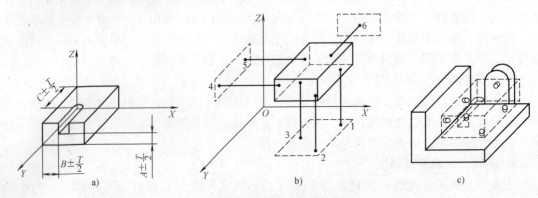

图 3-5　矩形零件的六点定位

a）零件　b）定位分析　c）支承点布置

**2. 限制工件的自由度与加工要求的关系**

实际上，工件加工时并非一定要求限制全部六个自由度才能获得必要的正确位置，而应根据不同工件的具体要求，限制它的某几个或全部自由度。根据支承点对工件限制自由度的情况不同工件的定位可以有以下几种情况。

1）完全定位。工件的六个自由度全部被限制时的定位，称为完全定位。如图 3-5 所示零件的加工要求，工件需要完全定位。

2）部分定位。部分定位又称不完全定位，即在满足工件加工要求的条件下，所限制的自由度不足六个的定位，这里所指的部分定位是指合理的不完全定位。如在矩形工件铣平面，只需限制三个自由度。图 3-5a 所示零件上的槽若为通槽，则 $\vec{Y}$ 可不限制。只需限制五个自由度。

3）欠定位。欠定位是指根据工件的加工要求，应限制的自由度未被限制的定位。

欠定位是不合理的部分定位，其结果将导致无法保证工序所规定的加工要求。如图 3-5 所示不设端面支承 6，则在一批工件上半封闭槽的长度就无法保证；若缺少侧面两个支承点时，则工件上 $B$ 的尺寸和槽与工件侧面的平行度均无法保证。因此，在确定工件在夹具中的定位方案时，决不允许欠定位的现象存在。

4）重复定位。重复定位又称过定位，是指用两个或两个以上的支承点限制工件同一个自由度的定位。图 3-6 所示是以四个支承点对工件底面定位，则其中必有一个支承点是多余和重复的。这样，其中一个支承点就不与工件底面接触，并使另外三点分布不均匀，反而使工件定位不稳。当夹紧之后，或工件被压变形，或夹具定位部分被压变形，使四个支承点与工件底面接触；在切削结束后工件因变形恢复而影响加工精度。因此过定位易造成工件位置不确定，使工件、夹具产生夹紧变形。在生产中应该设法加以处理或消除，解决措施一是提高定位表面加工精度；二是改变定位元件的结构，使定位元件重复限制自由度的部分不起定位作用。

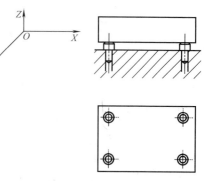

如图 3-7 所示的套筒定位方案，图 3-7a 所示为过定位，图 3-7b、c、d 所示为过定位改善措施。

**3. 定位与夹紧的关系**

定位与夹紧的任务是不同的，两者不能互相取代。若认为工件被夹紧后，其位置不能动了，因此自由度都已限制了，这种理解是错误的。图 3-8 所示为定位与夹紧的关系图，工件在平面支撑 1 和两个短圆柱销 2 上定位，工件放在实线和虚线位置都可以夹紧，但是工件在 $X$ 方向的位置不能确定，钻出的孔其位置也不确定（出现尺寸 $A_1$ 和 $A_2$）。只有在 $X$ 方向设置一个挡销，才能保证钻出的孔在 $X$ 方向获得确定的位置。另一方面，若认为工件在挡销的反方向仍然有移动的可能性，因此位置不确定，这种理解也是错误的。定位时，必须使工件的定位基准紧贴在夹具的定位元件上，否则不能称其为定位；而夹紧则使工件不离开定位元件。

图 3-6 重复定位

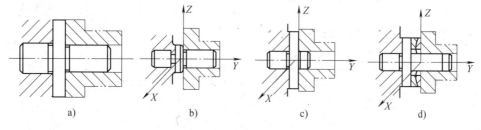

图 3-7 套筒定位方案

**二、常见的定位方式及定位元件**

**1. 对定位元件的基本要求**

定位元件应具备足够的强度和刚性，耐磨性好、工艺性好、便于清除切屑等。

**2. 常用的定位元件**

工件在夹具上的定位，是用定位元件限制其自由度的。一般常用的定位元件所能限制的自由度数目为：长圆锥销 5 个；短圆锥销 3 个；长圆柱销 4 个；短圆柱销 2 个；长 V 形块 4 个；短 V 形块 2 个；大平面 3 个；小平面 1 个；狭长平面 2 个；长菱形销 2 个；短菱形销 1 个。

定位元件的长与短、大与小是相对而言的，要根据定位基准的尺寸予以考虑，一般认为定位基准表面贴合或包容定位表面 1/2 以上时，可称为长 V 形块、大平面

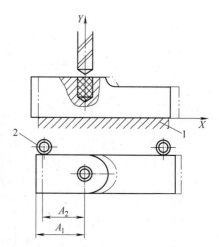

图 3-8 定位与夹紧的关系图
1—平面支撑 2—短圆柱销

……当定位基准表面贴合或包容定位表面 1/3 以下时，可称为短 V 形块、小平面……

表 3-1 所示为常用定位元件能限制的工件自由度。

表 3-1　常用定位元件能限制的工件自由度

| 工件定位基准面 | 定位元件 | 定位方式及所限制的自由度 | 工件定位基准面 | 定位元件 | 定位方式及所限制的自由度 |
|---|---|---|---|---|---|
| 平面 | 支承钉 | $\vec{x},\vec{z}$　$\vec{y}$　$\vec{z},\vec{x},\vec{y}$ | 外圆柱面 | 支承板或支承钉 | $\vec{z}$ |
| | 支承板 | $\vec{x},\vec{z}$　$\vec{z},\vec{x},\vec{y}$ | | | $\vec{z},\vec{y}$ |
| | 固定支承与自位支承 | $\vec{x},\vec{z}$　$\vec{z},\vec{y}$ | | V形块 | $\vec{y},\vec{z}$ |
| | 固定支承与辅助支承 | $\vec{x},\vec{z}$　$\vec{z},\vec{x},\vec{y}$ | | | $\vec{y},\vec{z}$　$\vec{y},\vec{z}$ |
| 圆孔 | 定位销（心轴） | $\vec{x},\vec{y}$ | | | $\vec{y},\vec{z}$ |
| | | $\vec{x},\vec{y}$　$\vec{x},\vec{y}$ | | 定位套 | $\vec{y},\vec{z}$ |
| | 锥销 | $\vec{x},\vec{z},\vec{y}$ | | | $\vec{y},\vec{z}$　$\vec{y},\vec{z}$ |
| | | $\vec{x},\vec{y}$　$\vec{x},\vec{z},\vec{y}$ | | 半圆孔 | $\vec{y},\vec{z}$ |

（续）

| 工件定位基准面 | 定位元件 | 定位方式及所限制的自由度 | 工件定位基准面 | 定位元件 | 定位方式及所限制的自由度 |
|---|---|---|---|---|---|
| 外圆柱面 | 半圆孔 | | 锥孔 | 顶尖 | |
| | 锥套 | | | | |
| | | | | 锥心轴 | |

### 3. 常见的定位方式及定位元件

　　如前所述，在设计零件的机械加工工艺规程时，工艺人员根据加工要求已经选择了各工序的定位基准和确定了各定位基准应当限制的自由度，并将它们标注在工序简图或其他工艺文件上。夹具设计的任务首先是选择和设计相应的定位元件来实现上述定位方案。

　　为了分析问题的方便，此处引入"定位基面"的概念。当工件以回转表面（如孔、外圆等）定位时，称它的轴线为定位基准，而回转表面本身则称为定位基面。工件在夹具上定位时，理论上定位基面与定位元件上的起主要定位作用的表面应该接触。

　　（1）工件以平面定位　工件以平面为定位基面时，常用的定位元件如下所述：

　　1）主要支承。主要支承用来限制工件的自由度，它又分为：

　　① 固定支承。固定支承有支承钉和支承板两种形式。在使用过程中，它们都是固定不动的。在定位过程中，支承钉一般只限制工件的一个自由度，而支承板相当于两个支承钉。

　　当工件以加工过的平面定位时，可采用平头支承钉（图 3-9a）或支承板（图3-10）；而球头支承钉（图 3-9b）主要用于毛坯面定位，齿纹头支承钉（图 3-9c）主要用于工件侧面定位，它们能增大摩擦因数，防止工件滑动。图 3-10 所示 A 型支承板的结构简单，制造方便，但孔边切

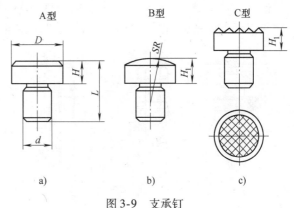

图 3-9　支承钉
a）平头支承钉　b）球头支承钉　c）齿纹头支承钉

屑不易清除干净，故适用于工件侧面和顶面定位。图 3-10 所示 B 型支承板便于清除切屑，适用于工件底面定位。

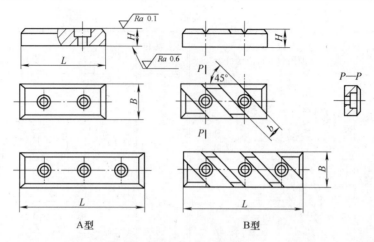

图 3-10　支承板

需要经常更换的支承钉应加衬套（图 3-11）。支承钉、支承板和衬套都已标准化，其公差配合、材料、热处理等可查阅有关资料。

工件以平面定位时，除采用上面介绍的标准支承钉和支承板之外，还可根据工件定位平面的具体形状设计相应的支承板，工件批量不大时也可直接以夹具体作为定位平面。

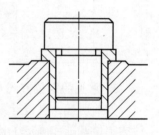

图 3-11　衬套的应用

② 可调支承。在工件定位过程中，支承钉的高度需要调整时，可采用可调支承结构，如图 3-12 所示。调节时松开螺母，将调整钉调到所需高度，再拧紧螺母。

在图 3-13 中，工件为砂型铸件，先以 A 面定位铣 B 面，再以 B 面定位镗双孔。铣 B 面时若用固定支承，由于定位基面 A 的尺寸和形状误差较大，铣完后的 B 面与两毛坯孔（图 3-13 中的点画线）的距离尺寸 $H_1$、$H_2$ 变化也大，致使镗孔时余量很不均匀，甚至可能使余量不够。因此图 3-13 中可采用可调支承，定位时适当调整支承钉的高度，便可避免出现上述情况。对于中小型零件，一般每批调整一次，调整好后，用锁紧螺母拧紧固定，此时其作用与固定支承完全相同。若工件较大且毛坯精度较低时，也可能每件都要调整。

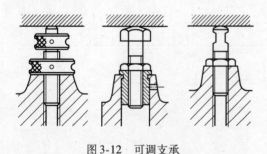

图 3-12　可调支承

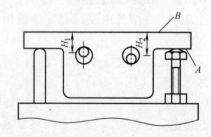

图 3-13　可调支承的应用

③ 自位支承（浮动支承）。在工件定位过程中，能自动调整位置的支承称为自位支承，或称浮动支承。

图 3-14a 所示是三点式自位支承，图 3-14b 是两点式自位支承。这类支承的工作特点

是：支承点的位置能随着工件定位基面位置的变动而自动调整，定位基面压下其中一点，其余点便上升，直至各点均与工件接触。接触点数的增加，提高了工件装夹刚度和稳定性，但其作用相当于一个固定支承，只限制了工件的一个自由度。自位支承适用于工件以毛坯面定位或定位刚性较差的场合。

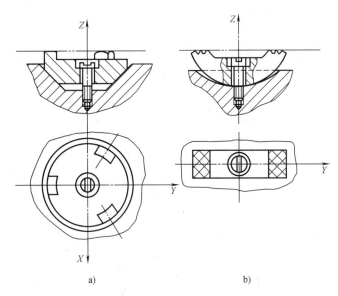

图 3-14 自位支承
a）三点式自位支承 b）两点式自位支承

2）辅助支承。辅助支承用来提高工件的装夹刚度和稳定性，不起定位作用。

① 螺旋式辅助支承。如图 3-15a 所示，螺旋式辅助支承的结构与可调式支承相近，但操作过程不同，前者不起定位作用，而后者起定位作用。

② 自位式辅助支承。如图 3-15b 所示，弹簧 2 推动滑柱 1 与工件接触，用顶柱 3 锁紧，弹簧力应能推动滑柱，但不可推动工件。

③ 推引式辅助支承。如图 3-15c 所示，工件定位后，推动手轮 4 使滑销 5 与工件接触，然后转动手轮使斜楔 6 开槽部分涨开锁紧。

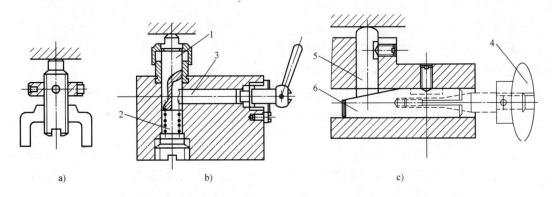

图 3-15 辅助支承
a）螺旋式 b）自位式 c）推引式
1—滑柱 2—弹簧 3—顶柱 4—手轮 5—滑销 6—斜楔

（2）工件以圆柱孔定位　工件以圆柱孔为定位基面时，常用圆柱体和圆锥体作为定位元件。

1）定位销。定位销与工件孔配合部分尺寸公差通常按 g6 或 f7 确定。短圆柱销可限制两个自由度，而长圆柱销可限制四个自由度。从结构上看，定位销一般可分为固定式和可换式两种。固定式定位销是直接用过盈配合装在夹具体上使用的。

图 3-16 所示为常用定位销的结构。当定位销直径 $D$ 为 $3 \sim 10mm$ 时，为避免在使用中折断，或热处理时淬裂，通常把根部倒成圆角 $R$。夹具体上应设有沉孔，使定位销沉入孔内而不影响定位。大批大量生产时，为了便于定位销的更换，可采用图 3-16d 所示带衬套的结构形式。为便于工件装入，定位销的头部有 15° 倒角。此时衬套的外径与夹具体底孔采用 H7/h6 或 H7/r6 配合，而内径与定位销外径采用 H7/h6 或 H7/h5 配合。

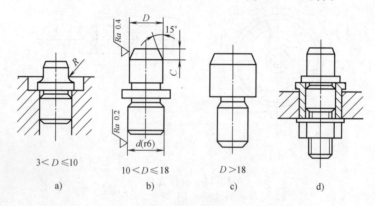

图 3-16　定位销

当要求孔销配合只在一个方向上限制工件自由度时，可采用菱形销，见图 3-17a。有时工件也可用圆锥销定位，见图 3-17b，圆锥销定位限制了工件的三个移动自由度。工件在单个圆锥销上容易倾斜，为此，圆锥销一般与其他定位元件组合使用。

2）圆柱心轴。心轴可以作为一个单独的夹具，广泛应用于车、铣、磨床上加工套筒及盘类零件。在心轴上定位通常限制了除绕自身轴线转动和沿自身轴线移动以外的四个自由度。图3-18a、b所示为刚性心轴，其中图 3-18a 所示为间隙配合心轴；图 3-18b 所示为过盈配合心轴。除刚性心轴外，在生产中还经常使用弹性心轴（图 3-18c）、自动定心心轴等。这些心轴在定位的同时将工件夹紧，使用很方便。

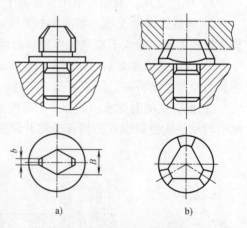

图 3-17　菱形销和锥形销
a）菱形销　b）锥形销

3）小锥度心轴。这类心轴的定位表面带有很小的锥度，一般为 $K = 1:1000 \sim 1:5000$。工作时，工件楔紧在心轴上，靠孔的微小弹性变形而形成一段接触长度，由此产生的摩擦力带动工件回转，而不需另加夹紧装置。小锥度心轴定心精度高，可达 $0.005 \sim 0.01mm$，但工件的轴向位移较大，适用于工件定位孔精度不低于 IT7 的精车和磨削加工，但加工端面较为困难。图 3-19 所示为小锥度心轴。

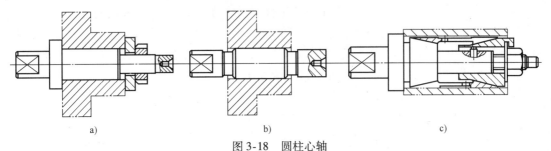

图 3-18　圆柱心轴

a）间隙配合心轴　b）过盈配合心轴　c）弹性心轴

（3）工件以外圆柱面定位　工件以外圆柱面定位有支承定位和定心定位两种。

1）支承定位。支承定位最常见的是 V 形块定位。图 3-20 所示为常见 V 形块结构。图 3-20a 所示用于较短工件精基准定位；图 3-20b 所示用于较长工件粗基准定位；图 3-20c 所示用于工件两段精基准面相

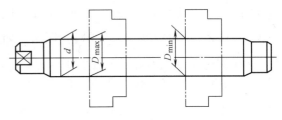

图 3-19　小锥度心轴

距较远的场合。如果定位基准与长度较大，则 V 形块不必做成整体钢件，而采用铸铁底座镶淬火钢垫，如图 3-20d 所示。长 V 形块限制工件的四个自由度，短 V 形块限制工件的两个自由度。V 形块两斜面的夹角有 60°、90°和 120°三种，其中以 90°最为常用。

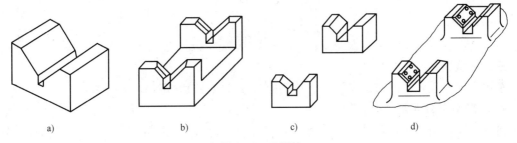

a）　　　　　　　b）　　　　　　　c）　　　　　　　d）

图 3-20　V 形块

2）定心定位。定心定位的定位元件主要是套筒（包括锥套）、卡盘和弹簧夹头等。套筒定位长径比较大时，限制工件四个自由度（两个移动，两个转动，见图 3-21a）；套筒定位长径比较小时，只限制工件两个自由度（图 3-21b）。使用锥套定位时，通常限制工件三个移动自由度（图 3-21c）。

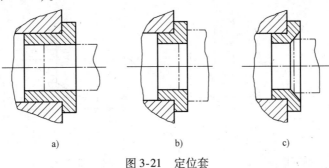

a）　　　　　　　b）　　　　　　　c）

图 3-21　定位套

（4）一面两孔组合定位　上面所述均为工件以单一基准面定位时采用的定位元件，在实际生产中为了实现工件的完全定位，常常要以两个或两个以上的表面为组合定位基准，此时亦需要有两个以上的定位元件组合使用。如常见的一面两孔定位方式即被广泛应用于中、大型零件的加工中。这种定位方式简单可靠，夹紧方便。

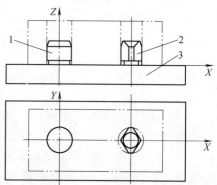

图 3-22　工件以一面两孔定位
1—圆柱销　2—削边销　3—夹具体

图 3-22 所示为一面两孔定位。利用工件上的一个大平面和与该平面垂直的两个圆孔作定位基准进行定位。夹具上如果采用一个平面支承和两个圆柱销作定位元件，则在两销连心线方向产生过定位。为了避免过定位，可将两定位销之一在定位干涉方向上削边，做成削边销（菱形销），以避免干涉。其中平面支撑限制 $\vec{X}$、$\hat{Y}$ 和 $\hat{Z}$ 3 个自由度，一个圆柱销限制 $\vec{Y}$ 和 $\vec{X}$ 两个自由度，另一个削边销限制 $\hat{Z}$ 自由度。

为保证削边销的强度，小直径的削边销常做成菱形结构，故又称为菱形销。图 3-23 所示为常用削边销的结构。

a)　　　　　　　　　b)　　　　　　　　c)

图 3-23　削边销的结构
a) $d<3$　b) $d=3\sim50$　c) $d>50$

### 三、定位误差

工件在夹具上定位时将产生误差，称为定位误差（$\Delta_D$）。定位误差分为：

**1. 基准不重合误差**（$\Delta_B$）

这类误差是由于定位基准与设计基准（在工序图上是工序基准）不重合引起的。它只与定位基准的选择有关。若所选定位基准与工序基准重合，则 $\Delta_B=0$；所选定位基准与工序基准不重合，则 $\Delta_B$ 的大小等于两基准沿工序尺寸方向上的公差值。

如图 3-24a 所示，在一批工件上铣槽，要求保证尺寸 $A$、$H$。按图 3-24b 所示方式定位，定位基准与设计基准 $E$、$M$ 重合，$\Delta_B=0$。

如图 3-25 所示工件钻孔时，要求保证工序尺寸是 $A_0^{+\delta_a}$，分析不同表面作为定位基准时的基准不重合误差。

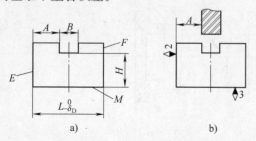

a)　　　　　　　　　　　b)

图 3-24　基准不重合误差

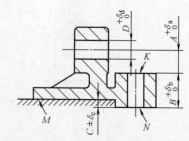

图 3-25　误差 $\Delta$ 不重合的分析图

当以 $M$ 面作为定位基准时，则 $\Delta_{\mathrm{B}} = \delta_{\mathrm{b}} + 2\delta_{\mathrm{c}}$。

当以 $N$ 面作为定位基准时，则 $\Delta_{\mathrm{B}} = \delta_{\mathrm{b}}$。

当以 $K$ 面作为定位基准时，则 $\Delta_{\mathrm{B}} = 0$。

**2. 基准位移误差（$\Delta_{\mathrm{Y}}$）**

基准位移误差是由于定位基准及定位表面的制造误差引起的。它使工件在夹具中定位时，定位基准相对于规定位置可能产生位移，其最大位移量就叫基准位移误差，以 $\Delta_{\mathrm{Y}}$ 表示。

工件定位时，定位基准在夹具中的规定位置，则按以下规定确定：当夹具上定位表面为平面时，则以此平面表示；当定位表面为圆柱面时，则以中心线表示；当定位基准为 V 形块时，则以放在 V 形块上的标准心轴的轴线表示。

如图 3-26 所示为在工件圆柱面上铣槽，保证尺寸 $A$。工件以内孔在水平轴上定位，其设计基准和定位基准都是内孔轴线，基准重合，则 $\Delta_{\mathrm{B}} = 0$。但由于工件内孔和心轴有制造误差和最小配合间隙，使定位孔中心的实际位置发生位移，因而产生基准位移误差，其大小为定位基准的最大变动范围，即 $\Delta_{\mathrm{Y}} = (\delta_{\mathrm{D}} + \delta_{\mathrm{d}} + x_{\min})/2$。$x_{\min}$ 为最小配合间隙。

如图 3-27 所示为在圆柱形工件上铣一斜面的情况，当工件直径变化时，定位基准的最大位移量为 $OO'$，由于工序尺寸方向与基准位移的方向不一致，因此，$OO'$ 在工序尺寸方向上的投影，才是影响工序尺寸的基准位移误差，即

$$\Delta_{\text{计算}} = OO' \cdot \cos\beta$$

式中　$\beta$——定位基准最大位移量 $OO'$ 与工序尺寸方向间的夹角。

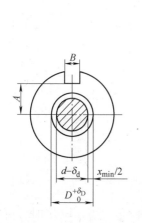

图 3-26　基准位移误差

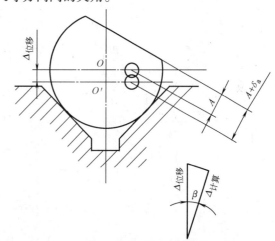

图 3-27　$\Delta_{\text{位移}}$ 与 $\Delta_{\text{计算}}$ 的关系

**3. 定位误差的分析与计算**

由于工件定位时，工序基准的位置同时受到基准位移误差和基准不重合误差的影响，这两类误差都是在定位时产生的，所以取名为定位误差，以 $\Delta_{\mathrm{D}}$ 表示。定位误差 $\Delta_{\mathrm{D}}$ 是基准不重合误差和基准位移误差两方面的矢量和，即 $\Delta_{\mathrm{D}} = \Delta_{\mathrm{B}} + \Delta_{\mathrm{Y}}$。

式中的和是有方向的。如果 $\Delta_{\mathrm{B}}$、$\Delta_{\mathrm{Y}}$ 方向相同（或相反）且与加工尺寸线方向平行（相一致），则两项可以直接相加（或相减）；如果 $\Delta_{\mathrm{B}}$、$\Delta_{\mathrm{Y}}$ 方向与加工面的尺寸线方向不平行

（不一致），则需将 $\Delta_B$、$\Delta_Y$ 投影到加工尺寸线方向来计算。

1）工件以外圆柱面在 V 形块上定位时的定位误差。

图 3-28a 所示为设计基准与定位基准重合的情况，其基准不重合误差 $\Delta_B = 0$，因此其定位误差为

$$\Delta_D = 0 + \Delta_Y = 0 + \frac{\delta_D}{2\sin\frac{\alpha}{2}} = \frac{\delta_D}{2\sin\frac{\alpha}{2}}$$

图 3-28b 中设计基准 $a$ 与定位基准 $O_1$ 不重合，除含有基准位移误差 $\Delta_Y$ 外，还有基准不重合误差 $\Delta_B$。从图 3-28b 中可以看出，假定定位基准 $O_1$ 不动，当工件直径由最小 $D - \delta_D$ 变到最大 $D$ 时，设计基准 $a$ 的变化量为 $\delta_D/2$，这就是 $\Delta_B$ 的大小，与定位基准 $O_1$ 变化的方向相同，故其定位误差 $\Delta_D$ 是二者之和，即

$$\Delta_D = \Delta_B + \Delta_Y = \frac{\delta_D}{2} + \frac{\delta_D}{2\sin\frac{\alpha}{2}} = \frac{\delta_D}{2}\left(1 + \frac{1}{\sin\frac{\alpha}{2}}\right)$$

图 3-28c 所示为设计基准 $b$ 与定位基准 $O_1$ 不重合的另一种情况。从图 3-28c 中可以看出，当工件直径由最小 $D - \delta_D$ 变到最大 $D$ 时，设计基准 $b$ 的变化量仍为 $\delta_D/2$，但其方向与定位基准 $O_1$ 变化的方向相反，故其定位误差 $\Delta_D$ 是二者之差，即

$$\Delta_D = -\Delta_B + \Delta_Y = -\frac{\delta_D}{2} + \frac{\delta_D}{2\sin\frac{\alpha}{2}} = \frac{\delta_D}{2}\left(\frac{1}{\sin\frac{\alpha}{2}} - 1\right)$$

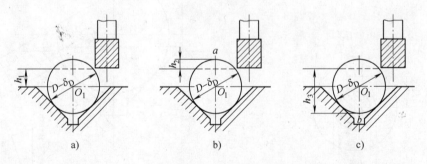

图 3-28    工件以外圆柱面在 V 形块上定位时的误差分析

显然，$\alpha$ 越大，$\Delta_D$ 越小。但 $\alpha$ 太大时，V 形块的对中性差。当 $\alpha = 90°$ 时，可得

$$\Delta_Y = \frac{\delta_D}{2\sin\frac{\alpha}{2}} = \frac{\sqrt{2}}{2}\delta_D = 0.707\delta_D$$

因此，当 $\alpha = 90°$ 时，若设计基准为外圆上素线，则其定位误差为

$$\Delta_D = \frac{\delta_D}{2} + \frac{\delta_D}{2\sin\frac{\alpha}{2}} = \frac{\delta_D}{2} + 0.707\delta_D = 1.207\delta_D$$

当 $\alpha = 90°$ 时，若设计基准为工件的轴心线，则其定位误差为

$$\Delta_D = 0 + \Delta_Y = 0 + \frac{\delta_D}{2\sin\frac{\alpha}{2}} = 0.707\delta_D$$

当 $\alpha = 90°$ 时，若设计基准为外圆下素线，则其定位误差为

$$\Delta_D = -\frac{\delta_D}{2} + \frac{\delta_D}{2\sin\frac{\alpha}{2}} = -\frac{\delta_D}{2} + 0.707\delta_D = 0.207\delta_D$$

2）工件以一面两孔组合定位时的定位误差。工件以一面两孔组合定位时的基准位移误差包括两类，即沿平面内任意方向的基准位移误差 $\Delta_Y$ 和基准转角误差 $\Delta_\theta/2$，如图 3-29 所示。

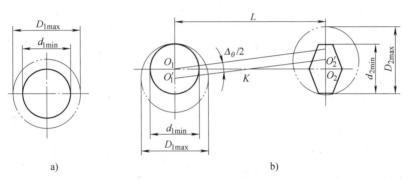

a)                      b)

图 3-29    一面两孔定位误差分析

$$\Delta_Y = X_{1max} = \delta_{D1} + \delta_{d1} + \Delta_{最小间隙}$$

转角误差（见图 3-29b）取决于两孔和两销的最大配合间隙 $X_{1max}$ 和 $X_{2max}$、中心距 $L$ 以及工件的偏移方向，可近似计算为

$$\frac{\Delta_\theta}{2} = \pm \arctan\frac{O_1O_1' + O_2O_2'}{L} = \pm \arctan\frac{X_{1max} + X_{2max}}{2L}$$

式中    $X_{1max}$——圆柱销与定位孔的最大配合间隙；

$X_{2max}$——削边销与定位孔的最大配合间隙。

由此可见，为了减小转角误差，两定位孔之间的距离 $L$ 应尽可能大些。

3）定位误差计算示例。

**例1**  有一批套类零件，如图 3-30 所示。欲在其上铣一键槽，试分析计算在处于水平位置的刚性心轴上具有间隙的定位时，$H_1$、$H_3$ 的定位误差。

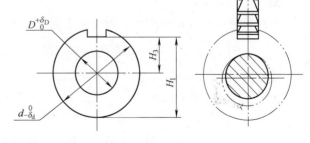

图 3-30    套类零件（一）

**解**  $H_3$ 尺寸：$\Delta_D = \Delta_B + \Delta_Y = 0 + [\delta_D + \delta_d(心轴) + X_{min}]/2 = [\delta_D + \delta_d(心轴) + X_{min}]/2$

$H_1$ 尺寸：$\Delta_D = \Delta_B + \Delta_Y = \delta_D/2 + [\delta_D + \delta_d(心轴) + X_{min}]/2$

**例2**  有一批套类零件，如图 3-31 所示。欲在其上铣一键槽，试分析计算在可涨心轴上

定位时 $H_1$、$H_3$ 的定位误差。

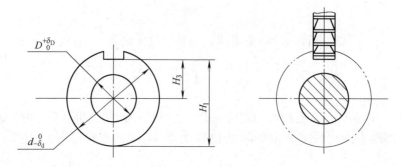

图 3-31　套类零件（二）

**解**　可涨心轴上定位时的定位误差为

$H_3$ 尺寸：$\Delta_D = \Delta_B + \Delta_Y = 0$

$H_1$ 尺寸：$\Delta_D = \Delta_B + \Delta_Y = \delta_D/2 + 0 = \delta_D/2$

**例 3**　在圆柱体工件上钻孔 $\phi D$，如图 3-32 所示，分别采用两种定位方案，工序尺寸为 $H \pm T_h$，试计算其定位误差值。

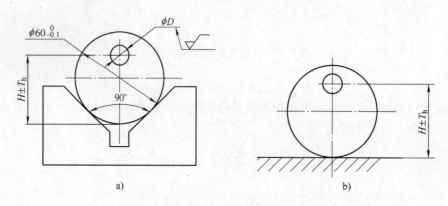

图 3-32　圆柱体工件

**解**　定位方案 a：

V 形块定位，当 $\alpha = 90°$ 时，设计基准为外圆下素线，则其定位误差为

$$\Delta_D = 0.207\delta_D = 0.207 \times 0.1\text{mm} = 0.0207\text{mm}$$

定位方案 b：

$$\Delta_D = \Delta_B + \Delta_Y = 0 + 0 = 0$$

# 第三节　工件在夹具中的夹紧

在机械加工过程中，工件受到切削力、离心力、惯性力等的作用，为了保证在这些外力作用下，工件仍能在夹具中保持已由定位元件确定的加工位置，而不致发生振动或位移，夹具结构中应设置夹紧装置将工件可靠夹紧。

**一、夹紧装置的组成**

夹紧装置的种类很多，但其结构均由两部分组成。

**1. 动力装置**

夹紧力的来源，一是人力，二是某种装置所产生的力。能产生力的装置称为夹具的动力装置。常用的动力装置有：气动装置、液压装置、电动装置、电磁装置、气—液联动装置和真空装置等。由于手动夹具的夹紧力来自人力，所以它没有动力装置。

**2. 夹紧部分**

夹紧部分用来接受和传递原始作用力使之变为夹紧力并执行夹紧任务，一般由下列机构组成：

1）接受原始作用力的机构。如手柄、螺母及用来联接气缸活塞杆的机构等。

2）中间递力机构。如铰链、杠杆等。

3）夹紧元件。如各种螺钉压板等。

其中中间递力机构在传递原始作用力至夹紧元件的过程中可以起到诸如改变作用力的方向、改变作用力的大小以及自锁等作用。

**二、夹紧装置的基本要求**

夹紧力大小适中、使工件不变形、夹紧不移位、加工不松动、结构简单、操作方便、生产率高。在不破坏工件定位精度并保证加工质量的前提下，应尽量使夹紧装置做到：

**1. 夹紧力的大小适当**

既要保证工件在整个加工过程中其位置稳定不变、振动小，又要使工件不产生过大的夹紧变形。

**2. 夹紧力方向**

1）夹紧力的方向应有助于定位，如图 3-33 所示。

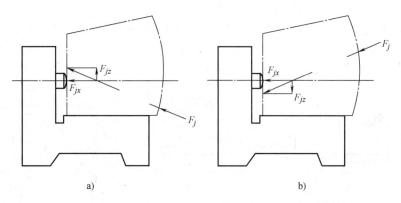

图 3-33　夹紧力的方向应有助于定位
a）错误　b）正确

2）夹紧力的方向应指向主要定位基面。如图 3-34a 所示，工件被镗孔时与 $A$ 面有垂直度要求，因此加工时以 $A$ 面为主要定位基面，夹紧力的方向应朝向 $A$ 面。如果夹紧力改朝 $B$ 面，由于工件侧面 $A$ 与底面 $B$ 有夹角误差，因而夹紧时工件的定位位置被破坏，如图 3-34b 所示，影响孔与 $A$ 面的垂直度要求。

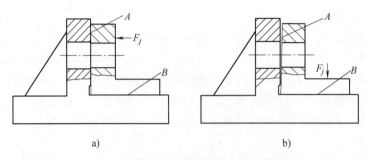

图 3-34　夹紧力的方向应指向主要定位基面
a）夹紧力方向朝 A 面　b）夹紧力方向朝 B 面

**3. 夹紧力的作用点**

1）夹紧力的作用点落在支承范围内，如图 3-35 所示。

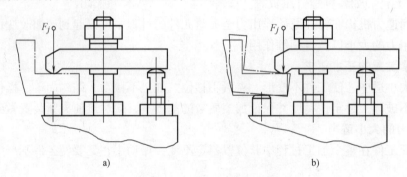

图 3-35　夹紧力作用点的位置
a）正确　b）错误

2）夹紧力的作用点落在工件刚性较好的方向或部位。如图 3-36a 所示薄壁套的轴向刚性比径向刚性好，用卡爪径向夹紧时工件变形大，若沿轴向施加夹紧力，变形会小得多。在夹紧图 3-36b 所示的薄壁箱体时，夹紧力不应作用在箱体的顶面，而应作用在刚性较好的凸边上，或改为在顶面上三点夹紧，改变着力点位置，以减小夹紧变形，如图 3-36c 所示。

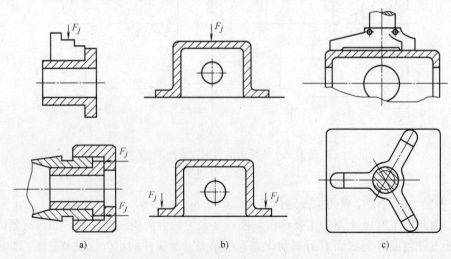

图 3-36　夹紧力作用点与夹紧变形的关系

3）夹紧力的作用点靠近加工表面，如图3-37所示。

### 4. 工艺性好

夹紧装置的复杂程度应与生产纲领相适应，在保证生产效率的前提下，其结构应力求简单，便于制造和维修。

### 5. 使用性好

夹紧装置的操作应当方便、安全、省力。

### 三、基本夹紧机构

原始作用力转化为夹紧力是通过夹紧机构来实现的。在众多的夹紧机构中以斜楔、螺旋、偏心以及由它们组合而成的夹紧机构应用最为普遍。

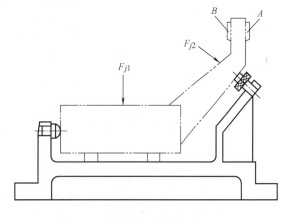

图3-37　夹紧力作用点靠近加工面

### 1. 斜楔夹紧机构

采用斜楔作为传力元件或夹紧元件的夹紧机构称为斜楔夹紧机构。斜楔夹紧机构具有结构简单、增力比大、自锁性能好等特点，因此获得广泛应用。图3-38所示为斜楔夹紧机构。

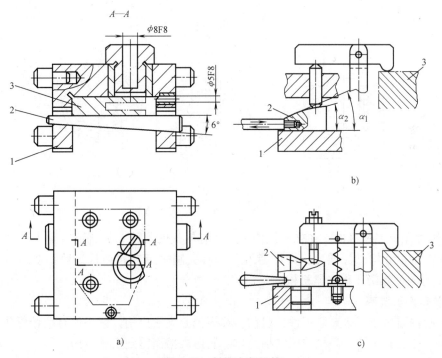

图3-38　斜楔夹紧机构
a）斜楔　b）斜楔与滑柱合成　c）端面斜楔压板组合
1—夹具体　2—斜楔　3—工件

### 2. 螺旋夹紧机构

采用螺杆作中间传力元件的夹紧机构统称为螺旋夹紧机构。由于它结构简单、夹紧可靠、通用性好，而且由于螺纹升角小，螺旋夹紧机构的自锁性能好，夹紧力和夹紧行程都较大，是手动夹具上用得最多的一种夹紧机构。

1）简单螺旋夹紧机构。最简单的螺旋夹紧机构由于直接用螺钉头部压紧工件，易使工件受压而使表面损伤，或带动工件旋转，因此常在头部装有摆动的压块。由于压块与工件间的摩擦力矩大于压块与螺钉间的摩擦力矩，压块不会随螺钉一起转动。

夹紧动作慢、工件装卸费时是单个螺旋夹紧机构的另一个缺点。为克服这一缺点，可采用快速夹紧机构。

图3-39所示为单个螺旋夹紧机构，图3-40所示为摆动压块。

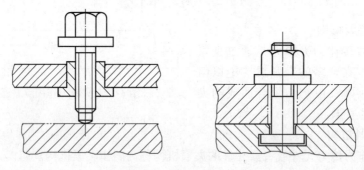

图3-39　螺旋夹紧机构

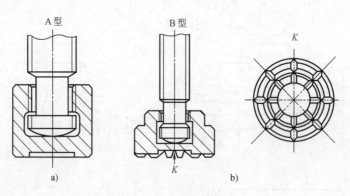

图3-40　摆动压块

2）螺旋压板夹紧机构。在夹紧机构中，螺旋压板的使用非常普遍，常见的螺旋压板典型结构其结构尺寸均已标准化，设计者可参考有关国家标准和夹具设计手册进行设计。图3-41所示为典型螺旋压板夹紧机构。

**3. 偏心夹紧机构**

用偏心件直接或间接夹紧工件的机构，称为偏心夹紧机构。偏心件有两种形式，即圆偏心和曲线偏心，其中圆偏心机构因结构简单、制造容易而得到广泛应用。

偏心夹紧加工操作方便、夹紧迅速，缺点是夹紧力和夹紧行程都小。一般用于切削力不大、振动小、没有离心力影响的加工中。圆偏心夹紧机构如图3-42所示。

**4. 定心夹紧机构**

当工件被加工面以中心要素（轴线、中心平面等）为工序基准时，为使基准重合以减少定位误差，需采用定心夹紧机构。

定心夹紧机构具有定心和夹紧两种功能，如卧式车床的自定心卡盘即为最常用的典型实例。

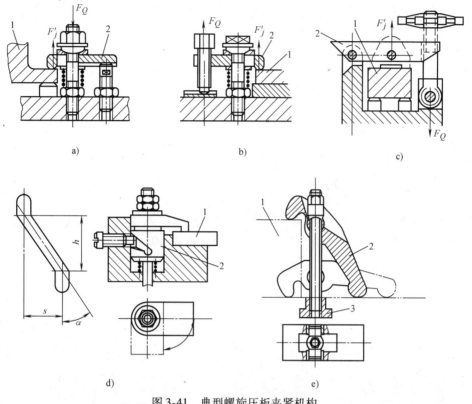

a)、b) 杠杆　c) 铰链　d) 钩形　e) 自调式
图 3-41　典型螺旋压板夹紧机构
1—工件　2—压板　3—T 形槽用螺母

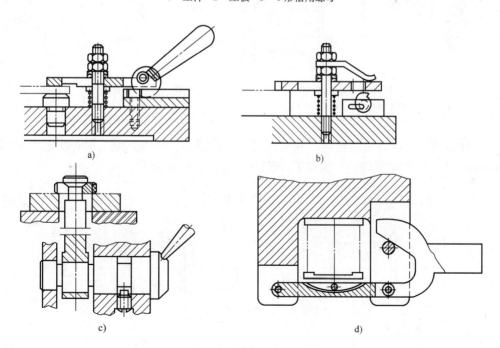

图 3-42　圆偏心夹紧机构
a)、b) 偏心轮　c) 偏心轴　d) 偏心叉

定心夹紧机构按其定心作用原理有两种类型，一种是依靠传动机构使定心夹紧元件等速移动，从而实现定心夹紧，如螺旋式、杠杆式、楔式机构等；另一种是利用薄壁弹性元件受力后产生均匀的弹性变形（收缩或扩张），来实现定心夹紧，如弹簧筒夹、膜片卡盘、波纹套、液性塑料等。

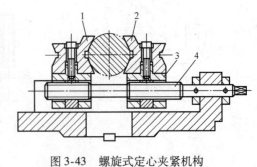

图 3-43  螺旋式定心夹紧机构
1、2—V 形钳口  3—滑铁  4—双向螺杆

1）螺旋式定心夹紧机构。其结构简单、工作行程大、通用性好、定心精度不高（0.05 ~ 0.1mm），如图 3-43 所示。

2）杠杆式定心夹紧机构。其刚性大、动作快、增力和行程大、定心精度低（$\phi$0.1mm），如图 3-44 所示。

3）楔式定心夹紧机构。其结构紧凑，定心精度为 $\phi$0.02 ~ 0.07mm，用于半精加工，如图 3-45 所示。

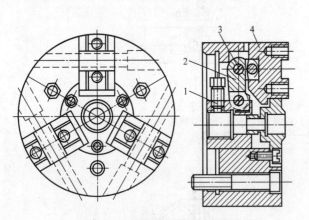

图 3-44  杠杆式自定心卡盘
1—滑套  2—异形杠杆  3—轴销  4—滑块

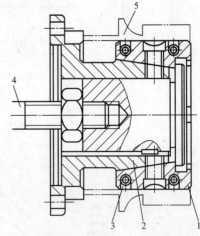

图 3-45  机动楔式夹爪自动定心机构
1—夹爪  2—本体  3—弹簧卡圈
4—拉杆  5—工件

4）弹簧筒夹式定心夹紧机构。其结构简单、体积小、操作方便、定心稳定（$\phi$0.01 ~ 0.04mm），用于轴套类零件的半精加工、精加工，如图 3-46 所示。

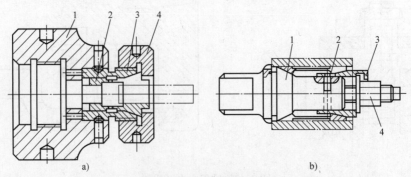

a)                                                    b)

图 3-46  弹簧夹头和弹簧心轴
1—夹具体  2—弹性筒夹  3—锥套  4—螺母

# 第四节　数控加工常用夹具

**一、数控加工常用夹具介绍**

对数控机床夹具的要求如下：

1）推行标准化、系列化和通用化。

2）发展组合夹具和拼装夹具，降低生产成本。

3）提高精度。

4）提高夹具的高效自动化水平。

根据所使用机床的不同，用于数控机床的通用夹具通常可分为以下几种：

**1. 数控车床夹具**

数控车床夹具主要有自定心卡盘、单动卡盘、花盘等。

自定心卡盘（见图3-47）用于回转工件的自动装夹；单动卡盘（见图3-48）用于非回转体或偏心件的装夹；通常用花盘装夹不对称和形状复杂的工件，装夹时需反复校正和平衡。

图3-47　自定心卡盘

图3-48　单动卡盘

**2. 数控铣床夹具**

数控铣床常用夹具是机用平口钳、液压助力平口钳、卡盘等。平口钳可固定在工作台上，先找正钳口，再把工件装夹在平口钳上，这种方式装夹方便，应用广泛，适于装夹形状规则的小型工件。图3-49所示为机用平口钳，图3-50所示为铣削用卡盘。

**3. 加工中心夹具**

数控回转工作台是各类数控铣床和加工中心的理想配套附件，有立式回转工作台、卧式回转工作台和立卧两用回转工作台等不同类型产品。立卧回转工作台在使用过程中可分别以立式和水平两种方式安装于主机工作台上。工作台工作时，利用主机的控制系统或专门配套的控制系统，完成与主机相协调的各种必需的分度回转运动。图3-51所示为数控回转工作台。

**二、组合夹具**

组合夹具是一种标准化、系列化、通用化程度很高的工艺装备，我国目前已基本普及。组合夹具由一套预先制造好的不同形状、不同规格、不同尺寸的标准元件及部件组装而成。

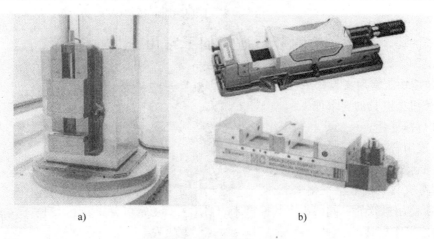

图 3-49　机用平口钳
a）机用平口钳　b）液压助力平口钳

图 3-50　铣削用卡盘
a）铣削用自定心卡盘　b）铣削用单动卡盘

图 3-51　数控回转工作台

**1. 组合夹具的特点**

组合夹具一般是为某一工件的某一工序组装的专用夹具，也可以组装成通用可调夹具或成组夹具。

1）优点。使用组合夹具可节省夹具的材料费、设计费、制造费，方便库存保管；另外，其组合时间短，能够缩短生产周期，反复拆装，不受零件尺寸改动限制，可以随时更换夹具定位易磨损件。

2）缺点。组合夹具需要经常拆卸和组装，其结构与专用夹具相比显得复杂、笨重，对于定型产品大批量生产时，组合夹具的生产率不如专用夹具生产率高。此外，组装成套的组合夹具必须有大量的元件储备，因此初期投资费用较高。

**2. 组合夹具的适用范围**

1）从生产类型方面看，组合夹具适用于产品经常变换的生产，如单件小批生产（包括工具和机修零件制造）、新产品试制和临时突击性的生产任务等。

2）从加工工种方面看，组合夹具可用于钻、车、铣、刨、磨、镗、检验等工种，其中以钻床夹具应用量最大。若与气动、液压等传动装置相结合，还能组成高效率的夹具。

3）从加工工件的几何形状和尺寸方面看，组合夹具一般可不受工件形状复杂程度的限制，很少遇到因工件形状特殊而不能组装夹具的情况。目前我国大量采用的中型系列组合夹具，一般适用于外形尺寸在 20～600mm 的工件，有时根据生产需要，也能组装出更大的组合夹具。

4）从加工工件的公差等级方面看，组合夹具元件本身为 IT2 公差等级，再加上各组装环节的累积误差，在一般情况下，工件加工公差等级可达 IT3 级。如果经过精心选配与调整，也能使工件加工公差等级达 IT2 级或更高。

**3. 组合夹具的分类**

组合夹具分为槽系和孔系两大类。

1）槽系组合夹具。为了适应不同工厂、不同产品的需要，槽系组合夹具分为大型、中型、小型三种规格，其主要参数见表 3-2。

**表 3-2　槽系组合夹具的主要结构要素及性能**

| 规格 | 槽宽/mm | 槽距/mm | 联接螺栓 /(mm×mm) | 键用螺钉 /mm | 支承件截面 /mm² | 最大载荷/N | 工件最大尺寸 $\frac{长}{mm} \times \frac{宽}{mm} \times \frac{高}{mm}$ |
|---|---|---|---|---|---|---|---|
| 大型 | $16^{+0.08}_{0}$ | $75 \pm 0.01$ | M16×1.5 | M5 | $75 \times 75$、$90 \times 90$ | 200000 | $2500 \times 2500 \times 1000$ |
| 中型 | $12^{+0.08}_{0}$ | $60 \pm 0.01$ | M12×1.5 | M5 | $60 \times 60$ | 100000 | $1500 \times 1000 \times 500$ |
| 小型 | $8^{+0.015}_{0}$、$6^{+0.015}_{0}$ | $30 \pm 0.01$ | M8、M6 | M3、M2.5 | $30 \times 30$、$22.5 \times 22.5$ | 50000 | $500 \times 250 \times 250$ |

小型系列组合夹具主要适用于仪器、仪表、电信和电子工业。中型系列组合夹具主要适用于机械制造工业。大型系列组合夹具主要适用于重型机械制造工业。

组合夹具元件按其用途可分为基础件、支承件、定位件、导向件、压紧件、紧固件、合件、其他件八大类进行组合。图 3-52 所示为槽系组合夹具。

2）孔系组合夹具根据零件的加工要求，用孔系列组合夹具元件即可快速地组装成机床夹具。该系列元件结构简单，以孔定位，螺栓联接，定位精度高，刚性好，组装方便。图 3-53 所示为孔系组合夹具。

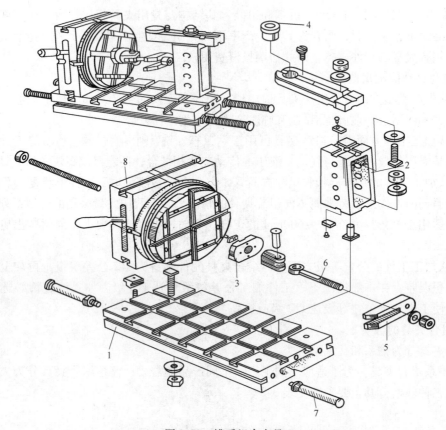

图 3-52　槽系组合夹具

1—长方形基础板　2—方形支承件　3—菱形定位盘　4—快换钻套

5—叉形压板　6—螺栓　7—手柄杆　8—分度合件

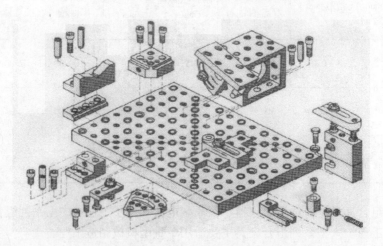

图 3-53　孔系组合夹具

# 复习思考题

1. 工件的装夹包括哪几个过程？各过程的任务是什么？

2. 机床夹具由哪几部分组成？

3. 机床夹具如何分类？机床夹具有何作用？

4. 何谓"六点定位原则"、"完全定位"、"部分定位"和"欠定位"？

5. 何谓"过定位"？可否采用？为什么？

6. 试述常用定位元件所限制的自由度。

7. 简述工件以平面定位时常用的定位元件及其特点。

8. 简述工件以圆柱孔定位时常用的定位元件及其特点。

9. 简述工件以外圆柱面定位时常用的定位元件及其特点。

10. 什么是"一面两孔"组合定位？采用什么定位元件？为什么？

11. 根据六点定位原理，试分析如图 3-54 所示各定位方案中定位元件所消除的自由度有哪些？有无过定位现象？如有，应如何改正？

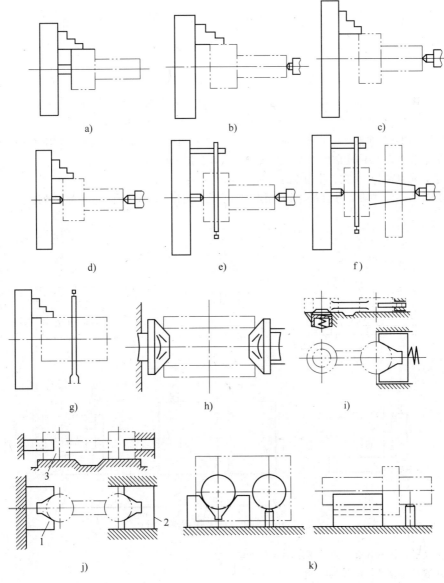

图 3-54　定位元件限制的自由度分析

12. 什么是定位误差？产生定位误差的原因是什么？

13. 有一批套类零件，如图3-55所示。欲在其上铣一键槽，试分析计算各种定位方案中 $H_1$、$H_3$ 的定位误差。

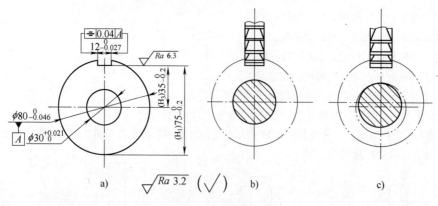

图3-55　套类零件

① 在可涨心轴上定位（见图3-55b）。

② 在处于水平位置的刚性心轴上具有间隙的定位。定位心轴直径为 $\phi 30^{-0.007}_{-0.02}$ mm（见图3-55c）。

③ 在处于垂直位置的刚性心轴上具有间隙定位。定位心轴直径为 $\phi 30^{-0.007}_{-0.02}$ mm。

④ 如果工件内外圆同轴度为 $\phi 0.02$ mm，上述3种定位方案中，$H_1$、$H_3$ 的定位误差各是多少？

14. 夹紧装置由哪几部分组成？夹紧装置设计的基本要求是什么？

15. 确定夹紧力大小、方向、作用点的原则有哪些？

16. 试分析图3-56中夹紧力的方向及作用点是否合理？为什么？如不合理，应如何改进？

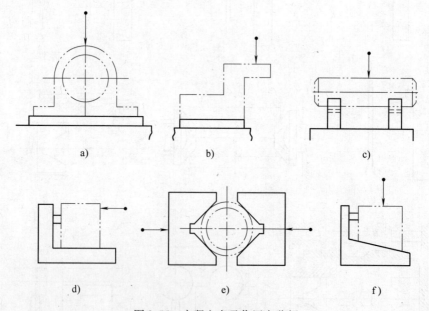

图3-56　夹紧方向及作用点分析

17. 螺旋夹紧机构有什么特点？常用形式有哪些？

18. 试述数控机床常用的夹具。

19. 组合夹具有什么特点？应如何分类？

# 第四章　数控机床刀具

## 第一节　数控机床刀具的要求、特点及材料

### 一、数控机床刀具的要求与特点

1）刀具材料应具有高的可靠性。数控加工切削速度和自动化程度高，要求刀具应具有很高的可靠性，并且要求刀具的寿命长、切削性能稳定、质量一致性好、重复精度高。

2）刀具材料应具有高的耐热性、抗热冲击性和高温力学性能。为了提高生产效率，现在的数控机床向着高速度、高刚性和大功率发展。切削速度的增大，导致切削温度急剧升高。因此，要求刀具材料的熔点高、氧化温度高、耐热性好、抗热冲击性能强，同时还要求刀具材料具有很高的高温力学性能，如高温强度、高温硬度、高温韧性等。

3）数控机床刀具应具有高的精度和重复定位精度。现在高精密加工中心的加工精度可以达到 $3 \sim 5 \mu m$，因此刀具的精度、刚度和重复定位精度必须与之相适应。另外，刀具的刀柄与快换夹头间或与机床锥孔间的连接部分应有高的制造、定位精度。数控机床广泛采用的机夹可转位车刀、铣刀，其刀尖的位置精度、转位精度要求较高。

4）实现刀具尺寸的预调和快速换刀，缩短辅助时间以提高加工效率。数控机床刀具应能与数控机床快速、准确地结合和脱开，并能适应机械手的操作，并且要求刀具互换性好、更换迅速、尺寸调整方便、安装可靠，以减少因更换刀具而造成的停顿时间。刀具的尺寸应能借助于对刀装置或对刀仪进行预调，以减少换刀调整的时间。

5）数控机床刀具应系列化、标准化和通用化，尽量减少刀具规格，以利于数控编程和便于刀具管理，降低加工成本，提高生产效率。

6）数控机床刀具大量采用机夹可转位刀具、多功能复合刀具。机夹可转位刀具在数控机床上得到广泛使用，在数量上达到整个数控机床刀具的30%～40%。数控机床刀具采用的多功能复合刀具，如多功能车刀、镗—铣刀、钻—铣刀、钻—扩刀、扩—铰刀、扩—镗刀等，使原来需要多道工序、几种刀具才能完成的加工内容，在一道工序中，由一把刀具完成，以提高生产效率，保证加工精度，而且减少了刀具数量。

7）数控机床刀具断屑及排屑性能好。数控加工中，断屑和排屑不像普通机床加工那样能及时由人工处理，切屑易缠绕在刀具和工件上，会损坏刀具和划伤工件已加工表面，甚至会发生伤人和设备事故，影响加工质量和机床的安全运行，所以要求刀具具有较好的断屑和排屑性能。

8）数控机床刀具的类型、规格和精度等级应能够满足加工要求，刀具材料应与工件材料相适应。

### 二、数控机床刀具的材料

刀具材料的种类很多，常用的有碳素工具钢、合金工具钢、高速钢、硬质合金、陶瓷、金刚石和立方氮化硼等。

碳素工具钢和合金工具钢因耐热性差，只宜做手工刀具。陶瓷、金刚石和立方氮化硼，由于质脆、工艺性差及价格昂贵等原因，使用受到局限。目前使用较多的刀具材料是高速钢和硬质合金。

**1. 高速钢**

高速钢是在合金工具钢中加入较多的钨、钼、铬、钒等合金元素的高合金工具钢。高速钢刀具在强度、韧性、耐热性及工艺性等方面具有优良的综合性能，而且制造工艺较简单、成本低、易于磨出锋利的切削刃，因此，在复杂刀具、成形刀具，尤其是孔加工刀具、铣刀、螺纹刀具、拉刀、齿轮刀具等一些刃形较复杂的刀具，高速钢仍占据重要地位。常用高速钢的牌号及主要用途见表4-1。

表4-1　常用高速钢的牌号及主要用途

| 类别 | 牌号 | 主要用途 |
|---|---|---|
| 通用高速钢（HSS） | W18Cr4V（W18） | 磨削性能、综合性能好、通用性强，主要用于制造加工轻合金、碳钢、合金钢、普通铸铁的精加工和复杂刀具，如螺纹车刀、钻头、铰刀、丝锥、铣刀、齿轮刀具、拉刀等 |
| | W6Mo5Cr4V2（M2） | 强度和韧性略高于W18Cr4V，主要用于制造要求热塑性好的刀具和受大冲击负荷的刀具 |
| | W6Mo5Cr4V3Co8 | 切削性能与W18Cr4V相当，热塑性好，适于制造热轧刀具 |
| 高性能高速钢（HSS-E） | 95W18Cr4V（9W18）<br>100W6Mo5Cr4V2（CM2） | 属于高碳高速钢，常温和高温硬度较高，适于制造加工普通钢和铸铁、耐磨性要求较高的钻头、铰刀、丝锥和铣刀等或加工较硬材料的刀具，不宜承受大的冲击 |
| | W2Mo9Cr4VCo8（M42）<br>W9Mo3Cr4V3Co10（HSP-15） | 属于含钴超硬高速钢，有很高的硬度，适合于加工高强度耐热钢、高温合金、钛合金等难加工材料，M42可磨削性好，适于制造精密复杂刀具 |
| | W12Cr4V4Mo（EV4）<br>W6Mo5Cr4V3（M3） | 属于高钒高速钢，耐磨性好，适合切削对刀具磨损极大的材料，如纤维、硬橡胶、塑料等，也可用于加工不锈钢、高强度钢和高温合金等材料 |
| | W6Mo5Cr4V2Al（501）<br>W10Mo4Cr4V3Al（5F6） | 属含铝超硬高速钢，切削性能相当于M42，适宜制造铣刀、钻头、铰刀、齿轮刀具、拉刀等，用于加工合金钢、不锈钢、高强度钢和高温合金等材料 |
| | W6Mo5Cr4V5SiNbAl（B201）<br>W18Cr4V4SiNbAl（B212） | 属于含SiNbAl超硬高速钢，B201强度和韧性较好，适合于加工不锈钢、耐热钢和高强钢，B212硬度很高，可加工高温合金、奥氏体不锈钢和硬度在40～50HRC以下的淬火工件 |
| | W12Mo3Cr4V3N（V3N） | 属含氮超硬高速钢，硬度、强度、韧性与M42相当，可作为含钴高速钢的替代品，用于低速切削加工难加工材料和低速高精加工 |
| 粉末冶金高速钢（HSS-PM） | F15 、FR71、GF1 、GF2、GF3、PT1、PVN | 可用来制造大尺寸、承受重载、冲击性大的刀具，也可用来制造精密刀具 |

高速钢的品种繁多，按切削性能可分为普通高速钢和高性能高速钢；按制造工艺不同，分为熔炼高速钢和粉末冶金高速钢。

（1）普通高速钢（HSS）　普通高速钢分为两种，即钨系高速钢和钨钼系高速钢。

1）钨系高速钢。这类钢的典型钢种为W18Cr4V（简称W18）。W18磨削性能和综合性能好，通用性强。常温硬度为63～66HRC，600℃高温硬度为49HRC左右。不过此钢的缺点是碳化物分布不均匀，强度与韧性不够强，热塑性差，不宜制造成大截面刀具及热轧刀具。由于以上缺点及国际市场钨价的提高，W18 逐渐被新钢种代替。

我国生产的另一种钨系高速钢 W6Mo5Cr4V3Co8，改善了碳化物分布情况并增大了热塑性。W6Mo5Cr4V3Co8 的锻造、轧制工艺性和磨削加工性能良好，强度稍高于 W18，切削性能与 W18 相当，热处理温度范围较宽，过热和脱碳敏感性较小，适合制作如麻花钻等的热轧刀具。

2）钨钼高速钢。钨钼高速钢是将一部分钨用钼代替所制成的钢。典型钢种为 W6Mo5Cr4V2（简称 M2）。此种钢的优点是减小了碳化物数量及分布的不均匀性，和 W18 钢相比 M2 抗弯强度提高 17%，抗冲击韧度提高 40% 以上，而且大截面刀具也具有同样的强度与韧性，它的性能也较好。此钢的缺点是高温切削性能和 W18 相比稍差。

我国生产的另一种钨钼系钢为 W9Mo3Cr4V（简称 W9），它的抗弯强度和冲击韧度都高于 M2，而且热塑性、刀具寿命、磨削加工性和热处理时脱碳倾向性都比 M2 有所提高。

（2）高性能高速钢（HSS-E）　此钢是在普通高速钢中增加 C、V 含量，并添加 Co、AI 等合金元素，提高了高速钢的耐磨性和耐热性。这些高性能高速钢，温度在 650℃ 时，其硬度为 60HRC，而普通高速钢 W18Cr4V 只有 49～49.2HRC，高出了 10HRC；刀具寿命为普通高速钢的 1～3 倍。用它制作各种切削刀具，切削加工难切削材料，如不锈钢、高温合金、钛合金、高强度钢等难加工材料。

1）高碳高速钢。在 W18Cr4V 基础上，碳的质量分数增加了 0.2%，形成高碳高速钢。高碳高速钢常温硬度为 67～68HRC，625℃ 时其硬度为 64～65HRC。常用的牌号有 95W18Cr4V（9W18）、100W6Mo5Cr4V2（CM2）。适于加工不锈钢、高温合金、钛合金、超高强度钢等，其耐用度为 W18Cr4V 的 2～3 倍。

2）高钴高速钢。在高速钢中加钴，能提高常温、高温硬度及耐磨性。增加含钴量还可以改善钢的导热性，降低刀具、工件间的摩擦系数，从而提高切削速度。

常用的牌号有 W2Mo9Cr4VCo8（M42）、W9Mo3Cr4V3Co10（HSP-15）、W12Mo3Cr4V3Co5Si（国内牌号 Co5Si）。

M42 是美国的代表性钢种，其综合性能甚为优越。常温硬度高达 67～69HRC，600℃ 时的硬度达到 54～55HRC。适合于制造加工高温合金、钛合金及其他难加工材料的高速钢刀具。瑞典的 HSP-15 也是这一类的钢种，但其钒的质量分数为 3%，刃磨加工性不如 M42。

3）高钒高速钢。牌号有 W12Cr4V4Mo（EV4）及 W6Mo5Cr4V3（美国牌号 M3），钒的质量分数达 3%～4%，硬度为 65～67HRC，耐热性、耐磨性高。适用于切削不锈钢、耐热合金、高强度钢。其刀具寿命为普通高速钢的 2～4 倍。

含 SiNbAl 的高速钢 W18Cr4V4SiNbAl（B212）、W6Mo5Cr4V5SiNbAl（B201）用于切削高温合金、铁铝锰耐热钢、奥氏体不锈钢，加工硬度为 40～50HRC 的材料效果好（$v_c = 3 \sim 9\text{m/min}$；$f = 0.15 \sim 0.33\text{mm/r}$；$a_p = 0.5 \sim 2\text{mm}$）。我国的典型牌号为 W12Mo3Cr4V3N（V3N）。

4）含铝高速钢。中国研制出无钴、价廉的含铝高性能高速钢 501，其中铝的质量分数约为 1%。铝能提高钨、钼在钢中的溶解度，而产生固溶强化，常温、高温硬度和耐磨性均得以提高。它的强度和韧性都比较高，切削性能与 M42 相当。501 钒的质量分数为 2%，刃磨性能稍逊于 M42。5F6 也是铝的质量分数为 1% 的高性能高速钢，B201、B212 中也含铝。含铝高速钢是中国的一个独创。常用的牌号有 W6Mo5Cr4V2Al（501）、W10Mo4Cr4V3Al（5F6）。

（3）粉末冶金高速钢（HSS－PM） 以上所述各种高性能高速钢都是用熔炼方法制成的。熔炼高速钢的严重问题是碳化物偏析，硬而脆的碳化物在高速钢中分布不均匀，且晶粒粗大（可达几十微米），对高速钢刀具的耐磨性、韧性及切削性能产生不利影响。

粉末冶金高速钢的制造过程是：将高频感应炉熔炼出的钢液，用高压气体（氩气或氮气）喷射使之雾化，再急冷得到细小均匀的结晶组织（粉末）。然后将所得的粉末在高温（≈1100°C）高压（≈100MPa）下压制成坯，或先制成钢坯再经过锻造压制形成刀具形状。

粉末冶金高速钢没有碳化物偏析的缺陷，抗弯刚度和韧性得以提高，一般比熔炼高速钢高出0.5倍或1倍。它适于制造受冲击载荷的刀具，如铣刀、插齿刀、刨刀以及小截面、薄刃刀具。粉末冶金高速钢的耐用度较高，可磨性能较好，热处理变形较小，适于制造刃形复杂的刀具。

常用的牌号有：W12Cr4V5Co5（牌号F15）、W12Mo5Cr4V2Co12（FR71）、W18Cr4V（GF1）、W6Mo5Cr4V2（GF2）、W10Mo5Cr4V3Co9（GF3）、W18Cr4V（PT1）、W12Mo3Cr4V3N（PVN）。

（4）涂层高速钢 在高速钢刀具基体（850～900HV，62～70HRC）上用物理气相沉积法（PVD）涂覆一层厚为2～6μm的耐磨材料薄层，可使刀具表面硬度达1950～3200HV；表面耐热性达到1000℃以上；切削速度提高50%～100%；刀具寿命提高2～10倍，但并未降低基体材料的韧性。涂层高速钢刀具的切削力$F_c$可减小20%～40%，切削热可降低20%。

物理涂层是在550°C以下将金属和气体离子化后喷涂在工具表面。一般涂层材料为TiN、TiC等，但多采用TiN。还可以采用PCVD工艺涂TiC、TiN、金刚石和CBN。PCVD工艺涂层温度高于PVD，低于CVD（化学气相沉积），并低于高速钢的回火温度（550℃）。

**2. 硬质合金**

硬质合金是由硬度和熔点都很高的碳化物，用Co、Mo、Ni作粘结剂烧结而成的粉末冶金制品。其常温硬度可达78～83 HRC，能耐850～1000℃的高温，切削速度可比高速钢高4～10倍，但其冲击韧度与抗弯强度远比高速钢差。实际使用中，常将硬质合金刀片焊接或用机械夹固的方式固定在刀体上。

（1）硬质合金的牌号表示方法

1）按硬质合金的成分来表示。

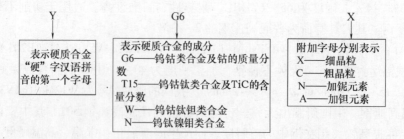

2）按硬质合金的特性来表示。

（2）硬质合金的种类

1）按晶粒大小区分，硬质合金可分为普通硬质合金、细晶粒硬质合金和超细晶粒硬质合金。

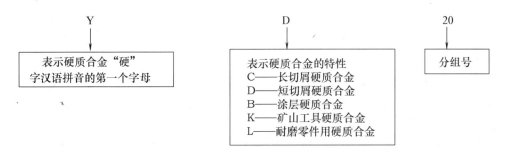

2）按主要化学成分区分，硬质合金可分为碳化钨（WC）基硬质合金和碳（氮）化钛（TiC、TiN）基硬质合金。

碳化钨基硬质合金包括钨钴类（YG）、钨钴钛类（YT）、钨钛钽铌钴类（YW）硬质合金三类，主要成分为碳化钨（WC）、碳化钛（TiC）、碳化钽（TaC）、碳化铌（NbC）等，常用的金属粘接相为 Co。碳（氮）化钛基硬质合金是以 TiC 为主要成分（有些加入了其他碳化物或氮化物）的硬质合金，常用的金属粘接相为 Mo 和 Ni。

3）国际标准化组织将切削用硬质合金按使用性能分为三类：

① K 类，包括 K10～K40，相当于我国的 YG 类（主要成分为 WC-Co）。

② P 类，包括 P01～P50，相当于我国的 YT 类（主要成分为 WC-TiC-Co）。

③ M 类，包括 M10～M40，相当于我国的 YW 类（主要成分为 WC-TiC-TaC-(NbC)-Co）。

每一类中的各个牌号分别以一个 01～50 之间的数字表示从最高硬度到最大韧性之间的一系列合金。根据使用要求，在两个相邻的分类代号之间，可插入一个中间代号，如在 P10、P20 之间插入 P15，K20、K30 之间插入 K25 等，但不能多于一个。在特殊情况下，P01 分类代号可再细分，即在其后再加一位数字，并以小数点隔开，如 P01.1、P01.2 等，以便在进行精加工时能进一步区分不同程度的耐磨性与韧性。ISO 技术委员会 1981 年 12 月颁布的标准修订建议草案 ISO/DP513 规定，保留 P 类和 K 类，取消 M 类。表 4-2 所列为世界上的主要硬质合金牌号。

表 4-2　世界上的主要硬质合金牌号

| ISO 标准 | 国家标准 | 株洲 | 自贡 | 山特维克 | 肯纳 | 东芝 | 三菱 | 山高工具 |
|---|---|---|---|---|---|---|---|---|
| P01 | YT30 | YN05<br>YC10 | YN501<br>YN501N | S1P<br>F02 | K165 | TX05 | NX33 | SIF |
| P05 |  | TN315<br>YN10 | YN501 | S10T<br>CT515 | KT125<br>K165 | N302 | NX22 |  |
| P10 | YT15 | YC10<br>TN315 | YT715<br>YT707<br>YT712<br>YT758 | S1P<br>S10T<br>CT525 | KT150<br>KT175<br>K5H<br>K45 | TX10D<br>TX10S<br>N308<br>NS530 | STi10T<br>STi10<br>NX320<br>NX23 | S10M |

（续）

| ISO 标准 | 国家标准 | 株洲 | 自贡 | 山特维克 | 肯纳 | 东芝 | 三菱 | 山高工具 |
|---|---|---|---|---|---|---|---|---|
| P20 | YT14 | TN325<br>TN320<br>YC20.1 | YT758<br>YT715<br>YT798 | SM30<br>SMA<br>CT520 | KT175<br>K2885<br>K29 | TX20<br>TX25<br>UX25<br>N308<br>NS530 | STi20<br>NX35<br>STi25 | S25M |
| P30 | YT5 | YC30S<br>YC25S<br>YC30<br>TN325 | YT535 | S30T<br>SM30<br>CT530 | K420<br>K2S<br>KM<br>K21 | UX30<br>TX30<br>NS530<br>NS540 | STi30<br>NX99<br>NX335<br>NX530 | S35M |
| P40 | | YC40 | YT535<br>YT540 | S6<br>R4 | KM<br>K420 | TX40 | STi40T | S60M |
| M10 | YW1 | YW1<br>YW3<br>YM10 | YG643<br>YT707<br>YT767 | RIP<br>H13A | K4H | TU10 | UTi10T | S10M |
| M20 | YW2 | YW2<br>YD20<br>YM20 | YT758<br>YT798<br>YG813 | H13A | K68 | TU20 | UTi20T | H15<br>S25M |
| M30 | | YS25<br>YD20 | YT767<br>YG813 | H13A<br>H20<br>S6 | K21 | UX30<br>UX25<br>TX40 | UTi20T | HX<br>S35M |
| M40 | | YM40 | YG640 | R4 | K420 | TU40<br>NS540 | UTi40T | S60M |
| K01 | YG3<br>YG3X | YD10.2<br>TN315 | YN501N<br>YG600<br>YG610 | H1P | K68<br>K11 | TH03 | HTi03A<br>HTi05A | |
| K10 | YG6 | YD10.1<br>YD10.2<br>YL10.1<br>YD15S<br>TN315 | YN510N<br>YT726<br>YG610<br>YG643<br>YG813 | H10A<br>H13A<br>HM<br>H10 | K68<br>K313<br>K6<br>K40 | G1F<br>TH10 | HTi10<br>GP20N | H15<br>890 |
| K20 | YG8 | YD15S<br>YC25S<br>YD20 | YG813<br>YG532 | HM<br>H20 | | KS20<br>G2 | HTi20 | 883<br>HX |
| K30 | | YS2T<br>YD20 | YG532<br>YG640<br>YG546 | H20<br>H10F | K1 | G3 | HTi20 | |

　　（3）普通硬质合金　普通硬质合金即碳化钨基硬质合金，包括钨钴类（YG）、钨钴钛类（YT）、钨钛钽铌钴类（YW）硬质合金。表4-3所列为国内常用硬质合金的性能及应用。

表 4-3　国内常用硬质合金的性能及应用

| 合金牌号 | 物理力学性能 | | | 用途 | 相当于 ISO |
|---|---|---|---|---|---|
| | 密度 /(g/cm$^{-3}$) | 抗弯强度 /GPa | 硬度 /HRA | | |
| YG3 | 14.9~15.3 | 1.20 | 91 | 适于铸铁、有色金属及其合金、非金属材料（橡胶、纤维、塑料、板岩、玻璃、石墨电极等）连续精车及半精车 | K01 |
| YG3X | 15.0~15.3 | 1.10 | 91.5 | 适于铸铁、有色金属及其合金的精车、精镗等，亦可用于合金钢、淬火钢及钨、钼材料的精加工 | K01 |
| YG6 | 14.6~15.0 | 1.45 | 89.5 | 适于用铸铁、有色金属及合金、非金属材料连续切削时的粗车，间断切削时的半精车、精车。连续断面的半精铣与精铣 | K20 |
| YG6X | 14.6~15.0 | 1.4 | 91 | 适合冷硬铸铁、合金铸铁、耐热钢的加工，亦适于普通铸铁的精加工，并可用于制造仪器仪表工业用的小型刀具和小模数滚刀 | K10 |
| YG8 | 14.5~14.9 | 1.5 | 89 | 适于铸铁、有色金属及其合金、非金属材料的粗加工 | K30 |
| YG6A | 14.4~15.0 | 1.4 | 91.5 | 适于硬铸铁、灰铸铁、球墨铸铁、有色金属及其合金、耐热合金钢的半精加工，亦可用于高锰钢、淬硬钢及合金钢的半精加工和精加工 | K10 |
| YT15 | 11.0~11.7 | 1.15 | 91 | 适用于碳钢与合金钢加工中，连续切削时的粗车、半精车及精车，间断切削时的断面精车，连续面的半精铣与精铣等 | P10 |
| YT14 | 11.2~12.7 | 1.20 | 90.5 | 适于在碳钢与合金钢的粗车，间断切削时的半精车与精车，连续面的粗铣等 | P20 |
| YT5 | 12.5~13.2 | 1.40 | 89.5 | 适于碳钢与合金钢（包括钢锻件，冲压件及铸件的表皮）不连续面的粗车、粗刨、半精刨、粗铣、钻孔等 | P30 |
| YW1 | 13.0~13.5 | 1.23 | 92 | 适于耐热钢、高锰钢、不锈钢等难加工材料的精加工，也适合普通钢、铸铁及有色金属的精加工 | M10 |
| YW2 | 12.7~13.3 | 1.47 | 91 | 适于耐热钢、高锰钢、不锈钢及高级合金钢等特殊难加工钢材的精加工、半精加工，也适合一般钢材和铸铁及有色金属的加工 | M20 |
| YN05 | 5.9 | 0.95 | 93 | 适合钢、淬硬钢、合金钢、铸钢和合金铸铁的高速精加工及工艺系统刚性特别好的细长件的精加工 | P01 |
| YN10 | 6.3 | 1.1 | 92.5 | 适合碳素钢、合金钢、不锈钢、工具钢及淬硬钢的连续面精加工。对于较长件和表面粗糙值要求小的工件，加工效果尤佳 | P05 |

1）YG类。即钨钴类，由碳化钨（WC）和钴（Co）组成。这类硬质合金抗弯强度好，但硬度和耐磨性较差，适于加工铸铁、有色金属和非金属材料。常用的牌号有：YG8、YG6、YG3，它们制造的刀具依次适用于粗加工、半精加工和精加工。数字表示Co的质量分数YG6中Co的质量分数为6%，含Co越多，则韧性越好。晶粒细化后可提高合金的硬度与耐磨性，适当增加Co含量后还可提高抗弯强度，细晶粒牌号如YG6X、YG3X。细晶粒硬质合金适于加工一些特殊的硬铸铁、奥氏体不锈钢、耐热合金、钛合金、硬青铜、硬的和耐磨的绝缘材料等。

2）YT类。钨钴钛类，由碳化钨（WC）、碳化钛（TiC）和钴（Co）组成。这类硬质合金耐热性和耐磨性较好，但冲击韧度较差，适用于加工钢料等塑性材料。常用的牌号有：YT5、YT15、YT30等，其中数字表示碳化钛的质量分数，碳化钛的含量越高，则耐磨性越好、韧性越低。这三种牌号的硬质合金制造的刀具分别适用于粗加工、半精加工和精加工。

3）YW类。即钨钛钽（铌）钴类。在YG类硬质合金中添加少量（TaC或NbC），可细化晶粒、提高硬度和耐磨性，而韧性不变，还可提高合金的高温硬度、高温强度和抗氧化能力，如YG6A、YG8N等，适合于冷硬铸铁、有色金属及其合金的半精加工。在YT类硬质合金中添加少量（TaC或NbC），可提高抗弯强度、冲击韧度、耐热性、耐磨性及高温硬度、抗氧化能力等，既可加工钢料，又可加工铸铁和有色金属，被称为"通用合金"（代号为YW）。常用的牌号有YW1、YW2、YW3。

（4）其他硬质合金　随着科学技术的发展，对刀具材料的要求越来越高，普通硬质合金已难以满足使用要求，因此必须不断开发出许多其他硬质合金。

1）碳（氮）化钛基硬质合金（YN、TN类）。碳（氮）化钛基硬质合金又称金属陶瓷，代号为YN（TN），主要硬质相材料是TiC（TiN），加入少量的WC和NbC，Mo和Ni为粘结剂，经压制烧结而成。与WC基硬质合金相比，YN（TN）有较高的耐磨性和耐热性，但韧性较差，主要用于碳钢、合金钢、工具钢、淬火钢等材料的连续切削和精加工，对尺寸较大和表面粗糙度值要求较小的工件精加工，可获得更好的效果。TiC基常用牌号有YN10、YN05、YN01、YN15等；TiN基常用牌号有TN310、TN315、TN320、TN325等。

2）高速钢基硬质合金（YE类）。它是以TiC或WC为硬质相（约占30%~40%），以高速钢粉末为粘结相（约占60%~70%），用粉末冶金工艺制成，性能介于高速钢和硬质合金之间。能够锻造、切削加工、热处理和焊接，常温硬度为70~75HRC，耐磨性比高速钢提高6~7倍。可用来制造钻头、铣刀、拉刀、滚刀等复杂刀具，加工不锈钢、耐热钢和有色金属，也可制造较高温度下工作的模具和耐磨零件。高速钢基硬质合金导热性差，容易过热，高温性能比硬质合金差，切削时要求充分冷却，不适于高速切削。部分国产高速钢基硬质合金牌号有GT35、R5、R8、D1、T1、ST60等。

3）超细晶粒硬质合金。普通硬质合金中WC的粒度为几微米，一般细晶粒硬质合金的WC粒度为$1.5\mu m$左右，而超细晶粒硬质合金的WC粒度在$0.2~1\mu m$之间，其中Co的质量分数为9%~15%，常用牌号有YS2、YM051、YG610和YG643等。超细晶粒硬质合金具有抗弯强度和冲击韧度高，抗热冲击性能好等特点，适于制造尺寸较小的整体复杂硬质合金刀具，可大幅度提高切削速度；可用于加工铁基、镍基和钴基高温合金、钛合金和耐热不锈钢以及各种喷涂、堆焊材料等难加工材料。

4）表面涂层硬质合金。表面涂层硬质合金是通过化学气相沉积（CVD）或物理气相沉积（PVD）的方法，在硬质合金刀片的表面上涂覆高耐磨性的难溶金属化合物 TiC 或 TiN、TiN-TiC（复合涂层）、陶瓷（$Al_2O_3$）薄层（$5\sim12\mu m$）而得到的刀具材料，较好地解决了刀具材料硬度、耐磨性与强度、韧性之间的矛盾，提高刀具的切削性能。与非涂层刀具相比较，涂层硬质合金刀具可降低切削力和切削温度，极大地提高了刀具的耐磨性和刀具寿命，且提高了工件的加工表面质量。

由于经过涂层工艺，基体材料的韧性与抗弯强度不可避免地有所下降，加上涂层材料的化学性质等原因，故涂层硬质合金仍只有一定的适用范围。涂层硬质合金刀具主要用于机夹可转位刀片，作为精加工和半精加工，适用于各种钢材、铸铁的精加工、半精加工或负荷轻的粗加工等。

涂层刀片最适合用于连续车削，但在车削深度变化不大的仿形车削、冲击力不太大的间断车削及某些铣削工序中亦可采用。近年来在切断、车螺纹中也已使用涂层刀片。但是 TiC 和 TiN 涂层刀片不适宜加工下列材料：高温合金、钛合金、奥氏体不锈钢、有色金属（铜、镍、铝、锌等纯金属及其合金），不适合于沉重的粗加工，表面有严重夹砂和硬皮的铸件的加工也不宜使用涂层刀片。常用牌号有株洲硬质合金厂的 CN 系列、CA 系列、YB 系列；自贡硬质合金厂的 ZC 系列涂层刀片。

### 三、其他刀具材料简介

#### 1. 陶瓷

陶瓷刀具材料主要由硬度和熔点都很高的 $Al_2O_3$、$Si_3N_4$ 等氧化物、氮化物组成，另外还有少量的金属碳化物、氧化物等添加剂，通过粉末冶金工艺方法制粉，再压制烧结而成。常用的陶瓷刀具有两种：$Al_2O_3$ 基陶瓷和 $Si_3N_4$ 基陶瓷。

陶瓷刀具优点是有很高的硬度和耐磨性，硬度达 91～95HRA，耐磨性是硬质合金的十几倍；刀具寿命比硬质合金高；具有很好的热硬性，当切削温度 760℃时，硬度为 87HRA（相当于 66HRC），温度达 1200℃时，仍能保持 80HRA 的硬度；摩擦因数低，切削力比硬质合金小，用该类刀具加工时能提高表面粗糙度。

陶瓷刀具缺点是强度和韧性差，热导率低。陶瓷最大缺点是脆性大，抗冲击性能很差，易崩刃。主要用于钢、铸铁、高硬度材料及高精度零件的精加工。

#### 2. 超硬刀具材料

超硬刀具材料是指立方氮化硼（CBN）和金刚石，用于超精加工及硬脆材料加工。它们可以用来加工硬度极高的工件材料，如淬火硬度达 65～67HRC 的工具钢。有很好的切削性能，切削速度比硬质合金刀具提高 10～20 倍，且切削温度低。加工超硬材料时，工件表面粗糙度值很小，甚至可部分代替磨削加工。

（1）金刚石　金刚石是碳的同素异构体，具有极高的硬度。现用的金刚石刀具有三类：天然金刚石刀具、人造聚晶金刚石刀具、复合聚晶金刚石刀具。

金刚石刀具具有如下优点：极高的硬度和耐磨性，人造金刚石硬度达 10000HV（硬质合金约为 1300～1800HV），耐磨性是硬质合金的 60～80 倍；切削刃锋利，能实现超精密微量加工和镜面加工；很高的导热性。

金刚石刀具缺点是耐热性差，强度低，脆性大，对振动很敏感。

此类刀具主要用于高速条件下精细加工有色金属及其合金和非金属材料。

（2）立方氮化硼（CBN）。立方氮化硼是由立方氮化硼为原料在高温高压下合成的。

CBN 刀具的主要优点是硬度高，硬度仅次于金刚石，热稳定性好，较高的导热性和较小的摩擦因数。缺点是强度和韧性较差，抗弯强度仅为陶瓷刀具的 $1/5 \sim 1/2$。

CBN 刀具适用于加工高硬度淬火钢、冷硬铸铁、高温合金和一些难加工材料。它不宜加工塑性大的钢件和镍基合金，也不适合加工铝合金和铜合金，通常采用负前角的高速切削。

刀具材料的选用应对使用性能、工艺性能、价格等因素进行综合考虑，做到合理选择。

国内刀具材料的发展方向如下：

1）根据资源状况发展某些新材料，如用铝高速钢代替钴高速钢。

2）改善现有刀具材料的切削性能，如发展新型高速钢，发展硬质合金与陶瓷刀具的新品种，提高刀具的强度和韧性。

3）发展介于现有高速钢与硬质合金之间的材料，如粉末高速钢、钢结硬质合金等。

4）发展通用性广的刀具材料，便于管理与选用，既能切削钢材又能切削铸铁；既适用于低速，又可用于高速切削的刀具材料。

5）发展复合型刀具材料，如高速钢涂层刀具、涂层硬质合金及复合立方氮化硼等。

6）发展耐热、高硬度、高强度及能加工难切削材料的其他新型刀具材料。

# 第二节　数控机床刀具的分类

数控机床刀具要求精度高、刚性好、装夹调整方便，切削性能强、刀具寿命高。合理选用既能提高加工效率又能提高产品质量的刀具。

## 一、数控机床刀具的分类方法

### 1. 按照刀具结构分

1）整体式：钻头、立铣刀等。

2）镶嵌式：包括焊接式和机夹式（可转位刀具）。

3）特殊形式：复合式、减振式等。

### 2. 按照切削工艺分

1）车削刀具：外圆车刀、内孔车刀、螺纹车刀、成形车刀等。

2）铣削刀具：面铣刀、立铣刀、螺纹铣刀等。

3）钻削刀具：钻头、铰刀、丝锥等。

4）镗削刀具：粗镗刀、精镗刀等。

## 二、可转位刀具

### 1. 可转位刀具的基本概念

（1）可转位刀具概念　可转位刀具是将预先加工好并带有若干个切削刃的多边形刀片，用机械夹固的方法夹紧在刀体上的一种刀具。当在使用过程中一个切削刃磨钝了后，只要将刀片的夹紧松开，转位或更换刀片，使新的切削刃进入工作位置，再经夹紧就可以继续使用，如图4-1所示为可转位立铣刀，图4-2所示为机夹可转位车刀。

（2）可转位刀具的优点　一是刀体上安装的刀片至少有两个预先加工好的切削刃供使用；二是刀片转位后的切削刃在刀体上位置不变，并具有相同的几何参数。

可转位刀片与焊接式刀具相比有以下特点：刀片成为独立的功能元件，其切削性能得到

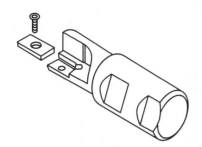

图 4-1 可转位立铣刀

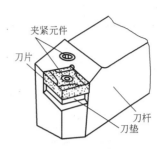

图 4-2 机夹可转位车刀

了扩展和提高；机械夹固式避免了焊接工艺的影响和限制，更利于根据加工对象选择各种材料的刀片，并充分地发挥了其切削性能，从而提高了切削效率；切削刃空间位置相对刀体固定不变，节省了换刀、对刀等所需的辅助时间，提高了机床的利用率。

机夹可转位刀具得到广泛应用，数量上已达到整个数控刀具的 30% ~ 40%，金属切除率占总数的 80% ~ 90%。

（3）可转位刀片的夹紧特点与要求

1）定位精度高。刀片转位或更换新刀片后，刀尖位置的变化应在工件精度允许的范围内。

2）刀片夹紧可靠。应保证刀片、刀垫、刀杆接触面紧密贴合，经得起冲击和振动，但夹紧力也不宜过大，应力分布应均匀，以免压碎刀片。

3）排屑流畅。刀片前面上最好无障碍，保证切屑排出流畅，并容易观察。

4）使用方便。转换切削刃和更换新刀片方便、迅速。

对小尺寸刀具结构要紧凑。在满足以上要求时，尽可能使结构简单，制造和使用方便。

**2. 可转位刀具的种类和用途**

可转位刀具的种类和用途见表 4-4。

表 4-4 可转位刀具的种类和用途

| 刀具名称 | | 用　途 |
|---|---|---|
| 可转位面铣刀 | 普通形式面铣刀 | 适于铣削大的平面，用于不同深度的粗加工、半精加工 |
| | 可转位精密面铣刀 | 适用于表面质量要求高的场合，用于精铣 |
| | 可转位立装面铣刀 | 适于钢、铸钢、铸铁的粗加工，能承受较大的切削力，适于重切削 |
| | 可转位圆刀片面铣刀 | 适于加工平面或根部有圆角肩台、肋条以及难加工材料，小规格的还可用于加工曲面 |
| | 可转位密齿面铣刀 | 适于铣削短切屑材料以及较大平面和较小余量的钢件，切削效率高 |
| 可转位三面刃铣刀 | 可转位三面刃铣刀 | 适用于铣削较深和较窄的台阶面和沟槽 |
| 可转位两面刃铣刀 | 可转位两面刃铣刀 | 适用于铣削深的台阶面，可组合起来用于多组台阶面的铣削 |
| 可转位立铣刀 | 可转位立铣刀 | 适于铣削浅槽、台阶面和不通孔的镗孔加工 |
| 可转位螺旋立铣刀（玉米铣刀） | 平装形式螺旋立铣刀 | 适于直槽、台阶、特殊形状及圆弧插补的铣削，适于高效率的粗加工或半精加工 |
| | 立装形式螺旋立铣刀 | 适于重切削，机床刚性要好 |

（续）

| 刀具名称 | | 用　途 |
|---|---|---|
| 可转位球头立铣刀 | 普通形球头立铣刀 | 适于模型内腔及过渡 R 的外形面的粗加工，半精加工 |
| | 曲线刃球头立铣刀 | 适于模具工业。航空工业和汽车工业的仿形加工，用于粗铣、半精铣各种复杂形面，也可以用于精铣 |
| 可转位浅孔钻 | 可转位浅孔钻 | 适于高效率加工铸铁、碳钢、合金钢等，可进行钻孔、铣切等 |
| 可转位成形铣刀 | 可转位成形铣刀 | 适于各种成形面的高效加工，可用于重切削 |
| 可转位自夹紧切断刀 | 可转位自夹紧切断刀 | 适于对工件的切断、切槽 |
| 可转位车刀 | 可转位车刀 | 适于各种材料的粗车、半精车及精车 |

### 3. 可转位刀片型号表示规则

硬质合金可转位刀片的国家标准采用了 ISO 国际标准。产品型号的表示方法、品种规格、尺寸系列、制造公差以及 $m$ 值尺寸的测量方法等，都和 ISO 标准相同。为适应我国的国情还在国际标准规定的 9 个号位之后，加一短横线，再用一个字母和一位数字表示刀片断屑槽形式和宽度。因此，我国可转位刀片的型号共用 10 个号位的内容来表示主要参数的特征。

按照规定，任何一个型号刀片都必须用到前七个号位，后三个号位在必要时才使用。但对于车刀刀片，第十号位属于标准要求标注的部分。不论有无第八、九两个号位，第十号位都必须用短横线"—"与前面号位隔开，并且其字母不得使用第八、九 两个号位已使用过的字母，当只使用其中一位时，则写在第八号位上，中间不需空格。下面对十个号位具体内容进行说明，见表4-5。

表4-5　可转位刀片型号表示

| T | P | C | N | 12 | 03 | ED | (T) | R | — | |
|---|---|---|---|---|---|---|---|---|---|---|
| 1 | 2 | 3 | 4 | 5 | 6 | 7 | 8 | 9 | | 10 |

（1）第一号位　表示刀片形状，用一个英文字母代表，见表4-6。

表4-6　刀片形状

| 代号 | 形状说明 | 刀尖角 | 示意图 |
|---|---|---|---|
| H | 正六边形 | 120° | |
| O | 正八边形 | 135° | |
| P | 正五边形 | 108° | |
| S | 正方形 | 90° | |
| T | 正三角形 | 60° | |

（续）

| 代号 | 形状说明 | 刀尖角 | 示意图 |
|---|---|---|---|
| C<br>D<br>E<br>M<br>V | 菱形 | 80°<br>55°<br>75°<br>86°<br>35° | |
| W | 等边不等角六边形 | 80° | |
| L | 矩形 | 90° | |
| A<br>B<br>K | 平行四边形 | 85°<br>82°<br>55° | |
| R | 圆形 | | |

（2）第二号位　表示刀片主切削刃法向后角，用一个英文字母代表，见表4-7。

**表4-7　刀片主切削刃法向后角**

| 代号 | A | B | C | D | E | F | G | N | P |
|---|---|---|---|---|---|---|---|---|---|
| 法向后角 | 3° | 5° | 7° | 15° | 20° | 25° | 30° | 0° | 11° |

（3）第三号位　表示刀片尺寸精度，用一个英文字母代表，见表4-8。

**表4-8　刀片尺寸精度**

| 等级代号 | | 允许偏差/mm | | |
|---|---|---|---|---|
| | | $m$ | $s$ | $d$ |
| 精密级 | A | ±0.005 | ±0.025 | ±0.025 |
| | F | ±0.005 | ±0.025 | ±0.013 |
| | C | ±0.013 | ±0.025 | ±0.025 |
| | H | ±0.013 | ±0.025 | ±0.013 |
| | E | ±0.025 | ±0.025 | ±0.025 |
| | G | ±0.025 | ±0.130 | ±0.025 |
| 普通级 | J | ±0.005 | ±0.025 | ±0.05 ~ ±0.15 |
| | K | ±0.013 | ±0.025 | ±0.05 ~ ±0.15 |
| | L | ±0.025 | ±0.025 | ±0.05 ~ ±0.15 |
| | M | ±0.08 ~ ±0.20 | ±0.13 | ±0.05 ~ ±0.15 |
| | N | ±0.08 ~ ±0.20 | ±0.025 | ±0.05 ~ ±0.15 |
| | U | ±0.13 ~ ±0.38 | ±0.13 | ±0.08 ~ ±0.25 |

尺寸精度主要的控制偏差为三项：$d$ 为刀片内切圆直径；$s$ 为刀片厚度；$m$ 为内切圆与刀尖情况。

$m$ 值的度量分为三种情况，如图4-3所示。

第一种：刀片边数为奇数，刀尖为圆角。

第二种：刀片边数为偶数，刀尖为圆角。

第三种：刀片有修光刃。

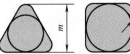

图4-3　$m$ 值的度量

（4）第四号位　表示刀片固定方式及有无断屑槽，用一个英文字母表示，见表4-9。

表4-9　刀片固定方式及有无断屑槽

| 代号 | 固定方式 | 断屑槽 | 示意图 |
|---|---|---|---|
| N | 无固定孔 | 无断屑槽 |  |
| R | 无固定孔 | 单面有断屑槽 |  |
| F | 无固定孔 | 双面有断屑槽 |  |
| A | 有圆形固定孔 | 无断屑槽 |  |
| M | 有圆形固定孔 | 单面有断屑槽 |  |
| G | 有圆形固定孔 | 双面有断屑槽 |  |
| W | 单面有40°~60°固定沉孔 | 无断屑槽 |  |
| T | 单面有40°~60°固定沉孔 | 单面有断屑槽 |  |
| Q | 双面有40°~60°固定沉孔 | 无断屑槽 |  |
| U | 双面有40°~60°固定沉孔 | 双面有断屑槽 |  |
| B | 单面有70°~90°固定沉孔 | 无断屑槽 |  |
| H | 单面有70°~90°固定沉孔 | 单面有断屑槽 |  |
| C | 双面有70°~90°固定沉孔 | 无断屑槽 |  |
| J | 双面有70°~90°固定沉孔 | 双面有断屑槽 |  |
| X | 自定义 |  |  |

（5）第五号位　表示刀片主切削刃长度，用两位数字代表。

取理论长度的整数部分表示。切削刃长度为16.5mm，则数字代号为16。如果整数部分只有一位，在舍去小数部分后，则必须在数字前面加个"0"，例如切削刃长度为9.525mm，表示法为09，切削刃长度为15.875mm，表示方法为15，依此类推。各种形状刀片切削刃长度的表示位置见表4-10。

（6）第六号位　表示刀片厚度。主切削刃到刀片定位底面的距离，用两位数字代表，见表4-11。

取刀片厚度基本尺寸整数值作为厚度的表示代号。如果整数位只有一位，则在整数前面加一个"0"，例如3.18mm，表示法为03；6.35mm表示法为06。当刀片厚度的整数相同，而小数部分不同时，则将小数部分大的刀片的代号用"T"代替"0"，以示区别。当刀片厚

**表 4-10　各种形状刀片切削刃长度的表示位置**

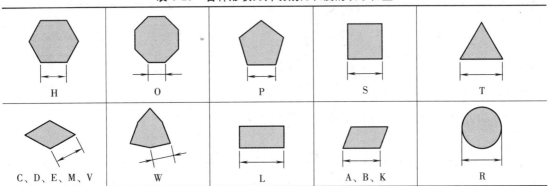

|  | H | | O | | P | | S | | T |
| --- | --- | --- | --- | --- | --- | --- | --- | --- | --- |
|  | C、D、E、M、V | | W | | L | | A、B、K | | R |

**表 4-11　刀片厚度代号**

| 代号 | 01 | 02 | T2 | 03 | T3 | 04 | 06 | 07 | 09 |
| --- | --- | --- | --- | --- | --- | --- | --- | --- | --- |
| 刀片厚度/mm | 1.59 | 2.38 | 2.78 | 3.18 | 3.97 | 4.76 | 6.35 | 7.94 | 9.52 |

度分别为 3.18mm 和 3.97mm 时，则前者代号为 03，后者代号为 T3。

（7）第七号位　表示刀尖圆角半径或刀尖转角形状，用两位数或一个英文字母代表，见表 4-12。

**表 4-12　刀尖圆角半径或刀尖转角形状的表示**

| 车刀片 | | 铣　刀　片 | | | | |
| --- | --- | --- | --- | --- | --- | --- |
| 代号 | $r$/mm | 代号 | $\kappa_r$ | 代号 | $\alpha_n$ | |
| 00 | <0.2 |  |  | A | 3° | |
| 02 | 0.2 |  |  | B | 5° | |
| 04 | 0.4 | A | 45° | C | 7° | |
| 08 | 0.8 | D | 60° | D | 15° | |
| 12 | 1.2 | E | 75° | E | 20° | |
| 16 | 1.6 | F | 85° | F | 25° | |
| 20 | 2.0 | P | 90° | G | 30° | |
| 24 | 2.4 |  |  | N | 0° | |
| 32 | 3.2 |  |  | P | 11° | |

车刀片，刀尖转角为圆角，则用两位阿拉伯数字表示刀尖圆角半径，且用放大 10 倍的数字表示刀尖的大小。如刀尖圆角半径为 0.4mm，表示法则为 04；刀尖圆角半径为 1.2mm，表示法为 12。依次类推。若刀片为铣刀片，刀尖转角具有修光刃，则用两个英文字母分别表示主偏角 $\kappa_r$ 的大小和修光刃法向后角 $\alpha_n$ 的大小。

（8）第八号位　表示刀片切削刃形状，用一个英文字母表示，见表 4-13。

表4-13　刀片切削刃形状

| 符号 | F | E | T | S |
|---|---|---|---|---|
| 说明 | 尖锐切削刃 | 倒圆切削刃 | 负倒棱切削刃 | 负倒棱加倒圆切削刃 |
| 简图 |  |  |  | 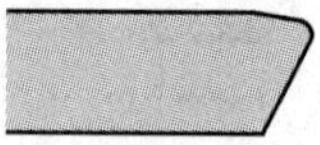 |

（9）第九号位　表示刀片切削方向，用一个英文字母代表，见表4-14。

表4-14　刀片切削方向

| 符号 | R | L | N |
|---|---|---|---|
| 说明 | 右切 | 左切 | 左右切 |
| 简图 | 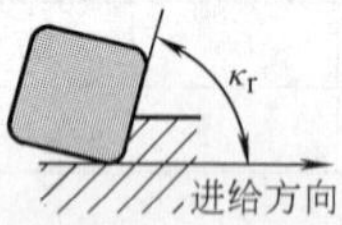 | 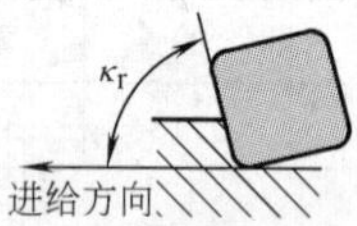 | 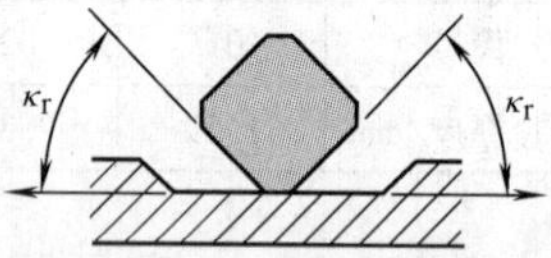 |

（10）第十号位　在国家标准中表示刀片断屑槽形式及槽宽，分别用一个英文字母及一个阿拉伯数字表示，或者用两个字母分别表示断屑槽的形式和加工性质（例如 CF 表示 C 型断屑槽，精加工用；CR 表示 C 型断屑槽，粗加工用；CM 表示 C 型断屑槽，半精加工用）。在 ISO 编码中，是留给刀片厂家的备用号位，常用来标注刀片断屑型代码或代号。

断屑槽的参数直接影响到切削的卷曲和折断，目前刀片的断屑槽形式较多，各种断屑槽刀片的使用情况不尽相同，选用时一般参照具体的产品样本。

刀片标注方法举例：SNUM150612　V4 代表正方形、零后角、普通级精度、带孔单面 V 形槽刀片，刃长 15.875mm，厚度为 6.35mm，刀尖圆弧半径为 1.2mm，断屑槽宽 4mm。

### 三、数控车刀

数控车刀用于各种数控车床上，可加工外圆、内孔、端面、螺纹、槽等。车刀的种类很多，按用途可分为外圆车刀、端面车刀、切断车刀、螺纹车刀和内孔车刀等，如图 4-4 所示。车刀按结构可分为整体式车刀、焊接式车刀、机夹式车刀、可转位车刀和成形车刀，如图 4-5 所示。其中可转位车刀的应用日益广泛，在车刀中所占比例逐渐增加。

**1. 整体式车刀**

整体式车刀是指采用整体刀具材料（刀柄部分可以为不同材料）加工而成的刀具。优点是刀具抗弯强度高、冲击韧度好、制造工艺简单、刃磨方便以及刃口锋利等。缺点是浪费材料，没有充分发挥不同刀具的特长。一般钻头、丝锥、铰刀、小型车刀和小直径的铣刀等数控机床刀具，均可采用整体式刀具结构。

**2. 焊接式车刀**

所谓焊接式车刀，就是在碳钢刀杆上按刀具几何角度的要求开出刀槽，用钎料将硬质合金刀片焊接在刀槽内，并按所选择的几何参数刃磨后使用的车刀。这种车刀的优点是结构简单、制造方便、刚性较好。缺点是由于存在焊接应力，使刀具材料的使用性能受到影响，甚至出现裂纹。另外，刀杆不能重复使用，硬质合金刀片不能充分回收利用，造成刀具材料的浪费。

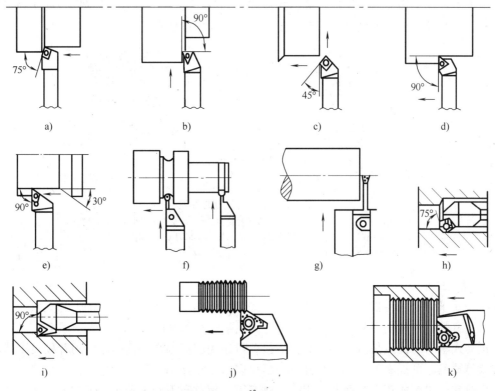

图 4-4 车刀的种类和用途

a）75°偏头外圆车刀 b）90°偏头端面车刀 c）45°偏头外圆车刀 d）90°偏头外圆车刀
e）90°偏头仿形车刀 f）QC 系列切槽刀、切断刀 g）机夹式切断刀 h）75°内孔车刀
i）90°内孔车刀 j）外螺纹车刀 k）内螺纹车刀

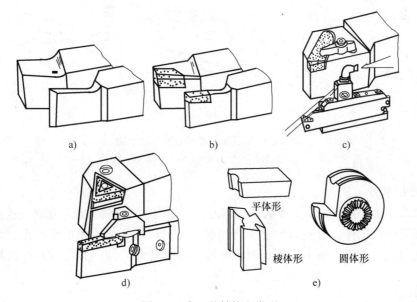

图 4-5 车刀的结构和类型

a）整体式车刀 b）焊接式车刀 c）机夹式车刀
d）可转位车刀 e）成形车刀

根据工件加工表面以及用途不同，焊接式车刀又可分为切断刀、外圆车刀、端面车刀、内孔车刀、螺纹车刀以及成形车刀等。图4-6所示为焊接式车刀的种类。

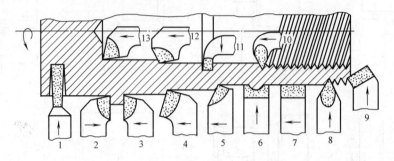

图4-6　焊接式车刀的种类

1—切断刀　2—90°左偏刀　3—90°右偏刀　4—弯头车刀　5—直头车刀
6—成形车刀　7—宽刃精车刀　8—外螺纹车刀　9—端面车刀
10—内螺纹车刀　11—内槽车刀　12—通孔车刀　13—不通孔车刀

### 3. 机夹式车刀

机夹式车刀是采用机械夹固方式，将预先刃磨好的但不能转位使用的刀片夹紧在刀柄上的车刀。有的刀片切削刃磨损后，卸下刀片刃磨后，可继续使用。

机夹式车刀的优点是刀片不经高温焊接，可避免因高温焊接而引起的刀片硬度下降和产生裂纹等缺陷。可提高刀具寿命，并且刀柄可多次重复使用。

目前常用机夹式车刀有切断车刀、切槽车刀、螺纹车刀和大型车刨刀。

常用机夹式车刀的夹紧结构有上压式、自锁式和弹性压紧式，如图4-7所示。

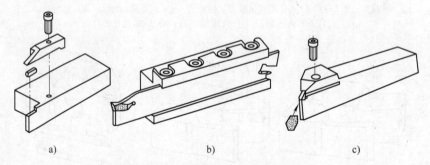

图4-7　常用机夹式车刀的夹紧结构

a）上压式　b）自锁式　c）弹性压紧式

### 4. 可转位车刀

可转位车刀是使用可转位刀片的机夹车刀。一条切削刃用钝后可迅速转位换成相邻的新切削刃，即可继续工作，直到刀片上所有切削刃均已用钝，刀片才报废回收。更换新刀片后，车刀又可继续工作。图4-8所示的机夹可转位车刀由刀柄、刀片、刀垫以及夹紧元件组成。

### 5. 成形车刀

成形车刀是加工回转体成形表面的专用刀具，其刃形是根据工件廓形设计的，可用在各类车床上加工内外回转体的成形表面。

用成形车刀加工零件时可一次形成零件表面，操作简便、生产率高，加工后能达到 IT8～IT10 公差等级、表面粗糙度值为 $Ra10～5\mu m$，并能保证较高的互换性。但成形车刀制造较复杂、成本较高，切削刃工作长度较宽，故易引起振动。

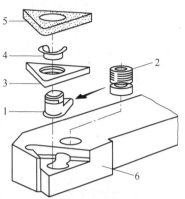

图 4-8　机夹可转位车刀的组成
1—杠杆　2—螺杆　3—刀垫
4—卡簧　5—刀片　6—刀柄

成形车刀主要用在加工批量较大的中、小尺寸且具有成形表面的零件。按进给方向的不同，成形车刀可分为径向进给成形车刀、切向进给成形车刀、斜向进给成形车刀，如图 4-9 所示。径向进给成形车刀按其结构和形状又分为平体形、棱体形和圆体形三类成形车刀，应用也最为广泛。

### 四、数控铣刀

数控铣刀种类很多，常用数控铣刀如下：

#### 1. 面铣刀

面铣刀的圆周表面和端面上都有切削刃，端部切削刃为副切削刃，常用于端铣较大的平面。面铣刀多制成套式镶齿结构，刀齿为高速钢或硬质合金，刀体为 40Cr。

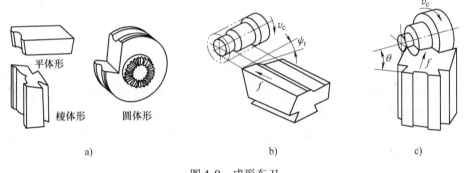

a)　　　　　　　b)　　　　　　　c)

图 4-9　成形车刀
a) 径向进给成形车刀　b) 切向进给成形车刀　c) 斜向进给成形车刀

高速钢面铣刀按国家标准规定，直径 $d=80～250mm$，螺旋角 $\beta=10°$，刀齿数 $z=10～26$。

硬质合金面铣刀与高速钢铣刀相比，铣削速度较高、加工表面质量也较好，并可加工带有硬皮和淬硬层的工件，故得到广泛应用。硬质合金面铣刀按刀片和刀齿的安装方式不同，可分为整体焊接式、机夹—焊接式和可转位式三种，如图 4-10 所示。

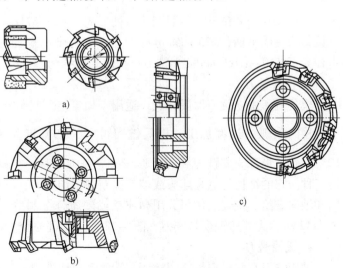

图 4-10　硬质合金面铣刀
a) 整体焊接式　b) 机夹—焊接式　c) 可转位式

### 2. 立铣刀

立铣刀是数控铣削中最常用的一种铣刀，其结构如图4-11所示。立铣刀的圆柱表面和端面上都有切削刃，圆柱表面的切削刃为主切削刃，端面上的切削刃为副切削刃。主切削刃一般为螺旋齿，这样可以增加切削平稳性，提高加工精度。由于普通立铣刀端面中心处无切削刃，所以立铣刀不能作轴向进给，端面刃主要用来加工与侧面相垂直的底平面。

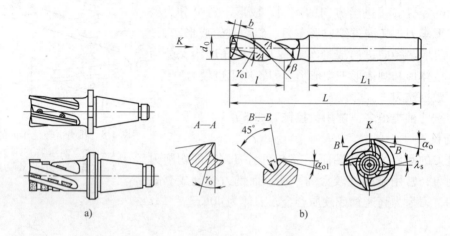

图4-11 立铣刀

a) 硬质合金立铣刀    b) 高速钢立铣刀

为了改善切屑卷曲情况，增大容屑空间，防止切屑堵塞，刀齿数比较少，容屑槽圆弧半径则较大。一般粗齿立铣刀齿数 $z = 3 \sim 4$，细齿立铣刀齿数 $z = 5 \sim 8$，套式结构 $z = 10 \sim 20$，容屑槽圆弧半径 $r = 2 \sim 5mm$。当立铣刀直径较大时，还可制成不等齿距结构，以增强抗振作用，使切削过程平稳。

标准立铣刀的螺旋角 $\beta$ 为 $40° \sim 45°$（粗齿）和 $30° \sim 35°$（细齿），套式结构立铣刀的螺旋角 $\beta$ 为 $15° \sim 25°$。

直径较小的立铣刀，一般制成带柄形式。$\phi2 \sim \phi71mm$ 的立铣刀为直柄；$\phi6 \sim \phi63mm$ 的立铣刀为莫氏锥柄；$\phi25 \sim \phi80mm$ 的立铣刀为带有螺孔的 $7:24$ 锥柄，螺孔用来拉紧刀具。直径大于 $\phi40 \sim \phi160mm$ 的立铣刀可做成套式结构。

### 3. 模具铣刀

模具铣刀由立铣刀发展而成，适用于加工空间曲面零件，有时也用于平面类零件上有较大转接凹圆弧的过渡加工。模具铣刀可分为圆锥形立铣刀（圆锥半角 $\dfrac{\alpha}{2} = 3°$、$5°$、$7°$、$10°$）、圆柱形球头立铣刀和圆锥形球头立铣刀三种，其柄部有直柄、削平型直柄和莫氏锥柄三种。它的结构特点是球头或端面上布满了切削刃，圆周刃与球头刃圆弧连接，可以作径向和轴向进给。铣刀工作部用高速钢或硬质合金制造，国家标准规定直径 $d = 4 \sim 63mm$。图4-12所示为高速钢模具铣刀，图4-13所示为硬质合金模具铣刀。

### 4. 键槽铣刀

键槽铣刀有两个刀齿，圆柱面和端面都有切削刃，端面刃延至中心，加工时先轴向进给达到槽深，然后沿键槽方向铣出键槽全长。图4-14所示为键槽铣刀。

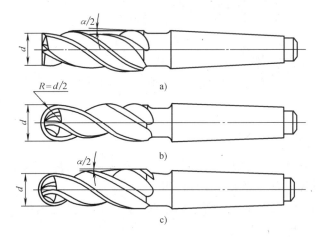

图 4-12 高速钢模具铣刀

a）圆锥形立铣刀 b）圆柱形球头立铣刀 c）圆锥形球头立铣刀

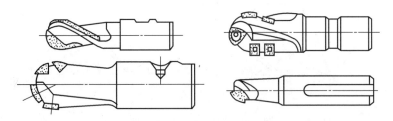

图 4-13 硬质合金模具铣刀

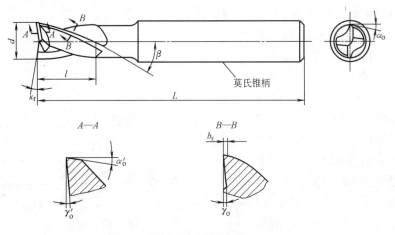

图 4-14 键槽铣刀

国家标准规定，直柄键槽铣刀直径 $d = 2 \sim 22\text{mm}$，锥柄键精铣刀直径 $d = 14 \sim 50\text{mm}$。键槽铣刀直径的偏差有 e8 和 d8 两种。键槽铣刀的圆周切削刃仅在靠近端面的一小段长度内发生磨损，重磨时，只需刃磨端面切削刃，因此重磨后铣刀直径不变。

**5. 鼓形铣刀**

鼓形铣刀主要用于对变斜角类零件的变斜角面的近似加工。它的切削刃分布在半径为 $R$

的圆弧面上，端面无切削刃。图4-15所示为鼓形铣刀。

**6. 成形铣刀**

成形铣刀一般都是为特定的工件或加工内容专门设计制造的，适用于加工平面类零件的特定形状（如角度面、凹槽面等），也适用于加工特形孔或台。图4-16所示为几种常用的成形铣刀。

**五、孔加工刀具**

**1. 麻花钻**

钻孔刀具较多，有普通麻花钻、可转位浅孔钻及扁钻等。应根据工件材料、加工尺寸及加工质量要求等合理选用。

在加工中心上钻孔，大多是采用普通麻花钻。麻花钻有高速钢和硬质合金两种。

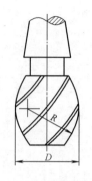

图4-15　鼓形铣刀

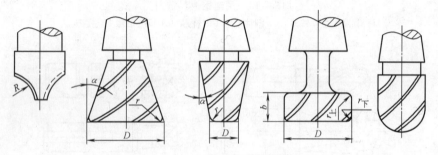

图4-16　几种常用的成形铣刀

根据柄部不同，麻花钻有莫氏锥柄和圆柱柄两种。直径为$\phi 8 \sim \phi 80mm$的麻花钻多为莫氏锥柄，可直接装在带有莫氏锥孔的刀柄内，刀具长度不能调节。直径为$\phi 0.1 \sim \phi 20mm$的麻花钻多为圆柱柄，可装在钻夹头刀柄上。中等尺寸麻花钻两种形式均可选用。

图4-17所示为麻花钻头。图4-18所示为可转位浅孔钻。

钻削大直径孔时，可采用刚性较好的硬质合金扁钻。扁钻切削部

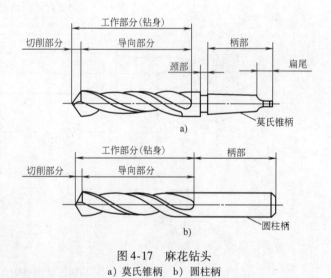

图4-17　麻花钻头
a) 莫氏锥柄　b) 圆柱柄

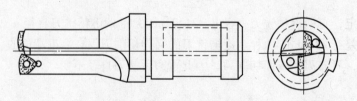

图4-18　可转位浅孔钻

分磨成一个扁平体，主切削刃磨出顶角、后角，并形成横刃，副切削刃磨出后角与副偏角并控制钻孔的直径。扁钻没有螺旋槽。制造简单、成本低。它的结构与参数如图 4-19 所示。

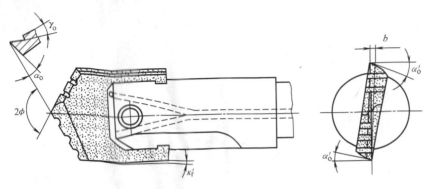

图4-19 装配式扁钻

### 2. 扩孔刀具

标准扩孔钻一般有 3～4 条主切削刃，切削部分的材料为高速钢或硬质合金，结构形式有直柄式、锥柄式和套式等。图 4-20a、b、c 所示分别为锥柄式高速钢扩孔钻、套式高速钢扩孔钻和套式硬质合金扩孔钻。在小批量生产时，常用麻花钻改制。

扩孔直径较小时，可选用直柄式扩孔钻，扩孔直径中等时，可选用锥柄式扩孔钻，扩孔直径较大时，可选用套式扩孔钻。

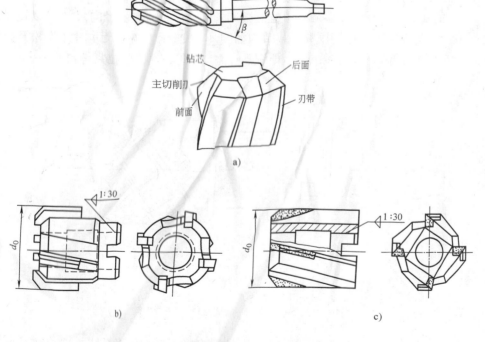

图 4-20 扩孔钻

a）锥柄式高速钢扩孔钻 b）套式高速钢扩孔钻 c）套式硬质合金扩孔钻

### 3. 镗孔刀具

镗孔所用刀具为镗刀。镗刀种类很多，按切削刃数量可分为单刃镗刀和双刃镗刀。镗削通孔、阶梯孔和不通孔时可分别选用图 4-21 所示的单刃镗刀。

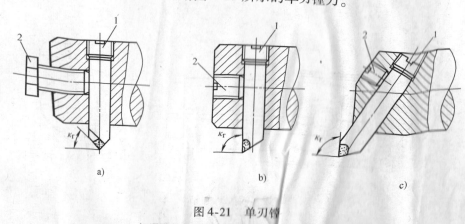

图 4-21　单刃镗刀

a) 通孔镗刀　b) 阶梯孔镗刀　不通孔镗刀

1）单刃镗刀头结构类似车刀，用螺钉装夹在上。螺钉 1 用于调整尺寸，螺钉 2 起锁紧作用。

单刃镗刀刚性差，切削时易引起振动，所以镗主偏角选得较大，以减小背向力。镗铸铁孔或精镗时，一般取 $\kappa_r = 90°$；粗镗钢件孔时，$\kappa_r$ 60°～75°，以延长刀具寿命。所镗孔径的大小要靠调整刀具的悬伸长度来保证，调麻烦、效率低，只能用于单件小批生产。但单刃镗刀结构简单，适应性较广，粗、精加部适用。

2）在孔的精镗中，目前较多地选用精镗微调镗。这种镗刀的径向尺寸可以在一定范围内进行微调，调节方便，且精度高，其结构如图 4-22 所示，调整尺寸时，先松开拉紧螺钉 6，然后转动带刻度盘的调整螺母 3，等周至所需尺寸，中拧紧拉紧螺钉 6。

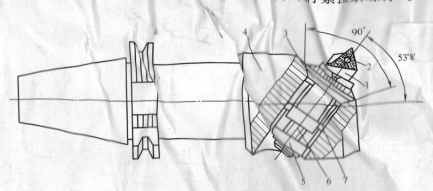

图 4-22　微调镗刀

1—刀体　2—刀片　3—调整螺母
4—刀杆　5—螺母　6—拉紧螺钉　7—导向键

3）镗削大直径的孔时可选用图 4-23 所示的大直径可转位镗刀系统。这种镗刀头部可以在大范围内进行调整，且调整方便，最大镗孔直径可达 1000mm。

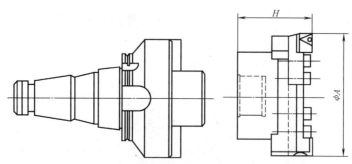

图 4-23　大直径可转位镗刀系统

4）双刃镗刀。双刃镗刀是定尺寸刀具。它在对称方向上同时有切削刃参加切削，因而可消除镗孔时的背向力对镗杆的作用而产生的加工误差。双刃镗刀有固定式和浮动式两种，多用来镗削直径大于 30mm 的孔。

如图 4-24 所示为可调式硬质合金浮动镗刀。因其切削量小，无法校正孔的歪斜和位置偏差，故标准中称为浮动镗刀。它是由上刀体 1、下刀体 2、紧固螺钉 3 和调节螺钉 4 组成。

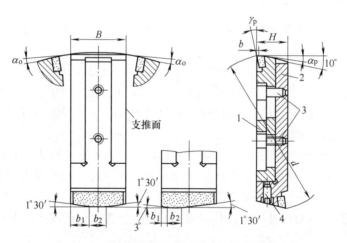

A、AC 型用于加工通孔　B、BC 型用于加工不通孔

图 4-24　可调式硬质合金浮动镗刀
1—上刀体　2—下刀体　3—紧固螺钉　4—调节螺钉

上、下刀体以矩形槽相配，用两个紧固螺钉 3 压紧。旋转调节螺钉 4 可调整上、下刀体的相对位置，以调节镗孔尺寸。当刀具直径为 30～210mm 时，其调节量为 3～20mm。加工时，将浮动镗刀装入镗杆上的刀孔中，无需夹紧，由两侧切削刃上产生的背向力自动平衡定心，从而补偿由于刀具安装误差和镗杆偏摆而引起的加工误差，加工精度能达到 IT6～IT7 级，表面粗糙度值为 $Ra0.2～1.6\mu m$。

浮动镗刀的切削速度一般为 5～8m/min，进给量为 0.6～1.5mm/r，直径上余量为 0.05～0.10mm，镗削钢时用乳化液或硫化油冷却，镗削铸铁件时用煤油或轻柴油冷却，加工前要求预制孔的直线度好，表面粗糙度值为 $Ra3.2\mu m$，孔的进口端需倒角。浮动镗刀常用于孔的终加工，特别适用在通用机床上加工箱体零件上精度较高的孔系。

图 4-25 所示为常见的镗削加工形式。

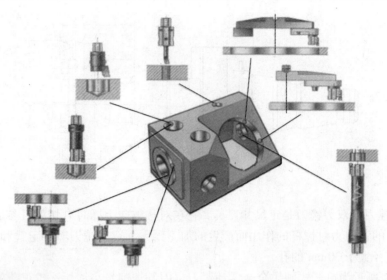

图 4-25　常见的镗削加工形式

## 4. 铰孔刀具

加工中心上使用的铰刀多是通用标准铰刀。此外，还有机夹硬质合金刀片单刃铰刀和浮动铰刀等。

加工精度为 IT7 ~ IT10 级、表面粗糙度值为 $Ra0.8 ~ 1.6\mu m$ 的孔时，多选用通用标准铰刀。机用铰刀如图 4-26 所示，有直柄机用铰刀、锥柄机用铰刀和套式机用铰刀三种。锥柄铰刀直径为 $\phi10 ~ \phi32mm$，直柄铰刀直径为 $\phi6 ~ \phi20mm$，小孔直柄铰刀直径为 $\phi1 ~ \phi6mm$，套式铰刀直径为 $\phi25 ~ \phi80mm$。

铰刀工作部分包括切削部分与校准部分。切削部分为锥形，担负主要切削工作。切削部分的主偏角为 5° ~ 15°，前角一般为 0°，后角一般为 5° ~ 8°。校准部分的作用是校正孔径、修光孔壁和导向。为此，这部分带有很窄的刃带（$\gamma_0 = 0°$，$\alpha_0 = 0°$）。校准部分包括圆柱部分和倒锥部分。圆柱部分保证铰刀直径和便于测量，倒锥部分可减少铰刀与孔壁的摩擦和减小孔径扩大量。

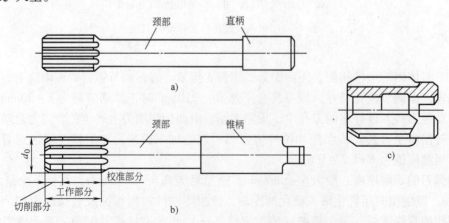

图 4-26　机用铰刀

a）直柄机用铰刀　b）锥柄机用铰刀　c）套式机用铰刀

加工精度为 IT5 ~ IT7 级、表面粗糙度值为 $Ra0.8\mu m$ 的孔时，可采用机夹硬质合金刀片的单刃铰刀。这种铰刀的结构如图 4-27 所示，刀片 3 通过楔套 4 用螺钉 1 固定在刀体上，通过螺钉 7、销子 6 可调节铰刀尺寸。导向块 2 可采用粘接和铜焊固定。机夹单刀铰刀应有很高的刃磨质量。因为精密铰削时，半径上的铰削余量是在 $10\mu m$ 以下，所以刀片的切削刃口要磨得非常锋利。

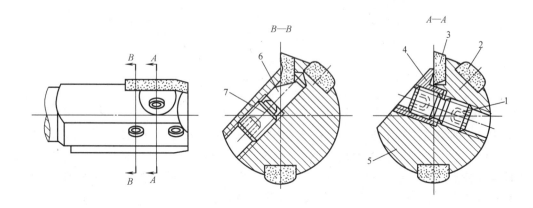

图 4-27　硬质合金单刃铰刀
1、7—螺钉　2—导向块　3—刀片
4—楔套　5—刀体　6—销子

铰削精度为 IT6 ~ IT7 级、表面粗糙度值为 $Ra0.8 ~ 1.6\mu m$ 的大直径通孔时，可选用专为加工中心设计的浮动铰刀。

# 第三节　数控机床工具系统

由于数控设备特别是加工中心加工内容的多样性，使其配备的刀具和装夹工具种类也很多，并且要求刀具更换迅速。因此，刀辅具的标准化和系列化十分重要。把通用性较强的刀具和配套装夹工具系列化、标准化，就成为通常所说的工具系统。工具系统是针对数控机床要求与之配套的刀具必须可快换和高效切削而发展起来的，是刀具与机床的接口。它除了刀具本身外，还包括实现刀具快换所必需的定位、夹紧、抓拿及刀具保护等机构。

数控机床工具系统分为镗铣类数控工具系统和车削类数控工具系统。它们主要由两部分组成：一是刀具部分，二是工具柄部（刀柄）、接杆（接柄）和夹头等装夹工具部分。

## 一、数控车削类工具系统

数控车削加工用工具系统的构成和结构，与机床刀架的形式、刀具类型及刀具是否需要动力驱动等因素有关。数控车床常采用立式或卧式转塔刀架作为刀库，刀库容量一般为 4 ~ 12 把刀具，常按加工工艺顺序布置，由程序控制实现自动换刀。其特点是结构简单，换刀快速，每次换刀仅需 1 ~ 2s。

## 1. 刀块式车刀系统

刀块式车刀系统，用凸键定位，螺钉夹紧。夹紧牢固，刚性好，但换装费时，不能自动夹紧,如图4-28所示。

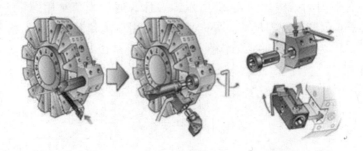

图4-28　刀块式车刀系统

## 2. VDI 刀座

VDI 刀座即德式快换刀座,标准号是 DIN69880。有标准刀座(固定刀座)和动力刀座(旋转刀座)之分,刀座夹持柄部为圆柱加齿条结构。具有重复定位精度高、夹持刚性好、互换性强等特点。它是专门用于车削加工中心和数控车床的工具刀座。使用该刀座能使各种标准刀具(车刀、钻头等)安装到车削加工中心和数控车床上,使车床完成车、钻、铰、攻螺纹、镗等切削加工。VDI 刀座如图4-29所示。

图4-29　VDI 刀座
a) 车 VDI 刀座　b) VDI 旋转动力刀座　c) 车铣复合 VDI 刀座

在 VDI 刀座的代号中,通常用1个字母表示其用途分类,如用 A 表示完全没有任何刀槽而让用户自行加工符合自身需要的刀座,用 B 代表径向刀座,用 C 代表轴向刀座,用 D 代表径向轴向两用刀座,用 E 代表回转刀具刀座等。其中 B、C 两类的选择相对比较困难。VDI 刀座代号如图4-30所示。

## 二、数控镗铣类工具系统

数控镗铣类工具系统一般由与机床连接的锥柄、延伸部分的连杆和工作部分的刀具组成。它们经组合后可以完成钻孔、扩孔、铰孔、镗孔、攻螺纹等加工工艺。我国为满足工业发展的需要,制定了"镗铣类整体数控工具系统"标准(按汉语拼音,简称为 TSG 工具系统)和"镗铣类模块式数控工具系统"标准(简称为 TMG 工具系统),它们都采用 GB/T 10944—2006(JT 系列刀柄)为标准刀柄。考虑到事实上使用日本的 MAS/BT403 刀柄的机床目前在我国数量较多,TSG 及 TMG 也将 BT 系列作为非标准刀柄首位推荐,即 TSG、TMG 系统也可按 BT 系列刀柄制作。

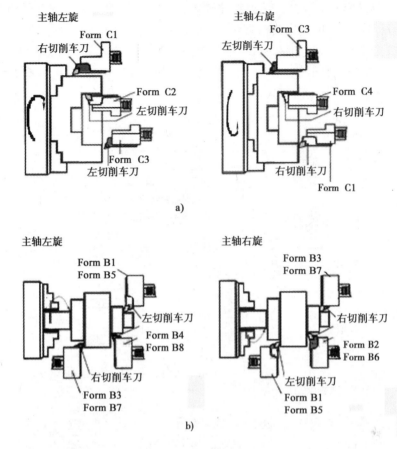

图 4-30　VDI 刀座代号

## 1. TSG 工具系统

TSG 工具系统的特点是将锥柄和接杆连成一体，不同品种和规格的工作部分都必须带有与机床相连的柄部。其优点是结构简单，使用方便、可靠，更换迅速等。缺点是锥柄的品种和数量较多。图 4-31 所示为 TSG 工具系统的组成。

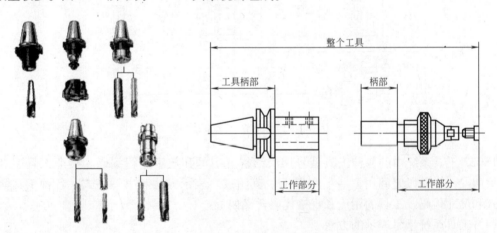

图 4-31　TSG 工具系统的组成

　　TSG82 工具系统是与数控镗、铣类数控机床，特别是与加工中心配套的辅具。该系统包括多种接长杆，连接刀柄，镗、铣刀柄，莫氏锥孔刀柄，钻夹头刀柄，攻螺纹夹头刀柄，钻孔、扩孔、铰孔等类的刀柄和接长杆，以及镗刀头等少量的刀具。用这些配套工具系统，数控机床就可以完成铣、钻、镗、扩、铰、攻螺纹等加工工艺。如图 4-32 所示为 TSG82 工具系统。

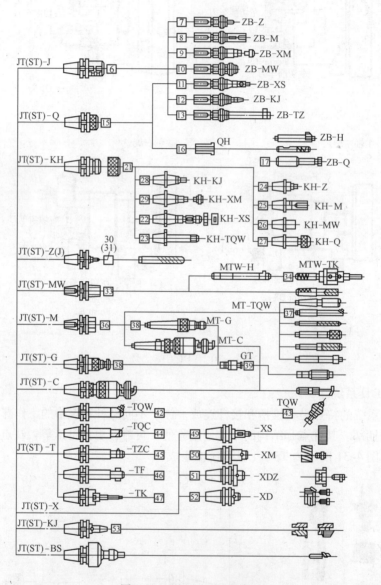

图 4-32　TSG82 工具系统

　　TSG82 工具系统中的各种工具型号用汉语拼音字母和数字进行编码。整个工具型号分前、后两段，在两段之间用 "－" 号隔开。其组成、表示方法和书写格式、各种工具柄部的形式和尺寸代码、工具的用途和规格代码含义如下：
　　（1）工具系统型号表示的方法
　　1）工具系统型号的组成和表示方法见表 4-15。

**表 4-15　工具系统型号的组成和表示方法**

| 型号的组成 | 前段 | | 后段 | |
|---|---|---|---|---|
| 表示方法 | 字母表示 | 数字表示 | 字母表示 | 数字表示 |
| 符号意义 | 柄部形式 | 柄部尺寸 | 工具用途、种类或结构形式 | 工具规格 |
| 举　例 | JT | 50 | KH | 40 – 80 |
| 书写格式 | JT50-KH40-80 | | | |

2）工具柄部的形式：工具柄部一般采用 7∶24 圆锥柄。刀具生产厂家主要提供五种标准的自动换刀刀柄：GB/T 10944—2006、ISO 7388/1—A、DIN 69871—A、MAS403BT、ANSI B5.50 和 ANSI B5.50 CAT。其中，GB/T 10944—2006、ISO 7388/1—A、DIN 69871—A 是等效的。而 ISO 7388/1—B 为中心通孔内冷却型。另外，ISO 2583 和 DIN 2080 标准为手动换刀刀柄，用于数控机床手动换刀。

常用的工具柄部有 JT、BT 和 ST 三种，它们可直接与机床主轴连接。JT 表示采用国际标准 ISO 7388 制造的加工中心机床用锥柄柄部（带机械手夹持槽）；BT 表示采用日本标准 MAS403 制造的加工中心机床用锥柄柄部（带机械手夹持槽）；ST 表示数控机床用锥柄柄部（无机械手夹持槽）。

镗刀类刀柄自己带有刀头，可用于粗、精镗。有的刀柄则需要接杆或标准刀具，才能组装成一把完整的刀具；KH、ZB、MT、MTW 为四类接杆，接杆的作用是改变刀具长度。工具柄部的形式和尺寸代码见表 4-16。

**表 4-16　工具柄部的形式**

| 柄部的形式 | | 柄部尺寸 |
|---|---|---|
| 代码 | 代码的意义 | |
| JT | 加工中心机床用锥柄柄部，带机械手夹执持槽 | ISO 锥度号 |
| BT | 一般镗铣床用工具柄部 | ISO 锥度号 |
| ST | 一般数控机床用锥柄柄部，无机械手夹执持槽 | ISO 锥度号 |
| MTW | 无扁锥尾莫氏锥柄 | 莫氏锥度号 |
| MT | 有扁尾莫氏锥柄 | 莫氏锥度号 |
| ZB | 直柄接杆 | 直径尺寸 |
| KH | 7∶24 锥度的锥柄接杆 | 锥柄的锥度号 |

3）柄部尺寸：柄部形式代号后面的数字为柄部尺寸。对锥柄表示相应的 ISO 锥度号，对圆柱柄表示直径。

7∶24 的锥柄的锥度号有 25、30、40、45、50 和 60 等。如 50 和 40 分别代表大端直径为 $\phi69.85$mm 和 $\phi44.45$mm 的 7∶24 锥度。大规格 50、60 号锥柄适用于重型切削机床，小规格 25、30 号适用于高速轻切削机床。

例如，标示为 JT50-KH40-80 的辅具，表示该辅具是一加工中心用 7∶24 的 50 号锥柄，锥柄中有 7∶24 的 40 号快换夹头锥柄孔，外锥大端至螺母尺寸为 80mm。

4）工具用途代码：用代码表示工具的用途，TSG82 工具系统的代码和意义见表 4-17。

表 4-17 TSG82 工具系统的代码和意义

| 代码 | 代码的意义 | 代码 | 代码的意义 | 代码 | 代码的意义 |
|---|---|---|---|---|---|
| J | 装接长刀杆用锥柄 | KJ | 用于装扩、铰刀 | TF | 浮动镗刀 |
| Q | 弹簧夹头 | BS | 倍速夹头 | TK | 可调镗刀 |
| KH | 7:24 锥柄快换夹头 | H | 倒锪端面刀 | X | 用于装铣削刀具 |
| Z（J） | 用于装钻夹头（莫氏锥度注 J） | T | 镗孔刀具 | XS | 装三面刃铣刀 |
| MW | 装无扁尾莫氏锥柄刀具 | TZ | 直角镗刀 | XM | 装面铣刀 |
| M | 装有扁尾莫氏锥柄刀具 | TQW | 倾斜式微调镗刀 | XDZ | 装直角面铣刀 |
| G | 攻螺纹夹头 | TQC | 倾斜式粗镗刀 | XD | 装面铣刀 |
| C | 切内槽工具 | TZC | 直角形粗镗刀 | | |

注：用数字表示工具的规格，其含义随工具不同而异。有些工具该数字为轮廓尺寸 D 或 L；有些工具该数字表示应用范围。还有表示其他参数值的，如锥度号等。

（2）7:24 锥柄标准形式 如图 4-33 所示为 BT40 刀柄及拉钉。

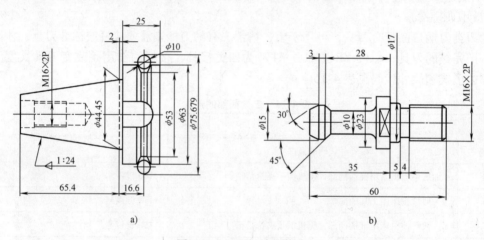

图 4-33 BT40 刀柄及拉钉
a）刀柄 b）拉钉

（3）工具系统拉钉有关标准

1）ISO 标准中的 A 型拉钉如图 4-34 所示。标准号 ISO 7388/2—Type A，配用 JT 型刀柄，常用型号尺寸见表 4-18。

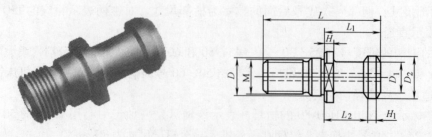

图 4-34 ISO 标准中的 A 型拉钉

**表 4-18　ISO 标准中 A 型拉钉常用型号尺寸**　　　　　　（单位：mm）

| 型　号 | $D$ | $D_1$ | $D_2$ | $M$ | $L$ | $L_1$ | $L_2$ | $H$ | $H_1$ |
|---|---|---|---|---|---|---|---|---|---|
| LDA-40 | 17 | 14 | 19 | 16 | 54 | 26 | 20 | 4 | 4 |
| LDA-45 | 21 | 17 | 23 | 20 | 65 | 30 | 23 | 5 | 5 |
| LDA-50 | 25 | 21 | 28 | 24 | 74 | 34 | 25 | 6 | 7 |

2）ISO 标准中的 B 型拉钉，如图 4-35 所示。标准号 ISO 7388/2—Type B，配用 JT 型刀柄，常用型号尺寸见表 4-19。

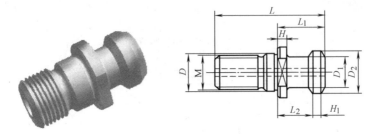

图 4-35　ISO 标准中的 B 型拉钉

**表 4-19　ISO 标准中 B 型拉钉常用型号尺寸**　　　　　　（单位：mm）

| 型　号 | $D$ | $D_1$ | $D_2$ | $M$ | $L$ | $L_1$ | $L_2$ | $H$ | $H_1$ |
|---|---|---|---|---|---|---|---|---|---|
| LDB-40 | 17 | 12.9 | 18.9 | 16 | 44.5 | 16.4 | 11.1 | 3.2 | 1.7 |
| LDB-45 | 21 | 16.3 | 24.0 | 20 | 56.0 | 20.9 | 14.8 | 4.2 | 2.2 |
| LDB-50 | 25 | 19.6 | 29.1 | 24 | 66.5 | 25.5 | 17.9 | 5.2 | 2.7 |

3）日本标准 MAS 403 拉钉，如图 4-36 所示。标准配用 BT 型刀柄，常用型号尺寸见表4-20。

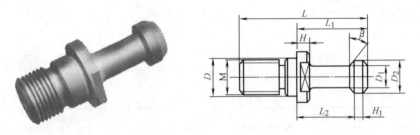

图 4-36　日本标准 MAS 403 拉钉

**表 4-20　日本标准 MAS 403 拉钉常用型号尺寸**

| 型　号 | $D$/mm | $D_1$/mm | $D_2$/mm | $M$/mm | $L$/mm | $L_1$/mm | $L_2$/mm | $H$/mm | $H_1$/mm | $\beta$ |
|---|---|---|---|---|---|---|---|---|---|---|
| LDA-40BT | 17 | 10 | 15 | 16 | 60 | 35 | 28 | 6 | 3 | 45° |
| LDB–40BT | | | | | | | | | | 30° |
| LDA-45BT | 21 | 14 | 19 | 20 | 70 | 40 | 31 | 8 | 4 | 45° |
| LDB-45BT | | | | | | | | | | 30° |
| LDA-50BT | 25 | 17 | 23 | 24 | 85 | 45 | 35 | 10 | 5 | 45° |
| LDB-50BT | | | | | | | | | | 30° |

4）德国标准 DIN 69872 拉钉，如图 4-37 所示。标准配用 JT 型刀柄，常用型号尺寸见表 4-21 。

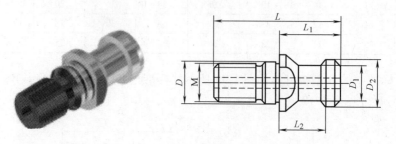

图 4-37　德国标准 DIN 69872 拉钉

**表 4-21　德国标准 DIN 69872 拉钉常用型号尺寸**　　　　　（单位：mm）

| 型　号 | $D$ | $D_1$ | $D_2$ | $M$ | $L$ | $L_1$ | $L_2$ |
|---|---|---|---|---|---|---|---|
| LD-40D | 17 | 14 | 19 | 16 | 54 | 26 | 20 |
| LD-45D | 21 | 17 | 23 | 20 | 65 | 30 | 23 |
| LD-50D | 25 | 21 | 28 | 24 | 74 | 34 | 25 |

（4）ER 型卡簧（DIN6499，如图 4-38 所示）　采用 ER 型卡簧，夹紧力不大，适用于夹持直径在 $\phi$16mm 以下的铣刀，其尺寸见表 4-22 。直径在 $\phi$16mm 以上的铣刀应采用夹紧力较大的 KM 型卡簧（如图 4-39 所示）。

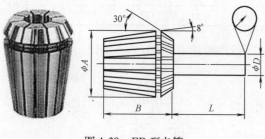

图 4-38　ER 型卡簧

图 4-39　KM 型卡簧

**表 4-22　ER 型卡簧（DIN6499）尺寸**　　　　　（单位：mm）

| 型号 | 尺寸系列 | | | 夹持精度 | |
|---|---|---|---|---|---|
| | $\phi A$ | $B$ | $L$ | standard precision | |
| ER08 | 8.5 | 13.5 | 6 | 0.015 | |
| ER11 | 11.5 | 18 | 10 | 0.015 | |
| ER16 | 17 | 27 | 16 | 0.015 | |
| ER20 | 21 | 31 | 25 | 0.02 | |
| ER25 | 26 | 35 | 40 | 0.02 | |
| ER32 | 33 | 40 | 50 | 0.02 | |
| ER40 | 41 | 46 | 60 | 0.02 | |
| ER50 | 52 | 60 | | | |

**2. TMG 工具系统**

TMG 工具系统是把整体式刀具分解成柄部（主柄模块）、中间连接块（连接模块）、工作头部（工作模块）三个主要部分，然后通过各种连接结构，在保证刀杆连接精度、强度、刚性的前提下，将这三部分连接成整体，如图 4-40 所示。

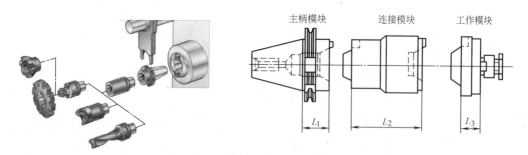

图 4-40　TMG 工具系统组成

这种工具系统可以用不同规格的中间连接模块，组成各种用途的模块工具系统，既灵活、方便，又大大减少了工具的储备。例如国内生产的 TMG10、TMG21 模块工具系统发展迅速，应用广泛，是加工中心使用的基本工具。如图 4-41 所示为 TMG21 模块工具系统。

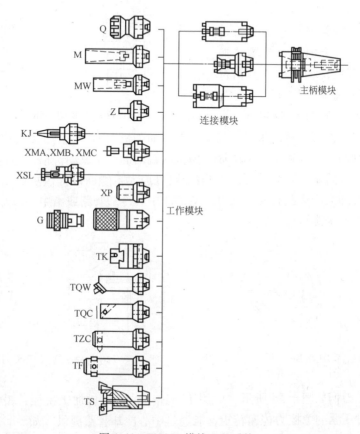

图 4-41　TMG21 模块工具系统

### 3. HSK 工具系统

HSK 工具系统采用空心短圆锥设计，与机床主轴连接时锥面与端面同时贴合，即过定位，该连接方式具有 7∶24 锥柄不具备的更高定位精度与连接刚性，因此，HSK 工具系统广泛在高速切削机床上使用，同时由于 HSK 采用短锥柄设计，HSK 刀柄在主轴中的装卸距离短，所以 HSK 工具系统的换刀时间普遍较 7∶24 工具系统的换刀时间短。

按 DIN 的规定，HSK 刀柄分为 6 种类型，A、B 型为自动换刀刀柄，C、D 型为手动换刀刀柄，E、F 型为无键连接、结构对称，适用于超高速的刀柄。

HSK 的基本型号及特点如下：

1）A 型 HSK 刀柄如图 4-42 所示。用于带有自动换刀装置的加工中心、数控铣床、特殊加工机床；通过中心和轴向冷却管路供应切削液；由锥柄端面的两个驱动键槽传动转矩；法兰上带有两个用于刀库的键槽。法兰上带有定位槽，法兰上钻符合 DIN69873 标准的数据载体孔。

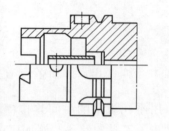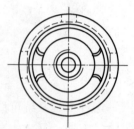

图 4-42　A 型 HSK 刀柄

2）B 型 HSK 刀柄如图 4-43 所示。用于重载切削的加工中心、数控铣床和数控机床；带有加大的法兰直径；通过法兰的非中心冷却管路或通过冷却管的中心冷却；通过法兰上的两个键槽传递转矩；法兰上带有定位槽；法兰上钻符合 DIN69873 标准的数据载体孔。

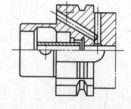

图 4-43　B 型 HSK 刀柄

3）C 型 HSK 刀柄如图 4-44 所示。优先应用于没有自动换刀装置的生产传动线和特殊加工机床上，或是工具上的延长部分和缩颈部分。由中心轴向冷却装置供应切削液。由锥柄端面的两个驱动键槽传递转矩。

4）D 型 HSK 刀柄如图 4-45 所示。应用于通过加大接触面以提供更好支持的手动换刀的所有范围；带有加大的法兰直径；通过法兰的非中心冷却管路或由中心冷却管路供应切削液；通过法兰上的两个键槽传递转矩。

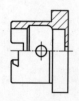　　　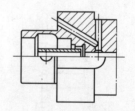

图 4-44　C 型 HSK 刀柄　　　　　　　图 4-45　D 型 HSK 刀柄

5）E 型 HSK 刀柄如图 4-46 所示。应用于高速主轴和木材加工机械；没有驱动键槽的对称回转体；通过压紧的摩擦力传递转矩；能通过中心冷却管路提供冷却。

6）F 型 HSK 刀柄如图 4-47 所示。带有加大的法兰；能通过中心冷却管路提供冷却。

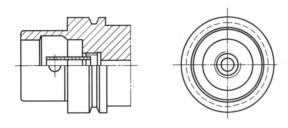

图 4-46　E 型 HSK 刀柄

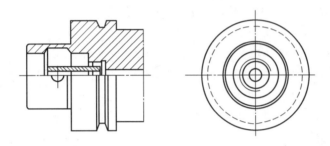

图 4-47　F 型 HSK 刀柄

# 第四节　刀具的磨损和延长刀具寿命的措施

## 一、刀具磨损

磨损是刀具钝化（磨损、崩刃、卷刃）的主要形式，它是在切削过程中刀具前面、后面上的微粒被切屑和工件带走的现象。

刀具的磨损形式，按其发生部位可分为：后面磨损、前面磨损、边界磨损，如图 4-48 所示。

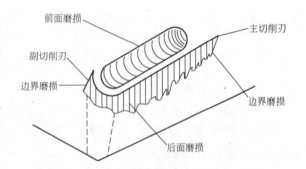

图 4-48　刀具的磨损形式

### 1. 刀具磨损的原因

（1）磨粒磨损（又称机械磨损）　工件材料中的碳化物、氮化物、积屑瘤碎片以及其他杂质，这些物质硬度较高，在机械擦伤的作用下，把刀具前、后面刻划出许多沟纹而造成磨损。提高刀具的刃磨质量，减小前、后面和切削刃的表面粗糙度值，能减慢刀具的磨损。

（2）热磨损　切削时，由于切削热的产生而使温度升高（尤其在切削刃刀尖附近的温度最高）。温度升高后，刀具材料将产生相变而硬度降低；刀具材料与切屑和工件相互粘结而被黏附带走；刀具材料中的几何元素向工件中扩散，而使切削刃附近的组织变化，以致硬度和强度降低；前、后面表面在热应力的作用下产生裂纹及温度升高时容易使表面产生氧化层等。这些由切削热和温度升高而使刀具产生的磨损统称为热磨损。

### 2. 刀具的磨损过程

刀具的磨损过程大致可分为三个阶段（见图4-49）

（1）初期磨损阶段（AB段）这一阶段磨损较快，因为刀具在刃磨后，表面有砂轮磨痕产生的凸峰和切削刃处的毛刺，这些将很快被磨平。提高刀具的刃磨质量通过研磨或用磨石修光切削刃和前、后面，能有效减少初期磨损量。

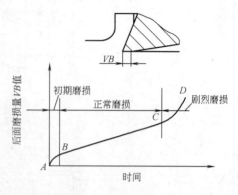

图4-49　刀具的磨损过程

（2）正常磨损阶段（BC段）这一阶段的磨损比较缓慢，磨损量随时间而均匀地增加，并且比较稳定，这时刀具处于正常磨损阶段。

（3）急剧磨损阶段（CD段）当刀具及其附近磨损达到一定程度后，切削刃变钝；前、后面磨损后切削刃强度显著减弱而缺损，切削条件变差。从而使切削热和切削力增加，刀具磨损速度急剧上升，以致丧失切削能力。因此切削时应避免使刀具磨损进入这一阶段。

### 3. 刀具的磨钝标准

刀具的磨钝标准，通常以后面磨损量的最大值$VB$表示。表4-23所列为硬质合金车刀的磨钝标准。

在实际工作中，如发现下述现象出现其中之一时，即说明刀具已经磨损：已加工表面粗糙度值比原来明显增大，表面出现亮点和鳞刺；切削温度升高，切屑颜色改变；切削力增大，甚至出现振动现象；后面靠近刃口处明显被磨损，甚至出现不正常的声响等。

表4-23　硬质合金车刀的磨钝标准

| 加工条件 | 精车 | 合金钢粗车、粗车刚性较差工件 | 碳素钢粗车 | 铸铁件粗车 | 钢及铸铁大件低速粗车 |
|---|---|---|---|---|---|
| 主后面$VB$值/mm | 0.1~0.3 | 0.4~0.5 | 0.6~0.8 | 0.8~1.2 | 1.0~1.5 |

### 二、刀具寿命

刃磨后的刀具或可转位刀片上的一个切削刃口，自开始切削到磨损量达到磨钝标准为止的切削时间称为刀具寿命。以$T$表示，单位是min。它不同于刀具的总寿命，总寿命等于寿命与可重磨次数的乘积。

刀具寿命是一个很重要的数据，可用它来比较不同被加工材料的可切削性，或用来比较刀具材料的切削性能，或判断刀具几何参数是否合理。

影响刀具寿命的因素如下：

### 1. 切削三要素

优选切削用量以提高生产效率，首先尽量选用较大的背吃刀量$a_p$、然后根据加工条件和加工要求选取允许的最大进给量$f$，最后才在刀具寿命或机床功率允许的情况下选取适当的切削速度$v_c$。

### 2. 刀具的几何参数

适当增大前角，适当减小主偏角，以及在粗加工和加工较硬的材料时用负的刃倾角起保护刀尖作用，均能有效地延长刀具寿命。

**3. 工件材料**

工件材料的强度、硬度和韧性越高，导热系数越小，加工硬化越严重，热强度越高，刀具越容易磨损，刀具寿命越低。

**4. 切削液**

合理和充分地选用切削液，能降低切削温度和减小摩擦阻力，能减慢刀具的磨损速度。

# 复习思考题

1. 数控刀具有何要求？
2. 数控机床刀具材料主要有哪几种？如何分类？简述其性能。
3. 数控刀具如何分类？
4. 试述可转位刀具的种类和用途。
5. 举例说明可转位刀片型号国家标准表示规则。
6. 数控车刀按结构如何分类？各有什么特点？
7. 试述数控铣刀的种类及选用方法。
8. 镗刀按切削刃数量分为哪几类？各应用于什么场合？
9. 通用标准铰刀有哪几种形式？如何选用？
10. 数控机床工具系统分为哪几类？由哪几部分组成？
11. 刀块式车刀系统有何特点？
12. VDI 刀座分为哪几类？有何特点？
13. 整体式和模块式镗铣类工具系统有何优缺点？
14. 镗铣类模块式工具系统由哪几个基本模块组成？各基本模块的作用是什么？
15. 常用的工具柄部有哪几种？有何特点？
16. 工具系统拉钉分为哪几类？各应用于什么刀柄？
17. ER 型卡簧和 KM 型卡簧的应用有何不同？
18. 什么是 HSK 工具系统？有何特点？
19. 刀具磨损的原因及形式有哪些？
20. 刀具的磨损过程分哪几个阶段？各阶段对加工有何影响？
21. 什么是刀具的磨钝标准？
22. 什么是刀具寿命？影响刀具寿命的因素有哪些？

# 第五章 数控车削加工工艺

## 第一节 数控车床概述

数控车床是目前使用最广泛的数控机床之一。数控车床主要用于加工轴类、盘类等回转体零件。通过数控加工程序的运行，可自动完成内外圆柱面、圆锥面、成形表面、螺纹和端面等的切削加工，并能进行车槽、钻孔、扩孔、铰孔等工作。车削中心可在一次装夹中完成更多的加工工序，提高了加工精度和生产效率，特别适合于复杂形状回转类零件的加工。针对回转体零件加工的数控车床，在车削加工工艺、车削工艺装备、编程指令应用等方面都有鲜明的特色。

### 一、数控车床的种类

**1. 按主轴位置分**

（1）卧式数控车床 卧式数控车床是主轴轴线处于水平位置的数控车床，如图 5-1 所示。卧式数控车床又分为数控水平导轨卧式车床和数控倾斜导轨卧式车床。其倾斜导轨结构可以使车床具有更大的刚性，并易于排除切屑。

（2）立式数控车床 立式数控车床是主轴轴线处于垂直位置的数控车床，如图 5-2 所示。立式数控车床有一个直径很大的圆形工作台，用来装夹工件。这类机床主要用于加工径向尺寸大、轴向尺寸相对较小的大型复杂零件。

图 5-1 卧式数控车床

图 5-2 立式数控车床

**2. 按可控轴数分**

（1）两轴控制的数控车床 机床上只有一个回转刀架，可实现两坐标轴控制，如图 5-3 所示。

（2）四轴控制的数控车床 机床上有两个独立的回转刀架，可实现四轴控制，如图 5-4 所示。

图 5-3　单主轴单刀架

图 5-4　双主轴双刀架

### 3. 按系统功能分

（1）经济型数控车床　经济型数控车床（图 5-5），一般是以卧式车床的机械结构为基础，经过改进设计而成的，也有一些是对卧式车床进行改造而成的。它的特点是一般采用由步进电动机驱动的开环伺服系统。其控制部分采用单板机或单片机实现。经济型数控车床自动化程度和功能都比较差，缺少诸如刀尖圆弧半径自动补偿和恒表面线速度切削等功能。车削加工精度也不高，适用于要求不高的回转类零件的车削加工。

（2）全功能型数控车床　全功能型数控车床（图 5-6）就是日常所说的"数控车床"。它的控制功能是全功能型的，带有高分辨率的 CRT，具有各种显示、图形仿真、刀具和位置补偿等功能，带有通信或网络接口。采用闭环或半闭环控制的伺服系统，可以进行多个坐标轴的控制。具有高刚度、高精度和高效率等特点。全功能型数控车床可同时控制两个坐标轴，即 $X$ 轴和 $Z$ 轴，适用于一般回转类零件的车削加工。

图 5-5　经济型数控车床

图 5-6　全功能数控车床

（3）车削加工中心　车削加工中心是以全功能型数控车床为主体，配备刀库、自动换刀器、分度装置、铣削动力头和机械手等部件，实现多工序复合加工的机床。

车削加工中心在数控车床的基础上，增加了 $C$ 轴和动力头，可控制 $X$ 轴、$Z$ 轴和 $C$ 轴，联动控制轴可以是（$X$、$Z$）、（$X$、$C$）、（$Z$、$C$）、（$X$、$Z$、$C$）。由于增加了 $C$ 轴和铣削动力头，这种数控车床的加工功能大大增强，除可以进行一般车削外，还可以进行径向和轴向铣削、曲面铣削、中心线不在零件回转中心的孔和径向孔的钻削等加工。车削加工中心如图

5-7 所示。

图 5-7　车削加工中心

## 二、数控车床的特点

数控车床与卧式车床相比，其结构具有以下特点：

1）数控车床刀架的两个方向运动分别由两台伺服电动机驱动，一般采用与滚珠丝杠直接连接，传动链短。

2）数控车床刀架移动一般采用滚珠丝杠副，丝杠两端安装滚珠丝杠专用轴承，它的接触角比常用的向心推力球轴承大，能承受较大的进给力；数控车床的导轨、丝杠采用自动润滑，由数控系统控制定期、定量供油，润滑充分，可实现轻拖动。

3）数控车床一般采用镶钢导轨，摩擦因数小，机床精度保持时间较长，可延长其使用寿命。

4）数控车床主轴通常采用主轴电动机通过一级带传动（主轴电动机由数控系统控制，采用直流或交流控制单元来驱动），实现无级变速，不必用多级齿轮副来进行变速。

5）数控车床具有加工冷却充分、防护严密等特点，自动运转时一般都处于全封闭或半封闭状态。

6）数控车床一般还配有自动排屑装置、液压动力卡盘及液压顶尖等辅助装置。

## 三、数控车削的加工对象

（1）精度要求高的回转体零件　由于数控车床的刚性好，制造和对刀精度高，以及能方便和精确地进行人工补偿，甚至自动补偿，因此能够加工尺寸精度要求高的零件，在有些场合可以以车代磨。此外由于数控车削时刀具运动是通过高精度插补运算和伺服驱动来实现的，再加上机床的刚性好和制造精度高，所以能加工形状及位置精度要求高的零件。

（2）表面粗糙度值小的回转体零件　数控车床能加工出表面粗糙度值小的零件，不仅是因为机床的刚性好和制造精度高，还由于它具有恒线速度切削功能。在材质、精车余量和刀具一定的情况下，表面粗糙度值的大小取决于切削速度和进给速度。使用数控车床的恒线速度切削功能，就可以选用最佳线速度来切削端面，这样可切削出表面粗糙度值小的表面，且一致性较好。数控车削还适合于车削各部位表面粗糙度值要求不同的零件。表面粗糙度值要求小的表面可以用减小进给速度的方法来实现，表面粗糙度值要求大的表面可相应地提高进给速度，以提高效率。

（3）轮廓形状复杂的零件　由于数控车床具有直线和圆弧插补功能，部分车床数控装置还有某些非圆曲线插补功能，所以可以车削由任意直线和曲线组成的形状复杂的回转体零件（图5-8）和难以控制尺寸的零件。

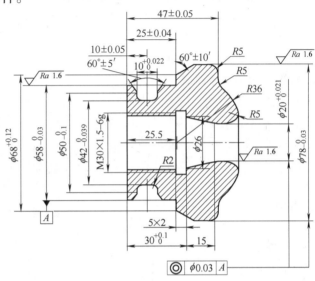

　　组成零件轮廓的曲线可以是数学方程式描述的曲线，也可以是列表曲线。对于由直线或圆弧组成的轮廓，直接利用机床的直线或圆弧插补功能；对于由非圆曲线组成的轮廓，可以用非圆曲线插补功能；若所选机床没有曲线插补功能，则应先用直线或圆弧去逼近，然后再用直线或圆弧插补功能进行插补切削。车削圆柱零件和圆锥零件既可选用卧式车床也可选用数控车床，复杂回转体零件在数控车床上更容易加工出来。

图5-8　轮廓形状复杂的零件

（4）带横向加工的回转体零件　带有键槽或径向孔，或端面有分布的孔系，以及有曲面的盘套或轴类零件，如带有法兰的轴套、带有键槽或方头的轴类零件等，这类零件可选择车削加工中心加工。

（5）带特殊螺纹的回转体零件　卧式车床所能加工的螺纹相当有限，它只能加工等导程的直、锥面的公（英）制螺纹，而且一台车床只能限定加工若干种导程。数控车床不但能车削任何等导程的直、锥和端面螺纹，而且能车削变导程，以及要求等导程与变导程之间平滑过渡的螺纹（如非标丝杠），还具有高精密螺纹切削功能。

　　如图5-9所示为数控车削加工的零件。

图5-9　数控车削加工的零件

### 四、数控车床主要技术参数

数控车床主要技术参数包括最大回转直径；最大加工直径、最大加工长度；主轴转速范围、功率，主轴通孔直径；尾座套筒直径、行程、锥孔尺寸；刀架刀位数、刀具安装尺寸、工具孔直径；坐标行程；定位精度、重复定位精度（包括坐标、刀架）；快速进给速度、切削进给速度；外形尺寸、净重等。

### 五、数控车床的结构

#### 1. 数控车床的基本组成

数控车床一般由数控装置、床身、主轴箱、刀架进给系统、尾座、液压系统、冷却系统、润滑系统、排屑器等部分组成。如图5-10所示为数控车削中心的组成。

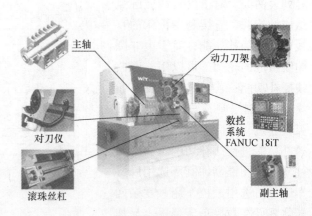

图5-10　数控车削中心

#### 2. 刀架系统

（1）回转刀架　图5-11a所示为四位方刀架，图5-11b所示为多位回转刀架，刀具沿圆周方向安装在刀架上，可以安装径向车刀和轴向车刀。

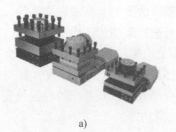
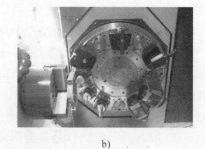

a)　　　　　　　　　　　　　　b)

图5-11　回转刀架
a）四位方刀架　b）多位回转刀架

（2）排式刀架　排式刀架一般用于小规格数控车床，以加工棒料或盘类零件为主，如图5-12所示。

（3）铣削动力头　数控车床刀架安装铣削动力头后可扩展数车加工能力。图5-13所示为铣削动力头以及加工零件切削状态。

#### 3. 液压卡盘和液压尾座

液压卡盘和液压尾座用来夹紧工件，具有稳定可靠的特点。图5-14所示为液压卡盘，图5-15所示为可编程控制液压尾座。

图5-12　排式刀架

#### 4. 其他配置

数控车床增加功能的其他配置包括接触式对刀仪、工件接收器、跟刀架等，如图5-16所示。

图 5-13　铣削动力头

图 5-14　液压卡盘
a) 中空液压卡盘　b) 中实液压卡盘

图 5-15　可编程控制液压尾座

图 5-16　数控车床增加功能的其他配置
a) 接触式对刀仪　b) 弹簧夹头卡盘　c) 工件接收器　d)、e) 跟刀架

## 第二节　数控车削刀具及切削用量的选择

### 一、常用车刀的刀位点
常用车刀的刀位点如图5-17所示。

### 二、常用刀具的类型
数控车削用的车刀一般分为三类，即尖形车刀、圆弧形车刀和成形车刀。

#### 1. 尖形车刀
以直线形切削刃为特征的车刀一般称为尖形车刀，如图5-18所示。这类车刀的刀尖（同时也为其刀位点）由直线形的主、副切削刃构成，如90°内、外圆车刀，左、右端面车刀，切槽（断）车刀及刀尖倒棱很小的各种外圆和内孔车刀。

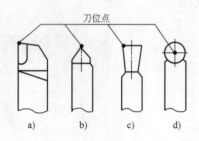

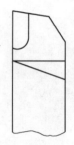

图5-17　车刀的刀位点　　　　　　　　　　图5-18　尖形车刀
a）90°偏刀　b）螺纹车刀　c）切断刀　d）圆弧车刀

用这类车刀加工零件时，其零件的轮廓形状主要由一个独立的刀尖或一条直线形主切削刃位移后得到，它与另两类车刀加工时所得到零件轮廓形状的原理是截然不同的。

#### 2. 圆弧形车刀
圆弧形车刀是较为特殊的数控加工用车刀，如图5-19所示。其特征是，主切削刃的形状为一圆度误差或轮廓误差很小的圆弧；该圆弧上的每一点都是圆弧形车刀的刀尖，因此，刀位点不在圆弧上，而在该圆弧的圆心上；车刀圆弧半径理论上与被加工零件的形状无关，并可按需要灵活确定或经测定后确认。

当某些尖形车刀或成形车刀（如螺纹车刀）的刀尖具有一定的圆弧形状时，也可作为这类车刀使用。

圆弧形车刀可以用于车削内、外表面，特别适宜于车削各种光滑连接（凹形）的成形面。

#### 3. 成形车刀
成形车刀也叫样板车刀，其加工零件的轮廓形状完全由车刀切削刃的形状和尺寸决定，如图5-20所示。数控车削加工中，常见的成形车刀有小半径圆弧车刀、非矩形车槽刀和螺纹车刀等。在数控加工中，应尽量少用或不用成形车刀，当确有必要选用时，则应在工艺文件或加工程序单上进行详细说明。

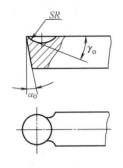

图 5-19　圆弧形车刀

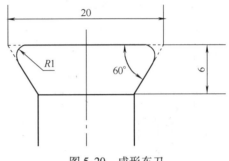

图 5-20　成形车刀

### 三、常用车刀的几何参数

刀具切削部分的几何参数对零件的表面质量及切削性能影响极大，应根据零件的形状、刀具的安装位置以及加工方法等，正确选择刀具的几何形状及有关参数。

**1. 尖形车刀的几何参数**

尖形车刀的几何参数主要指车刀的几何角度。选择方法与使用普通车削时基本相同，但应结合数控加工的特点（如进给路线及加工干涉等）进行全面考虑。

例如：在加工图 5-21 所示的零件时，要使其左右两个 45° 锥面由一把车刀加工出来，则车刀的主偏角应取 50°～55°，副偏角取 50°～52°，这样既保证了刀头有足够的强度，又利于主、副切削刃车削圆锥面时不致发生加工干涉。

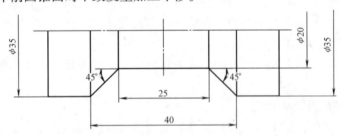

图 5-21　示例件

选择尖形车刀不发生干涉的几何角度，可用作图或计算的方法。如副偏角的大小，大于作图或计算所得不发生干涉的极限角度值 6°～8° 即可。当确定几何角度困难或无法确定（如尖形车刀加工接近于半个凹圆弧的轮廓等）时，则应考虑选择其他类型车刀后，再确定其几何角度。

**2. 圆弧形车刀的几何参数**

（1）圆弧形车刀的选用　对于某些精度要求较高的曲面车削或大圆弧面的批量车削，以及尖形车刀所不能完成的加工，宜选用圆弧形车刀进行加工。

圆弧形车刀具有宽刃切削（修光）性质，能使精车余量相当均匀而改善切削性能，还能一刀车出跨多个象限的圆弧面。

例如，当图 5-22 所示零件的曲面精度要求不高时，可以选择用尖形车刀进行加工；当曲面形状精度和表面粗糙度均有要求时，选择尖形车刀加工就不合适了，因为车刀主切削刃的实际背吃刀量在圆弧轮廓段总是不均匀的，如图 5-23 所示。当车刀主切削刃靠近其圆弧终点时，该位置上的背吃刀量（$a_{p1}$）将大大超过其圆弧起点位置上的背吃刀量（$a_p$），致使切削阻力增大，可能产生较大的线轮廓度误差，并增大其表面粗糙度数值。

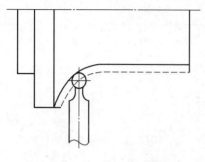 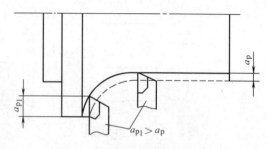

图5-22　曲面车削示例　　　　　　　　　图5-23　背吃刀量不均匀性示例

（2）圆弧形车刀的几何参数　圆弧形车刀的几何参数除了前角及后角外，主要几何参数为车刀圆弧切削刃的形状及半径。选择车刀圆弧半径的大小时，应考虑两点：第一，车刀切削刃的圆弧半径应当小于或等于零件凹形轮廓上的最小曲率半径，以免发生加工干涉；第二，该半径不宜选择太小，否则既难于制造，还会因其刀头强度太弱或刀体散热能力差，使车刀容易受到损坏。

圆弧形车刀前、后角的选择，原则上与普通车刀相同，只不过形成其前角（大于0°时）的前面一般都为凹球面，形成其后角的后面一般为圆锥面。圆弧形车刀前、后面的特殊形状，是为满足在切削刃上的每一个切削点都具有恒定的前角和后角，以保证切削过程的稳定性及加工精度。为了制造车刀的方便，在精车时，其前角多选择为0°（无凹球面）。

**四、可转位车刀的选用**

为了减少换刀时间和方便对刀，便于实现机械加工的标准化，数控车削加工时应尽量采用可转位车刀。

**1. 数控车可转位刀具的特点**

数控车所采用的可转位车刀，其几何参数是通过刀片结构形状和刀体上刀片槽座的方位安装组合形成的，与通用车床相比一般无本质的区别，其基本结构、功能特点是相同的。但数控车床的加工工序是自动完成的，因此对可转位车刀的要求又有别于通用车床所使用的刀具，具体要求和特点见表5-1。

表5-1　可转位车刀的要求和特点

| 要　求 | 特　　点 | 目　　的 |
|---|---|---|
| 精度高 | 采用M级或更高精度等级的刀片；多采用精密级的刀杆；用带微调装置的刀杆在机外预调好 | 保证刀片重复定位精度，方便坐标设定，保证刀尖位置精度 |
| 可靠性高 | 采用断屑可靠性高的断屑槽型或有断屑台和断屑器的车刀；采用结构可靠的车刀，采用复合式夹紧结构和夹紧可靠的其他结构 | 断屑稳定，不能有紊乱和带状切屑；适应刀架快速移动和换位以及整个自动切削过程中夹紧不得有松动的要求 |
| 换刀迅速 | 采用车削工具系统；采用快换小刀夹 | 迅速更换不同形式的切削部件，完成多种切削加工，提高生产效率 |
| 刀片材料 | 刀片较多采用涂层刀片 | 满足生产节拍要求，提高加工效率 |
| 刀杆截形 | 刀杆较多采用正方形刀杆，但因刀架系统结构差异大，有的需采用专用刀杆 | 刀杆与刀架系统匹配 |

**2. 可转位车刀的种类**

可转位车刀按其用途可分为外圆车刀、仿形车刀、端面车刀、内圆车刀、切槽车刀、切断车刀和螺纹车刀等（见表5-2）。

表5-2 可转位车刀的种类

| 类型 | 主偏角 | 适用机床 |
|------|--------|----------|
| 外圆车刀 | 90°、50°、60°、75°、45° | 卧式车床和数控车床 |
| 仿形车刀 | 93°、107.5° | 仿形车床和数控车床 |
| 端面车刀 | 90°、45°、75° | 卧式车床和数控车床 |
| 内圆车刀 | 45°、60°、75°、90°、91°、93°、95°、107.5° | 卧式车床和数控车床 |
| 切断车刀 | | 卧式车床和数控车床 |
| 螺纹车刀 | | 卧式车床和数控车床 |
| 切槽车刀 | | 卧式车床和数控车床 |

**3. 车刀体的编码**

（1）外圆车刀车刀体的编码（见表5-3）

表5-3 外圆车刀车刀体的编码

| C | S | K | P | R | 25 | 25 | M | 12 | Q |
|---|---|---|---|---|----|----|---|----|---|
| 1 | 2 | 3 | 4 | 5 | 6 | 7 | 8 | 9 | 10 |

1）第一号位，表示刀片的固定方式码，有 C（上压式）、M（上压和孔式固紧式）、P（销杆锁紧式）、S（螺钉固紧式）等，见表5-4。

表5-4 可转位车刀的夹紧方式及代号

| 代号 | | 刀片夹紧方式 |
|------|---|------------|
| C | | 装无孔刀片，从刀片上方将刀片夹紧，如压板式 |
| M | | 装圆孔刀片，从刀片上方并利用刀片孔将刀片夹紧，如楔沟式 |
| P | | 装圆孔刀片，利用刀片孔将刀片夹紧，如杠杆式、偏心式、拉垫式等 |
| S | | 装沉孔刀片，螺钉直接穿过刀片孔将刀片夹紧。如压孔式 |

2）第二号位，表示刀片形状码，用一个英文字母代表，见表5-5。

表 5-5　刀片形状码

| 代号 | 形状说明 | 刀尖角 | 示意图 |
|---|---|---|---|
| H | 正六边形 | 120° | 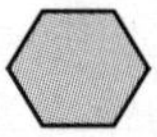 |
| O | 正八边形 | 135° | 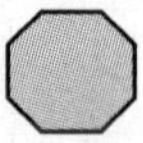 |
| P | 正五边形 | 108° | 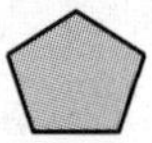 |
| S | 正方形 | 90° |  |
| T | 正三角形 | 60° |  |
| C D E M V | 菱形 | 80° 55° 75° 86° 35° | 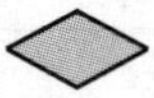 |
| W | 等边不等角六边形 | 80° |  |
| L | 矩形 | 90° |  |
| A B K | 平行四边形 | 85° 82° 55° |  |
| R | 圆形 | | |

　　3）第三号位，表示车刀刀体形状码。刀体形状是指刀体装刀片处的形状，共 18 种。见表 5-6。

　　4）第四号位，表示刀具后角编码。根据刀具后角大小，共分 9 种，见表 5-7。

　　5）第五号位，表示刀具进给方向码。分左手、右手和中置三种，如图 5-24 所示。

　　6）第六号位，表示车刀高度码。如图 5-25 所示，为 8～50mm，共分 9 个规格。

　　7）第七号位，表示车刀宽度码。如图 5-26 所示，为 8～50mm，共分 11 个规格。9mm 和 13mm 为非标准规格，有些厂家订货目录中有此规格。

表5-6　车刀刀体形状码

| A 90° | B 75° | C 90° | D 45° | E 60° |
|---|---|---|---|---|
| F 90° | G 90° | H 107.5° | J 93° | K 75° |
| L 95° / 95° | M 50° | N 63° | O 117.5° | P 62.5° |
| Q 107.5° | R 75° | S 45° | T 60° | U 90° |
| V 72.5 | W 60° | X 120° | | |

表5-7　刀具后角编码

| 代号 | A | B | C | D | E | F | G | N | P |
|---|---|---|---|---|---|---|---|---|---|
| 法向后角 | 3° | 5° | 7° | 15° | 20° | 25° | 30° | 0° | 11° |

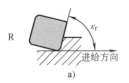
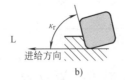
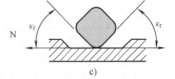

图5-24　刀具进给方向码
a) 右手　b) 左手　c) 中置

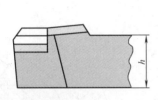

图5-25　车刀高度码

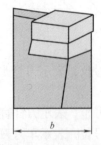

图5-26　车刀宽度码

8）第八号位，表示车刀长度码，用英文字母表示，车刀长度为32～500mm，共分22个规格，如图5-27所示。

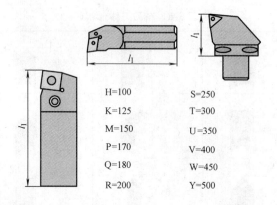

| | |
|---|---|
| H=100 | S=250 |
| K=125 | T=300 |
| M=150 | U=350 |
| P=170 | V=400 |
| Q=180 | W=450 |
| R=200 | Y=500 |

图 5-27 车刀长度码

9）第九号位，表示切削边长度码，表5-8所列为各种形状刀片切削刃长度的表示位置。

表5-8 各种形状刀片切削刃长度的表示位置

| 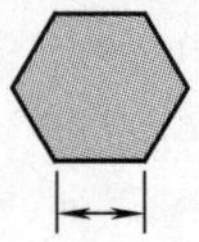 H | 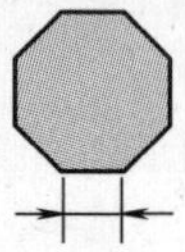 O | 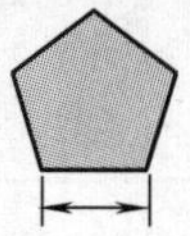 P | 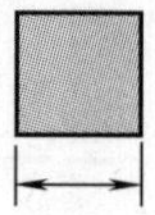 S | 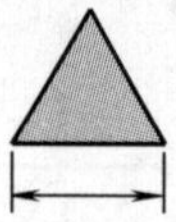 T |
|---|---|---|---|---|
| 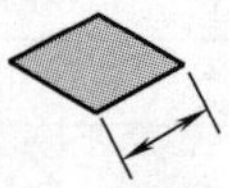 C、D、E、M、V | 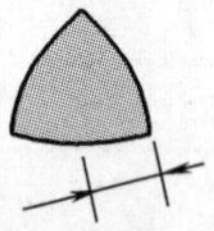 W | 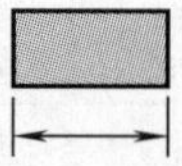 L | 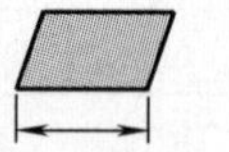 A、B、K | 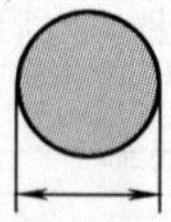 R |

10）第十号位，表示注释。

（2）内孔车刀（镗刀）车刀体编码（见图5-28）

| S | 32 | U | — | S | T | F | C | R | 16 | |
|---|---|---|---|---|---|---|---|---|---|---|
| 1 | 2 | 3 | | 4 | 5 | 6 | 7 | 8 | 9 | 10 |

图 5-28 车刀体编码

1）第一号位，表示刀杆形式。S表示实心铁，H表示重金属刀具。

2）第二号位，表示刀杆直径，如图5-29所示。

3）第三号位，表示车刀刀杆长度，如图5-30所示。

4）第四号位，表示刀片的固定方式码，有C（上压式）、P（销杆锁紧式）、S（螺钉固紧式）等，见表5-9。

5）第五号位，表示刀片形状码，用一个英文字母代表，见表5-10。

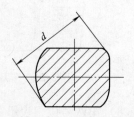

图 5-29 刀杆直径

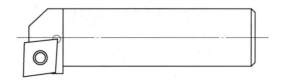

| 代号 | K | M | Q | R | S | T | U | V | X |
|---|---|---|---|---|---|---|---|---|---|
| 长度L/mm | 125 | 150 | 180 | 200 | 250 | 300 | 350 | 400 | 特殊 |

图 5-30　车刀刀杆长度

**表5-9　可转位车刀的夹紧方式及代号**

| 代号 | 刀片夹紧方式 | |
|---|---|---|
| C | 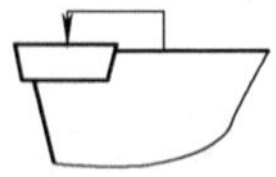 | 装无孔刀片，从刀片上方将刀片夹紧，如压板式 |
| P | 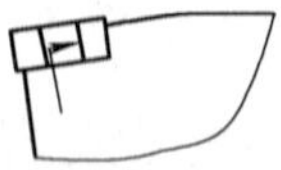 | 装圆孔刀片，利用刀片孔将刀片夹紧，如杠杆式、偏心式、拉垫式等 |
| S | 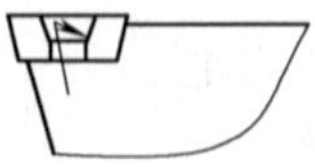 | 装沉孔刀片，螺钉直接穿过刀片孔将刀片夹紧，如压孔式 |

**表5-10　刀片形状码**

| 代号 | 形状说明 | 刀尖角 | 示意图 |
|---|---|---|---|
| T | 正三角形 | 60° |  |
| S | 正方形 | 90° |  |
| C | 菱形 | 80° | |
| D | | 55° | |
| V | | 35° | |

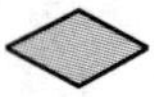

6）第六号位，表示刀头形状，如图5-31所示。

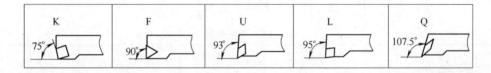

图 5-31　刀头形状

7）第七号位，表示刀具后角编码，见表5-11。

表 5-11　刀具后角编码

| 代号 | B | C | N | P |
|------|-----|-----|-----|------|
| 法向后角 | 5° | 7° | 0° | 11° |

8）第八号位，表示切削方向，如图5-32所示。

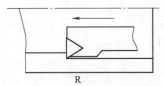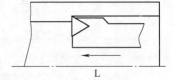

图 5-32　切削方向

9）第九号位，表示切削刃长度码，表5-12所列为各种形状刀片切削刃长度的表示位置。

表 5-12　各种形状刀片切削刃长度的表示位置

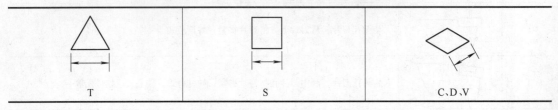

| T | S | C、D、V |
|---|---|---------|

10）第十号位，表示制造商选择代码。D 表示加大偏置 $f + 1.0$mm；E 表示加大偏置 $f + 2.0$mm；X 表示背镗。

（3）螺纹车刀刀体代码（见图5-33）

图 5-33　螺纹车刀刀体代码

1）第一号位，表示压紧方式，C 表示上压式；S 表示螺钉压紧式。
2）第二号位，表示螺纹形式，N 表示内螺纹；E 表示外螺纹。
3）第三号位，表示切削方向，R 表示右切；L 表示左切。
4）第四号位，表示刀尖高度，单位为 mm；圆刀杆用 00 表示。
5）第五号位，表示刀体宽度，单位为 mm；圆刀杆用直径表示。
6）第六号位，表示刀杆长度，见表5-13。

表 5-13　刀杆长度

| 代号 | H | K | M | P | Q |
|------|-----|-----|-----|-----|-----|
| 长度 $L$/mm | 100 | 125 | 150 | 170 | 180 |

7）第七号位，表示刀片尺寸，见表5-14。
8）备注：T 表示有补偿；L 表示无补偿。

表 5-14 刀片尺寸

| 代号 | 三角形边长/mm | 内切圆/mm |
|---|---|---|
| 11 | 11 | 6.35 |
| 16 | 16 | 9.525 |
| 22 | 22 | 12.7 |

#### 4. 刀片材料的选择

车刀刀片的材料主要有高速钢、硬质合金、涂层硬质合金、陶瓷、立方氮化硼和金刚石等。其中应用最多的是硬质合金和涂层硬质合金刀片。选择刀片材料，主要是依据被加工工件的材料、被加工表面的精度、表面质量要求、切削载荷的大小以及切削过程中有无冲击和振动等。

#### 5. 刀片尺寸的选择

刀片尺寸的大小取决于必要的有效切削刃长度 $L$，有效切削刃长度与背吃刀量 $a_p$ 和车刀的主偏角 $\kappa_r$ 有关，使用时可查阅有关刀具手册选取。图 5-34 所示为切削刃长度、背吃刀量与主偏角的关系。

#### 6. 刀片形状的选择

刀片形状主要依据被加工工件的表面形状、切削方法、刀具寿命和刀片的转位次数等因素选择。表 5-15 所列为被加工表面形状及适用的刀片形状示例。

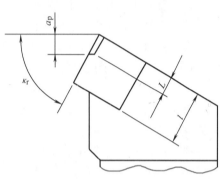

$l$ 为切削刃长度 $L$ 为有效切削刃长度
图 5-34 切削刃长度、
背吃刀量与主偏角的关系

表 5-15 被加工表面形状及适用的刀片形状示例

| | 主偏角 | 45° | 45° | 60° | 75° | 95° |
|---|---|---|---|---|---|---|
| 车削外圆表面 | 刀片形状及加工示意图 | 45° | 45° | 60° | 75° | 95° |
| | 推荐选用刀片 | SCMA SPMR SCMM SNMM-8 SPUN SNMM-9 | SCMA SPMR SCMM SNMG SPUN SPGR | TCMA TNMM-8 TCMM TPUN | SCMM SPUM SCMA SPMR SNMA | CCMA CCMM CNMM-7 |
| | 主偏角 | 75° | 90° | 90° | 95° | |
| 车削端面 | 刀片形状及加工示意图 | 75° | 90° | 90° | 95° | |
| | 推荐选用刀片 | SCMA SPMR SCMM SPUR SPUN CNMG | TNUN TNMA TCMA TPUM TCMM TPMR | CCMA | TPUN TPMR | |
| | 主偏角 | 15° | 45° | 60° | 90° | 93° |
| 车削成形面 | 刀片形状及加工示意图 | 15° | 45° | 60° | 90° | |
| | 推荐选用刀片 | RCMM | RNNG | TNMM-8 | TNMG | TNMA |

正三角形刀片（T）多用于主偏角为60°或90°的外圆车刀、端面车刀和内孔车刀。但刀尖强度差、寿命短、只适用于较小的切削用量。

凸三边形刀片（W）的刀尖角等于80°，刀尖强度、寿命比正三角形刀片好。应用面较广，除工艺系统较差者外均宜采用。

正方形刀片（S）的刀尖角等于90°，比正三角形刀片的60°要大，因此其强度和散热性能均有所提高。这种刀片通用性好，主要用于主偏角为45°、60°、75°等外圆车刀、端面车刀和内孔车刀。

正五边形刀片（P）的刀尖角为108°，其强度高、寿命长、散热面积大。但切削时背向力大，只宜在加工系统刚性较好的情况下使用。

菱形刀片（V、D）适用于仿形、数控车床刀具，用于成形表面和圆弧表面的加工。

圆刀片（R）适合用于加工成形曲面或精车刀具。

**7. 刀尖圆弧半径的选择**

刀尖圆弧半径的大小直接影响刀尖的强度及被加工零件的表面粗糙度。

刀尖圆弧半径大，表面粗糙度值增大，切削力增大且易产生振动，切削性能变坏，但切削刃强度增加，刀具前、后面磨损减少。

通常在背吃刀量较小的精加工、细长轴加工、机床刚度较差等情况下，选用刀尖圆弧半径较小些；而在需要切削刃强度高、工件直径大的粗加工中，刀尖圆弧半径要大些。

**8. 针对所用机床的刀架结构选择刀具**

图5-35所示是一台数控车床的刀盘结构图，这种刀盘每个刀位可以在径向装刀，也可以在轴向装刀。外圆车刀通常安装在径向，内孔车刀通常安装在轴向。刀具以刀杆尾部和一个侧面定位。当采用标准尺寸的刀具时，只要定位、锁紧可靠，就能确定刀尖在刀盘上的相对位置。可见在这类刀盘结构中，车刀的柄部要选择合适的尺寸，切削刃部分要选择机夹可转位刀具，而且刀具的长度不得超出其规定的范围，以免发生干涉现象。

图5-35　数控车床的刀盘结构图

**五、切削用量的选择**

数控车削加工中的切削用量包括：背吃刀量 $a_p$、主轴转速 $n$ 或切削速度 $v_c$（用于恒线速度切削）、进给速度 $v_f$ 或进给量 $f$。这些参数均应在机床给定的允许范围内选取。

车削用量（$a_p$、$f$、$v_c$）选择是否合理，对于充分发挥机床潜力与刀具切削性能，实现优质、高产、低成本和安全操作具有很重要的作用。

车削用量的选择原则是：粗车时，首先考虑选择尽可能大的背吃刀量 $a_p$，其次选择较大的进给量 $f$，最后确定一个合适的切削速度 $v_c$。增大背吃刀量 $a_p$ 可使进给次数减少，增大进给量 $f$ 有利于断屑。精车时，加工精度和表面粗糙度要求较高，加工余量不大且较均匀，因此选择精车的切削用量时，应着重考虑如何保证加工质量，并在此基础上尽量提高生产率。因此，精车时应选用较小（但不能太小）的背吃刀量 $a_p$ 和进给量 $f$，并选用性能高的刀具材料和合理的几何参数，以尽可能提高切削速度 $v_c$。

（1）背吃刀量 $a_p$ 的确定　在工艺系统刚度和机床功率允许的情况下，尽可能选取较大的背吃刀量，以减少进给次数。当零件精度要求较高时，则应考虑留出精车余量，其所留的精车余量一般比普通车削时所留余量小，常取 0.1～0.5mm。

（2）进给速度 $f$ 的确定

进给速度是指在单位时间内，刀具沿进给方向移动的距离（mm/min）。数控车床常选用每转进给量（mm/r）表示进给速度。

$$v_f = nf$$

式中的进给量 $f$，粗车时一般取 0.3～0.8mm/r，精车时常取 0.1～0.3mm/r，切断时常取 0.05～0.2mm/r。

表 5-16 所列为硬质合金车刀粗车外圆及端面时的进给量参考值，表 5-17 所列为按表面粗糙度选择进给量的参考值，供参考选用。

**表 5-16　硬质合金车刀粗车外圆及端面时的进给量参考值**

| 加工工件材料 | 车刀刀杆尺寸 $\frac{B}{mm} \times \frac{H}{mm}$ | 工件直径/mm | 背 吃 刀 量 $a_p$/mm | | | | |
|---|---|---|---|---|---|---|---|
| | | | ≤3 | >3～5 | >5～8 | >8～12 | 12 以上 |
| | | | 进 给 量 $f$/(mm/r) | | | | |
| 碳素结构钢与合金结构钢 | 16×25 | 20 | 0.3～0.4 | — | — | — | — |
| | | 40 | 0.4～0.5 | 0.3～0.4 | — | — | — |
| | | 60 | 0.5～0.7 | 0.4～0.6 | 0.3～0.5 | — | — |
| | | 100 | 0.6～0.9 | 0.5～0.7 | 0.5～0.6 | 0.4～0.5 | — |
| | | 400 | 0.8～1.2 | 0.7～1.0 | 0.6～0.8 | 0.5～0.6 | — |
| | 20×30<br>25×25 | 20 | 0.3～0.4 | — | — | — | — |
| | | 40 | 0.4～0.5 | 0.2～0.4 | — | — | — |
| | | 60 | 0.6～0.7 | 0.5～0.7 | 0.4～0.6 | — | — |
| | | 100 | 0.8～1.0 | 0.7～0.9 | 0.5～0.7 | 0.4～0.7 | — |
| | | 400 | 1.2～1.4 | 1.0～1.2 | 0.8～1.0 | 0.6～0.9 | 0.4～0.6 |
| 铸铁及铜合金 | 16×25 | 40 | 1.2～1.4 | 1.0～1.2 | 0.8～1.0 | 0.6～0.9 | 0.4～0.6 |
| | | 60 | 0.6～0.8 | 0.5～0.8 | 0.4～0.6 | — | — |
| | | 100 | 0.8～1.2 | 0.7～1.0 | 0.6～0.8 | 0.5～0.7 | — |
| | | 400 | 1.0～1.4 | 1.0～1.2 | 0.8～1.0 | 0.6～0.8 | — |
| | 20×30<br>25×25 | 40 | 0.4～0.5 | — | 0.4～0.7 | — | — |
| | | 60 | 0.6～0.9 | 0.8～1.2 | 0.7～1.0 | 0.5～0.8 | — |
| | | 100 | 0.9～1.3 | 1.2～1.6 | 1.0～1.3 | 0.9～1.1 | 0.7～0.9 |
| | | 600 | 1.2～1.8 | | | | |

注：1. 加工断续表面及有冲击时，表内的数值乘以系数 0.8。
　　2. 加工耐热钢及合金时，不采用大于 1.0mm/r 的进给量。
　　3. 加工淬火钢时，当工件硬度为 44～56HRC 时，表内进给量的值乘以 0.8；当工件硬度为 57～62HRC 时，表内进给量的值乘以 0.5。

（3）主轴转速的确定

1）车外圆时的主轴转速。只车外圆时主轴转速应根据零件上被加工部位的直径，并按零件和刀具材料以及加工性质等条件所允许的切削速度来确定。

表 5-17  按表面粗糙度选择进给量的参考值

| 工件材料 | 切削速度 /(m/min) | 表面粗糙度 Ra/μm | 刀尖圆弧半径 r/mm | | |
|---|---|---|---|---|---|
| | | | 0.5 | 1.0 | 2.0 |
| | | | 进 给 量 f/(mm/r) | | |
| 铸铁、铝合金、青铜 | 不限 | 10~5 | 0.25~0.40 | 0.40~0.50 | 0.50~0.60 |
| | | 5~2.5 | 0.15~0.20 | 0.25~0.40 | 0.40~0.60 |
| | | 2.5~1.25 | 0.1~0.15 | 0.15~0.20 | 0.20~0.35 |
| 合金钢及碳钢 | <50 | 10~5 | 0.30~0.50 | 0.45~0.60 | 0.55~0.70 |
| | >50 | | 0.40~0.55 | 0.55~0.65 | 0.65~0.70 |
| | <50 | 5~2.5 | 0.18~0.25 | 0.25~0.30 | 0.30~0.40 |
| | >50 | | | 0.30~0.35 | 0.35~0.50 |
| | <50 | 2.5~1.25 | 0.10 | 0.11~0.15 | 0.15~0.22 |
| | 50~100 | | 0.11~0.16 | 0.16~0.25 | 0.25~0.35 |
| | >100 | | 0.16~0.20 | 0.20~0.25 | 0.25~0.35 |

切削速度除了计算和查表选取外，还可以根据实践经验确定。需要注意的是，交流变频调速的数控车床低速输出力矩小，因而切削速度不能太低。

切削速度确定后，用公式 $n = 1000v_c/\pi d$ 计算主轴转速 $n(\text{r/min})$。表 5-18 所列为硬质合金外圆车刀切削速度的参考值。

表 5-18  硬质合金外圆车刀切削速度的参考值

| 工件材料 | 热处理状态 | $a_p$/mm | | |
|---|---|---|---|---|
| | | (0.3,2) | (2,6) | (6,10) |
| | | f/(mm/r) | | |
| | | (0.08,0.3) | (0.3,0.6) | (0.6,1) |
| | | $v_c$/(m/min) | | |
| 低碳钢（易切钢） | 热轧 | 140~180 | 100~120 | 70~90 |
| 中碳钢 | 热轧 | 130~160 | 90~110 | 60~80 |
| | 调质 | 100~130 | 70~90 | 50~70 |
| 合金结构钢 | 热轧 | 100~130 | 70~90 | 50~70 |
| | 调质 | 80~110 | 50~70 | 40~60 |
| 工具钢 | 退火 | 90~120 | 60~80 | 50~70 |
| 灰铸铁 | HBW<190 | 90~120 | 60~80 | 50~70 |
| | HBW=190~225 | 80~110 | 50~70 | 40~60 |
| 高锰钢 | | | 10~20 | |
| 铜及铜合金 | | 200~250 | 120~180 | 90~120 |
| 铝及铝合金 | | 300~360 | 200~400 | 150~200 |
| 铸铝合金 $w_{si}$ 为13% | | 100~180 | 80~150 | 60~100 |

注：切削钢及灰铸铁时刀具寿命约为60min。

如何确定加工时的切削速度，除了可参考表5-18列出的数值外，主要根据实践经验进行确定。

2）车螺纹时主轴的转速。在车螺纹时，车床的主轴转速将受到螺纹的螺距 $P$（或导程）、驱动电动机的升降频率特性以及螺纹插补运算速度等多种因素影响，故对于不同的数控系统，推荐不同的主轴转速选择范围。大多数经济型数控车床推荐车螺纹时的主轴转速记为

$$n \leqslant 1200/P - k$$

式中　$P$——被加工螺纹的螺距（mm）；

　　　$k$——保险系数，一般取为80。

此外，在安排粗车、精车用量时，应注意机床说明书给定的允许切削用量范围。对于主轴采用交流变频调速的数控车床，由于主轴在低转速时转矩降低，尤其应注意此时切削用量的选择。

# 第三节　数控车削加工工艺的制订

制订数控车削加工工艺主要内容包括：选择并确定数控加工的内容、对零件图样进行数控加工工艺分析、零件图形的数学处理及编程尺寸设定值的确定、数控车削加工工艺过程的拟定、加工余量、工序尺寸及公差的确定、切削用量的选择、编制数控车削加工工艺文件。

## 一、零件图的工艺分析

在选择并决定数控加工零件及其加工内容后，应对零件的数控加工工艺性进行全面、认真、仔细的分析，主要包括零件图样分析与零件结构工艺性分析两部分。

### 1. 零件图样分析

（1）尺寸标注方法分析　对于数控加工来说，零件图上应以同一基准引注尺寸或直接给出坐标尺寸，这就是坐标标注法。这种尺寸标注法既便于编程，又便于尺寸之间的相互协调，同时还利于设计基准、工艺基准、测量基准与编程原点设置的统一，如图5-36所示。

零件设计人员在标注尺寸时，一般总是较多地考虑装配等使用特性方面的要求，因而常采用局部分散的标注方法，如图5-37所示。这样会给工序安排与数控加工带来不便。实际上，由于数控加工精度及重复定位精度都很高，不会因产生较大的累积误差而破坏使用特性，因此，也可将局部的尺寸分散标注法改为坐标式标注法。

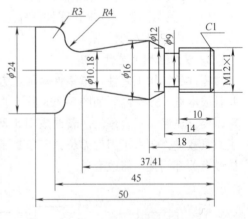

图5-36　坐标法标注尺寸

（2）零件轮廓的几何要素分析　在手工编程时要计算构成零件轮廓的每一个节点坐标，在自动编程时要对构成零件轮廓的所有几何元素进行定义，因此在分析零件图时，要分析几何元素的给定条件是否充分、正确，各元素间的关系如何通过计算确定。

如图5-38所示的零件，$R5$ 圆弧与20°圆锥面及 $R35$ 圆弧面相切，因此圆弧的切点坐标

尺寸需通过计算或 CAD 绘图得到。

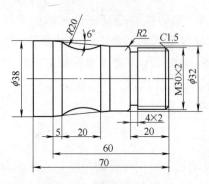

图 5-37　局部分散标注尺寸

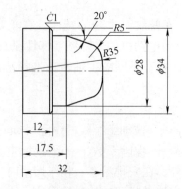

图 5-38　零件轮廓的几何要素分析

（3）精度及技术要求分析　对被加工零件的精度及技术要求进行分析，是零件工艺性分析的重要内容，只有在分析零件精度和表面粗糙度的基础上，才能对加工方法、装夹方法、进给路线、刀具及切削用量等进行正确而合理的选择。

精度及技术要求分析的主要内容如下：

1）分析精度及各项技术要求是否齐全，是否合理。对于采用数控加工的表面，其精度要求应尽量一致，以便最后能连续加工。

2）分析本工序的数控车削加工精度能否达到图样要求，若达不到，需采用其他措施（如磨削）弥补，注意给后续工序留有余量。

3）找出图样上有位置精度要求的表面，这些表面应在一次安装中完成。

4）对表面粗糙度要求较高的表面，应确定用恒线速切削。

5）材料与热处理要求，零件图样上给定的材料与热处理要求是选择刀具、数控车床型号、确定切削用量的依据。

**2. 零件结构工艺性分析**

零件的结构工艺性是指零件对加工方法的适应性，即所设计的零件结构应便于加工成形并且成本低、效率高。如图 5-39a 所示的零件，需要用 3 把不同宽度的切槽刀切槽，如无特殊需要，显然是不合理的。若改成图 5-39b 所示结构，只需一把刀即可切出 3 个槽，既减少了刀具数量，少占了刀架刀位，又节省了换刀时间。在结构分析时，若发现问题应向设计人员或有关部门提出修改意见。

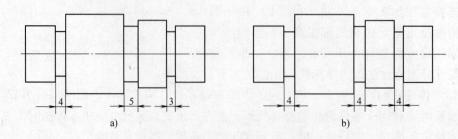

图 5-39　结构工艺性示例

**3. 零件安装方式的选择**

在数控车床上零件的安装方式与卧式车床一样，要合理选择定位基准和夹紧方案，主要注意以下两点：

1）力求设计、工艺与编程计算的基准统一，这样有利于提高编程时数值计算的简便性和精确性。

2）尽量减少装夹次数，尽可能在一次装夹后，加工出全部待加工面。

**二、加工方案的确定**

一般根据零件的加工精度、表面粗糙度、材料、结构形状、尺寸及生产类型确定零件表面的数控车削加工方法及加工方案。

数控车削回转表面加工方案的确定方法如下：

1）加工公差等级为 IT8～IT9 级、表面除糙度值为 $Ra1.6～3.2\mu m$ 的除淬火钢以外的常用金属时，可采用普通型数控车床，按粗车、半精车、精车的方案加工。

2）加工公差等级为 IT6～IT7 级、表面除糙度值为 $Ra0.2～0.63\mu m$ 的除淬火钢以外的常用金属时，可采用精密型数控车床，按粗车、半精车、精车、细车的方案加工。

3）加工公差等级为 IT5 级、表面除糙度值 $Ra < 0.2\mu m$ 的除淬火钢以外的常用金属时，可采用高档精密型数控车床，按粗车、半精车、精车、精密车的方案加工。

**三、装夹方法的确定**

数控车床上零件的安装方法与卧式车床一样，要尽量选用已有的通用夹具装夹，且应注意减少装夹次数，尽量做到在一次装夹中能把零件上所有要加工的表面都加工出来。零件定位基准应尽量与设计基准重合，以减少定位误差对尺寸精度的影响。

数控车床多采用自定心卡盘夹持工件，轴类工件还可采用尾座顶尖支持工件。由于数控车床主轴转速极高，为便于工件夹紧，多采用液压高速动力卡盘，因它在出厂时已通过了严格平衡，具有高转速（极限转速可达 6000～8000r/min）、高夹紧力（最大推拉力为 2000～8000N）、高精度、调爪方便、通孔、使用寿命长等优点。还可使用软爪夹持工件，软爪弧面由操作者随机配制，可获得理想的夹持精度。通过调整液压缸压力，可改变卡盘夹紧力，以满足夹持各种薄壁和易变形工件的特殊需要。

为减少细长轴加工时的受力变形，提高加工精度，以及在加工带孔轴类工件内孔时，可采用液压自动定心中心架，其定心精度可达 0.03mm。此外，数控车床加工中还有其他相应的夹具，它们主要分为两大类，即用于轴类工件的夹具和用于盘类工件的夹具。

（1）用于轴类零件的夹具 用于轴类零件的夹具有自动夹紧拨动卡盘、拨齿顶尖、三爪拨动卡盘和快速可调万能卡盘等。

数控车床加工轴类零件时，坯件装夹在主轴顶尖和尾座顶尖之间，由主轴上的拨盘或拨齿顶尖带动旋转。这类夹具在粗车时可以传递足够大的转矩，以适应主轴高速旋转的车削。

（2）用于盘类零件的夹具 用于盘类零件的夹具主要有可调卡爪式卡盘和快速可调卡盘，这类夹具适用于无尾座的卡盘式数控车床。

**四、工序的划分**

**1. 数控车削加工工序的划分**

对于需要多台不同的数控机床、多道工序才能完成加工的零件，工序划分自然以机床为单位来进行。而对于需要很少的数控机床就能加工完零件全部内容的情况，数控加工工序的划分一般可按下列方法进行。

（1）以一次安装所进行的加工作为一道工序　将位置精度要求较高的表面安排在一次安装中完成，以免多次安装所产生的安装误差影响位置精度。

如图 5-40 所示的零件，毛坯为 $\phi60mm \times 65mm$ 圆棒料，需经三次安装完成加工。

1）夹持毛坯，平端面、车外圆 $\phi59mm \times 20mm$、加工内腔。

2）工件掉头装夹 $\phi59mm$ 外圆，平端面保总长 60mm。

3）工件以 1:7 锥孔与心轴配合装夹，加工外形。

（2）以一个完整数控程序连续加工的内容为一道工序　有些零件虽然能在一次安装中加工出很多待加工面，但考虑到程序太长，会受到某些限制。

（3）以工件上的结构内容组合用一把刀具加工为一道工序　有些零件结构较复杂，既有回转表面又有非回转表面，既有外圆、平面又有内腔、曲面。对于加工内容较多的零件，按零件结构特点将加工内容组合分成若干部分，每一部分用一把典型刀具加工。这时可以将组合在一起的所有部位作为一道工序。

（4）以粗、精加工划分工序　对于容易发生加工变形的零件，通常粗加工后需要进行矫形，这时粗加工和精加工作为两道工序，可以采用不同的刀具或不同的数控车床加工。对毛坯余量较大和加工精度要求较高的零件，应将粗车和精车分开，划分成两道或更多的工序。

下面以车削图 5-41 所示零件为例，说明工序的划分及安装方式的选择。毛坯为 $\phi60mm$ 圆棒料，批量生产，加工时用一台数控车床。工序划分如下：

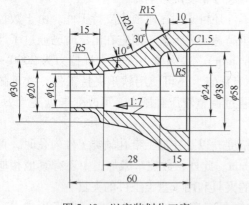

图 5-40　以安装划分工序

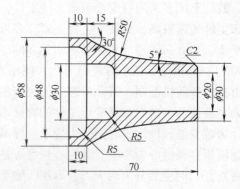

图 5-41　外形、内腔加工

1）工序一。

① 装夹 $\phi60mm$ 外圆，伸出长度为 80mm，平端面、钻 $\phi18mm \times 75mm$ 孔。使用刀具为外圆车刀、钻头。

② 车外形，加工示意图如图 5-42 所示。使用刀具为外圆车刀。

③ 切断，保证总长 70.5mm。使用刀具为切断刀。

2）工序二。掉头装夹 $\phi36mm$ 外圆，平端面，保证总长 70mm，车 $\phi58mm \times 15mm$ 外圆，加工内腔。使用

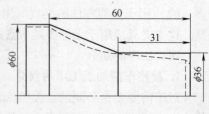

图 5-42　加工示意图

刀具为外圆车刀、镗孔刀。

3）工序三。工件掉头装夹 $\phi58$mm 外圆、$\phi20$mm 内孔加工艺堵（一夹一顶），加工外形。使用刀具为外圆车刀。

综上所述，在数控加工划分工序时，一定要根据零件的结构与工艺性，零件的批量，机床的功能，零件数控加工内容的多少，程序的大小，安装次数及本单位生产组织状况灵活掌握。

**2. 回转类零件非数控车削加工工序的安排**

1）零件上有不适合数控车削加工的表面，如渐开线齿形、键槽、花键表面等，必须安排相应的非数控车削加工工序。

2）若零件表面硬度及精度要求均高，热处理需安排在数控车削加工之后，则热处理之后一般安排磨削加工。

3）若零件要求特殊，不能用数控车削加工完成全部加工要求，则必须安排其他非数控车削加工工序，如喷丸、滚压加工、抛光等。

4）零件上有些表面根据工厂条件采用非数控车削加工更合理，这时可适当安排非数控车削加工工序，如铣端面、钻中心孔等。

**五、加工顺序和进给路线的确定**

**1. 加工顺序安排的一般原则**

（1）先粗后精　粗车将在较短的时间内将工件表面上的大部分加工余量切掉，这样既提高了金属切除率，又满足了精车余量均匀性的要求。若粗车后所留余量的均匀性满足不了精加工要求时，则要安排半精车，以便使精加工的余量小而均匀。精车时，刀具沿着零件的轮廓一次进给完成，以保证零件的加工精度。

如图 5-43 所示为零件内腔加工，毛坯为 $\phi25$mm 圆棒料。

工序划分如下：

1）工序一。

① 平端面，钻 $\phi6$mm × 24mm（有效长度为 24mm）孔。使用刀具为外圆车刀、A3 中心钻、钻头（$\phi6$mm）。

② 钻深为 16.2mm 的孔（以钻头顶点算起）。使用刀具为钻头（$\phi20$mm，顶角改磨为 60°）。

③ 加工右端内腔（含 $\phi6.86$mm 孔）。使用刀具为镗孔刀。

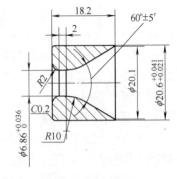

图 5-43　零件内腔加工

④ 切断，保证总长 18.5mm。使用刀具为切断刀。

2）工序二。工件掉头装夹，平端面、倒角，保证总长 18.2mm。使用刀具为外圆车刀。

3）工序三。加工左端内腔（R2mm 圆弧）。使用刀具为镗孔刀。

其中工序一的工步①、②均为粗加工，工步③为精加工。

（2）先近后远　这里所说的远与近，是按加工部位相对于起刀点的距离远近而言的，如图 5-44 所示。在一般情况下，离对刀点远的部位后加工，以便缩短刀具移动距离，减少空行程时间。对于车削而言，先近后远还有利于保持坯件或半成品的刚性，改善其切削条件。

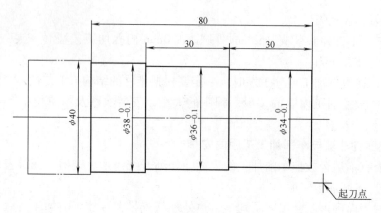

图 5-44　先近后远示例

例如，当加工图 5-44 所示零件时，如果按 $\phi38mm \rightarrow \phi36mm \rightarrow \phi34mm$ 的次序安排车削，不仅会增加刀具返回对刀点所需的空行程时间，而且一开始就削弱了工件的刚性，还可能使台阶的外直角处产生毛刺（飞边）。对这类直径相差不大的台阶轴，当第一刀的背吃刀量（图 5-44 中最大背吃刀量可为 3mm 左右）未超限时，宜按 $\phi34mm \rightarrow \phi36mm \rightarrow \phi38mm$ 的次序先近后远地安排车削。

（3）内外交叉　对既有内表面（内腔）又有外表面的零件，安排加工顺序时，应先粗加工内外表面，然后精加工内外表面。

加工内外表面时，通常先加工内表面，然后加工外表面。原因是控制内表面的尺寸和形状较困难，刀具刚性相应较差，刀具寿命易受切削热的影响而降低，以及在加工中清除切屑较困难等。

（4）刀具集中　即用一把刀加工完相应各部位，再换另一把刀，加工相应的其他部位，以减少空行程和换刀时间。

（5）基面先行　用作精基准的表面应优先加工出来，原因是作为定位基准的表面越精确，装夹误差就越小。例如加工轴类零件时，总是先加工中心孔，再以中心孔为精基准加工外圆表面和端面。

**2. 进给路线的确定**

因为精加工切削过程的进给路线基本上都是沿其零件轮廓顺序进行的，所以确定进给路线的工作重点，主要在于确定粗加工及空行程的进给路线。

起刀点是在数控机床上加工零件时，刀具相对于零件运动的起始点。进给路线是指刀具从起刀点开始运动起，直至返回该点并结束加工程序所经过的路径，包括切削加工的路径及刀具引入、切出等非切削空行程。

（1）刀具引入、切出　在数控车床上进行加工时，尤其是精车时，要妥当考虑刀具的引入、切出路线，尽量使刀具沿轮廓的切线方向引入、切出，以免因切削力突然变化而造成弹性变形，致使光滑连接轮廓上产生表面划伤、形状突变或滞留刀痕等瑕疵。车螺纹时，必须设置升速段 $\delta_1$ 和降速段 $\delta_2$，在这两段螺纹导程小于实际的螺纹导程，如图 5-45 所示。

（2）确定最短的空行程路线　在保证加工质量的前提下，使加工程序具有最短的进给路线，不仅可以节省整个加工过程的执行时间，还能减少一些不必要的刀具消耗及机床进给机构滑动部件的磨损等。

　　确定最短的进给路线，除了依靠大量的实践经验外，还应善于分析，必要时可辅以一些简单计算。

　　1）合理设置起刀点，图 5-46a 所示为采用矩形循环方式进行粗车的一般情况示例。其换刀点的设定是考虑到精车等加工过程中需方便地换刀，故设置在离坯件较远的位置处，同时将起刀点与换刀点重合在一起。图 5-46b 所示是将起刀点与换刀点分离，仍按相同的切削量进行切削进给，路线如图 5-46 所示。显然，图 5-46b 所示的进给路线短。该方法也可用在其他循环（如螺纹车削）切削的加工中。

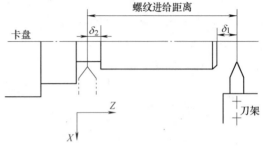

图 5-45　升、降速段示例

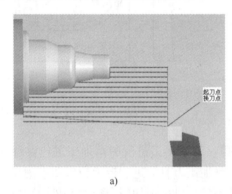

a)

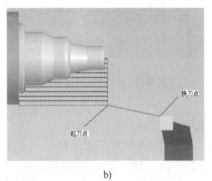

b)

图 5-46　巧用起刀点

　　2）合理设置换（转）刀点。换（转）刀点的设置应考虑换（转）刀的方便和安全，且尽可能缩短空行程距离。

　　3）合理安排"回零"路线。在选择"回零"指令时，在不发生加工干涉现象的前提下，宜尽量采用 $X$、$Z$ 坐标轴双向同时"回零"指令，该指令功能的"回零"路线将是最短的。

　　（3）确定最短的切削进给路线　切削进给路线为最短，可有效地提高生产效率，降低刀具的损耗等。在安排粗加工或半精加工的切削进给路线时，应同时兼顾到被加工零件的刚性及加工的工艺性等要求，不要顾此失彼。

　　图 5-47 所示为粗车示例件（图中实线部分）是几种不同切削进给路线的安排示意图。其中图 5-47a 表示利用数控系统具有的封闭式复合循环功能控制车刀沿着工件轮廓进行进给的路线；图 5-47b 所示为利用其程序循环功能安排的"三角形"进给路线；图 5-47c 所示为利用其矩形循环功能而安排的"矩形"进给路线。

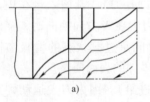

a)

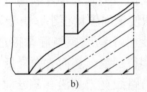

b)

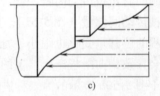

c)

图 5-47　粗车进给路线示例

对以上三种切削进给路线，经分析和判断后可知矩形循环进给路线的进给长度总和最短。因此，在同等条件下，其切削所需时间（不含空行程）最短，刀具的损耗最少。

（4）大余量毛坯的阶梯切削进给路线 图5-48所示为车削大余量毛坯的阶梯切削路线，按1～5的顺序切削，每次背吃刀量 $a_p$ 相等。根据数控车床加工的特点，还可以放弃常用的阶梯车削法，改用依次从轴向和径向进刀，顺工件毛坯轮廓进给的路线，如图5-49所示。

图 5-48　大余量毛坯的阶梯切削进给路线

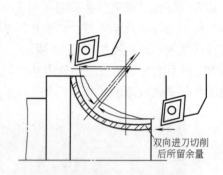

图 5-49　双向进刀的进给路线

（5）精加工进给路线

1）完工轮廓的连续切削进给路线。在安排一刀或多刀进行的精加工进给路线时，其零件的完工轮廓应由最后一刀连续加工而成，并且加工刀具的进、退刀位置要考虑妥当，尽量不要在连续的轮廓中安排切入和切出或换刀及停顿，以免因切削力突然变化而造成破坏工艺系统的平衡状态，致使光滑连接轮廓上产生表面划伤、形状突变或滞留刀痕等。

2）各部位精度要求不一致的精加工进给路线。若各部位精度相差不是很大时，应以最严格的精度为准，连续进给加工所有部位；若各部位精度相差很大，则精度接近的表面安排在同一把刀的进给路线内加工，并先加工精度较低的部位，最后再单独安排精度高部位的进给路线。

（6）特殊的进给路线 在数控车削加工中，一般情况下，$Z$ 坐标轴方向的进给路线都是沿着坐标的负方向进给的，但有时按这种常规方式安排进给路线并不合理，甚至可能切伤工件。

例如，图5-50所示为用尖形车刀加工大圆弧内表面的两种不同的进给路线，对于图5-50a所示的第一种进给路线（刀具沿 $-Z$ 方向进给），因切削时尖形车刀的主偏角为100°～105°，这时切削力在 $X$ 向的分力 $F_p$ 将沿着图5-50所示的 $+X$ 方向作用，当刀尖运动到圆弧的换象限处，即由 $-Z$、$-X$ 向 $-Z$、$+X$ 变换时，背向力 $F_p$ 与横向滑板的传动力方向相同，若螺旋副间有机械传动间隙，就可能使刀尖嵌入零件表面（即扎刀），其嵌入量在理论上等于其机械传动间隙量（图5-51）。即使该间隙量很小，由于刀尖在 $X$ 方向换向时，横向滑板进给过程的位移量变化也很小，加上处于动摩擦与静摩擦之间呈过渡状态的滑板惯性的影响，仍会导致横向滑板产生严重的爬行现象，从而大大降低零件的表面质量。

对于图5-50b所示的第二种进给路线（刀具沿 $+Z$ 方向进给），因为刀尖运动到圆弧的换象限处，即由 $+Z$、$-X$ 向 $+Z$、$+X$ 方向变换时，背向力 $F_p$ 与丝杠传动横向滑板的传动力方向相反（图 5-52），不会受螺旋副机械传动间隙的影响而产生嵌刀现象，所以图 5-52 所示进给路线是较合理的。

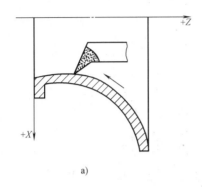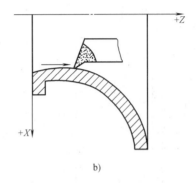

图 5-50　两种不同的进给路线

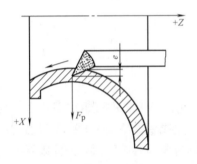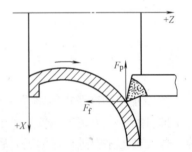

图 5-51　嵌刀现象　　　　　　　　　图 5-52　合理的进给路线

## 第四节　典型零件的数控车削加工工艺

### 一、轴类零件数控车削工艺

轴类零件是数控车削加工中遇到较多的零件类型，数控车床特别适合加工精度要求较高、轮廓形状复杂的轴类回转体零件。轴类零件的数控车削需要根据零件图样计算各几何元素的交点，然后按零件的长度确定装夹方法。

完成如图 5-53 所示轴类零件的数控加工工艺。零件材料为 45 钢，热处理至 28 ~ 32HRC，加工批量为 10 件。

**1. 零件加工工艺分析**

（1）零件图工艺分析　该零件表面由圆柱、圆锥、圆弧和螺纹等表面组成，是一个典型的长轴零件。其中多个直径尺寸有较严格的尺寸精度和表面粗糙度要求。尺寸标注完整，轮廓描述清楚。在加工中间按图样要求应安排热处理工序。

（2）确定零件毛坯尺寸　$\phi100mm \times 336mm$ 圆棒料。

（3）确定装夹方法　该工件属于典型的长轴类零件，在加工中应采用一端用自定心卡盘夹持，一端用顶尖顶紧的装夹方法。定位面选择外圆表面和中心孔。

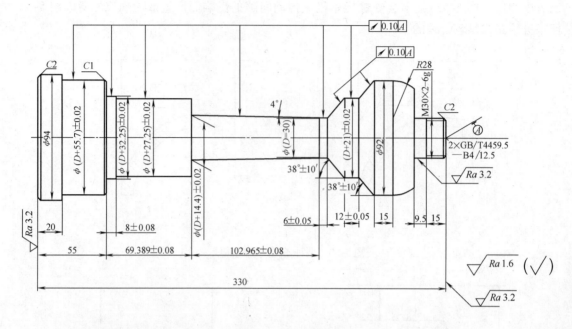

图 5-53　轴类零件

（4）确定加工顺序及进给路线　该工件材料为45钢，必须先进行粗加工然后进行精加工。为小批量加工，可使工序较为集中一些。在粗加工完成后，精加工时，左、右端一次装夹完成。热处理工序安排在粗加工之后，以保证热处理后零件有一定深度的淬硬层。

（5）切削用量选择　根据被加工表面的精度要求、刀具材料和工件材料，参考切削用量手册或相关资料及以往的加工经验，选取切削速度和每转进给量，进而确定出主轴转速和进给速度。

（6）设备选择　根据被加工零件的外形和材料等条件，选用 CK6140 型数控车床。

**2. 刀具选择**

根据加工中零件表面粗糙度和尺寸精度的要求，在数控加工时，用两把30°菱形外圆车刀分别进行精加工和粗加工。

编制刀具卡，见表5-19。

表 5-19　刀具卡　　　　　　　　编制人　　年　月　日

| 零件名称 | | | 零件图号 | | | 数控系统 | |
|---|---|---|---|---|---|---|---|
| 序号 | 刀具号 | 刀具名称及规格 | 刀具材料 | 刀尖半径 $R$/mm | 刀位点 | | 加工表面 |
| 1 | T01 | 30°菱形外圆车刀 | 硬质合金 | 0.2 | 刀尖 | | 粗车外形 |
| 2 | T02 | 30°菱形外圆车刀 | 硬质合金 | 0.2 | 刀尖 | | 精车外形 |
| 3 | T03 | 60°外螺纹刀 | 硬质合金 | | 刀尖 | | 车外螺纹 |

**3. 加工工艺编制**

根据以上分析，编制该零件的完整机械加工工艺过程卡，见表5-20。

表 5-20　机械加工工艺过程卡

| 工序号 | 工序名称 | 工序内容 | 加工设备 |
|---|---|---|---|
| 1 | 下料 | $\phi100\text{mm}\times336\text{mm}$ | 带锯机 |
| 2 | 粗车 | （1）自定心卡盘夹 $\phi100\text{mm}$ 外圆一端。平端面、钻中心孔、车外圆 $\phi96\text{mm}\times30\text{mm}$ | C6140 |
| | | （2）调头，自定心卡盘夹 $\phi96\text{mm}$ 外圆。平端面保总长 332mm、端面钻中心孔 | |
| 3 | 粗车 | 自定心卡盘夹 $\phi96\text{mm}$ 外圆，尾座顶尖顶中心孔（一夹一顶）。粗车外形，各外圆留精加工余量（直径量）为 1.2～1.5mm，长度方向各表面粗糙度值为 $Ra1.6\mu\text{m}$，台阶面留余量 0.7～0.8mm | 数控车 |
| 4 | 热处理 | 调质处理 28～32HRC | |
| 5 | 研中心孔 | 研磨中心孔 | 专用研磨中心孔设备 |
| 6 | 精车左端 | 自定心卡盘夹右端外圆，平端面保总长 331mm。用尾座顶尖顶中心孔，车外圆 $\phi94\text{mm}\times20\text{mm}$、倒角 C2 | C6140 |
| 7 | 精车外形 | 调头，自定心卡盘夹 $\phi94\text{mm}$ 外径、找正，平端面保总长 330mm。后用尾座顶尖顶中心孔，精车外形至尺寸、加工外螺纹 M30×2-6h | 数控车 |
| 8 | 全检 | 检验卡片（略） | |

说明：

1）热处理工序安排在粗车和精车工序之间，是为了保证工件热处理时良好的淬透性，以获得好的热处理效果，并有利于后续的精加工切削。

2）工序 3 和工序 7 虽然为两道工序，但在实际加工中，由于粗精加工的是同一部位，可将两工序的数控程序一并编写，粗加工时不进行精加工工序即可。

**4. 编制数控加工工序卡**（见表 5-21）

表 5-21　数控加工工序卡　　编制人　　年　　月　　日

| 单位 | | 产品名称或代码 | 零件名称 | 材料 | 零件图号 |
|---|---|---|---|---|---|
| | | | 轴 | | |
| 工序号 | 程序编号 | 夹具名称 | 夹具编号 | 使用设备 | 车间 |
| | | 自定心卡盘 | | CK6140 | |
| 工步号 | 工步内容 | 刀具号 | 刀具规格 /mm | 主轴转速 /(r/min) | 进给速度 /(mm/r) | 背吃刀量 /mm | 备注 |
| 安装 1：自定心卡盘夹 $\phi96\text{mm}$ 外圆，一夹一顶 | | | | | | | |
| 1 | 粗加工右端外形 | T01 | | 800 | 0.15 | | |
| 安装 2：自定心卡盘夹 $\phi94\text{mm}$ 外圆，一夹一顶 | | | | | | | |
| 1 | 精加工右端外形 | T02 | | 800 | 0.15 | | |
| 2 | 车外螺纹 | T03 | | 800 | 1.5 | | |
| 编制 | | 审核 | | 批准 | | 年　月　日 | 共　页　　第　页 |

**二、轴套类零件数控车削工艺**

完成如图 5-54 所示零件的数控加工工艺。零件材料为铝合金，加工批量为 100 件，毛坯为 $\phi65\text{mm}\times95\text{mm}$ 圆棒料。

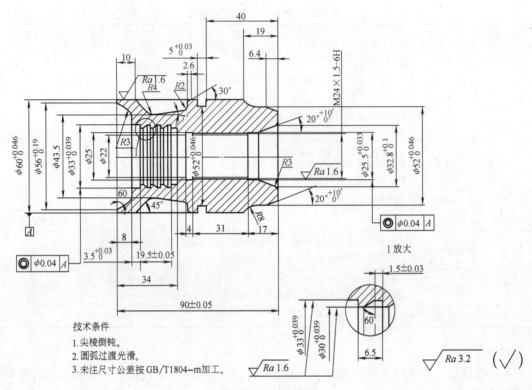

图 5-54 轴套类零件

## 1. 零件加工工艺分析

1）零件图工艺分析。该零件为轴套类零件，内外形复杂，有复杂型面、型槽、螺纹等表面，精度要求较高。

2）确定毛坯尺寸为 $\phi 65\text{mm} \times 95\text{mm}$。

3）该工件为铝合金，加工完成后表面粗糙度值高的部位为 $Ra1.6\mu\text{m}$，加工中间热变形大，必须先进行粗加工，然后进行精加工。

4）根据零件批量大小，合理安排工序可以提高加工效率。该工件加工数量为 100 件，为小批量加工，可使工序较为集中一些。在粗加工完成后，精加工时，左、右端分别一次装夹完成。

5）确定工件的定位及装夹方式。装夹用自定心卡盘，定位选择外圆和端面。

6）根据零件的加工精度，应选择满足零件加工精度要求的数控车床。在选择机床时，要保证机床刀架的刀位数满足数控加工时该工序使用的刀具数，并保证刀具安装后，刀具之间不互相干涉。

## 2. 刀具选择

（1）刀具简图（见图 5-55）　合理选择刀具，可以减少换刀次数、压缩空行程、减少换刀时间和换刀误差。

说明：

1）在选择切槽刀时尺寸 $E$ 应大于环槽的深度尺寸。刀杆在孔内要有足够的排屑空间，即尺寸 $S$ 应适当。

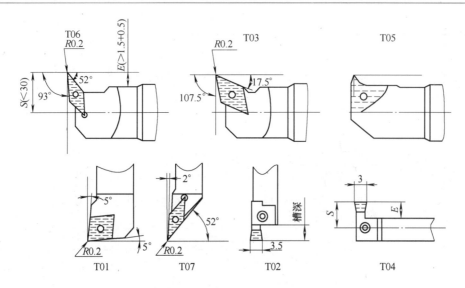

图 5-55　刀具简图

2）切槽刀刀宽应足够，以保持一定的强度。

3）成形刀的主、副偏角应保证在加工成形面时不出现过切现象。

（2）编制刀具卡，见表5-22。

表 5-22　刀具卡　　　　　　　　　　编制人　　年　月　日

| 零件名称 | | | 零件图号 | | | 数控系统 | |
|---|---|---|---|---|---|---|---|
| 序号 | 刀具号 | 刀具名称及规格 | 刀具材料 | 刀尖半径 $R$/mm | 刀位点 | 加工表面 | |
| 1 | T01 | 80°菱形外圆车刀 | 硬质合金 | 0.2 | 刀尖 | 车右端外形 | |
| 2 | T02 | 外切槽刀，$B=3.5$mm | 硬质合金 | | 左刀尖 | 车外槽、车端面 | |
| 3 | T03 | 内孔镗刀 | 硬质合金 | 0.2 | 刀尖 | 车内孔 | |
| 4 | T04 | 内车槽刀，$B=3$mm | 硬质合金 | | 左刀尖 | 车内槽 | |
| 5 | T05 | 60°内螺纹刀 | 硬质合金 | | 刀尖 | 车内螺纹 | |
| 6 | T06 | 35°菱形内孔车刀 | 硬质合金 | 0.2 | 刀尖 | 车内成形槽 | |
| 7 | T07 | 35°菱形外圆车刀 | 硬质合金 | 0.2 | 刀尖 | 车外成形面 | |
| 编制 | | 审核 | | 批准 | | 共　页 | 第　页 |

注：1. 根据生产批量的大小、加工精度的要求及机床刀位情况，可将粗精加工刀具分开。

　　2. 所用刀具均为机夹成形刀具，无需修磨；可提高换刀精度，减少换刀时间，提高加工效率和加工精度。

### 3. 加工工艺编制

机械加工工艺过程卡见表5-23。

表 5-23　机械加工工艺过程卡

| 工序号 | 工序名称 | 工序内容 | 加工设备 |
|---|---|---|---|
| 1 | 下料 | $\phi$65mm×95mm | 带锯机 |
| 2 | 粗车 | 自定心卡盘夹 $\phi$65mm 外圆一端，平端面，车外圆 $\phi$62mm ×（35 ± 0.05）mm、钻通孔 $\phi$19mm | C6140 |

（续）

| 工序号 | 工序名称 | 工序内容 | 加工设备 |
|---|---|---|---|
| 3 | 粗精车右端内外形 | （1）自定心卡盘夹 $\phi62$mm 外径一端，以长度为（35±0.05）mm 台阶定位，平右端面，保证总长 91.5mm | 数控车 |
| | | （2）粗车右端外形 | |
| | | （3）精车右端外形 | |
| | | （4）粗精车 $\phi52^{+0.046}_{0}$mm×5$^{+0.03}_{0}$mm 外槽 | |
| | | （5）粗镗 $\phi22$mm 内孔、M24×1.5-6H 螺纹小径、20°内锥等表面 | |
| | | （6）精镗 $\phi22$mm 内孔、M24×1.5-6H 螺纹小径、20°内锥、$\phi32.8^{+0.10}_{0}$mm 等至尺寸 | |
| | | （7）切 $\phi25$mm×4mm 内螺纹退刀槽 | |
| | | （8）加工 M24×1.5-6H 内螺纹 | |
| 4 | 粗精车左端内外形 | （1）调头，用夹箍在自定心卡盘上夹工件右端 $\phi60^{+0.046}_{0}$mm 外圆。平左端面，保证总长（90±0.05）mm | 数控车 |
| | | （2）粗精车口部内形及 $\phi30^{+0.039}_{0}$mm 孔 | |
| | | （3）粗精车宽度为 6.5mm 的三个环槽 | |
| | | （4）粗车左端及工件中部凹槽外形 | |
| | | （5）精车左端及工件中部凹槽外形 | |
| 5 | 全检 | 检验卡片（略） | |

说明：

1）粗加工时，加工出 $\phi62$mm×（45±0.05）mm 台阶，目的是保证后续加工工件的定位基准长度一致。

2）精加工时，制作夹箍夹外圆，一是保证后续加工工件的定位基准长度一致，二是避免夹伤已加工表面。

**4. 编制数控加工工序卡**（见表5-24）

**三、盘类零件**

完成如图5-56所示盘类零件的加工工艺。材料为45钢，加工数量为500件。

**1. 零件加工工艺分析**

1）零件图工艺分析。该零件左端是圆弧面，右端有螺纹、凸台、端面槽，内孔有内槽，工艺难点在于工件的装夹及端面槽的加工。

2）确定零件毛坯尺寸为 $\phi115$mm×55mm。

3）确定装夹方法。该工件属于典型的盘类零件，在加工中应采用自定心卡盘装夹，定位面选择外圆和定位端面。

4）确定加工顺序及进给路线。该工件材料为45钢，加工数量较多，为批量加工，先进行粗加工，然后进行精加工。加工时，左、右端分别一次装夹完成。先加工右端，再加工左端，内孔由于两端尺寸精度要求不同，因此分别在两端加工完成（也可按右端内孔圆尺寸精度以此保证内孔至尺寸）。

表 5-24　数控加工工序卡　　　编制人　　　年　　月　　日

| 单位 | | 产品名称或代码 | | 零件名称 | 材料 | | 零件图号 | |
|---|---|---|---|---|---|---|---|---|
| | | | | 轴套 | | | | |
| 工序号 | 程序编号 | | 夹具名称 | 夹具编号 | 使用设备 | | 车间 | |
| | | | 自定心卡盘 | | CK6140 | | | |
| 工步号 | 工步内容 | 刀具号 | 刀具规格/mm | 主轴转速/(r/min) | 进给速度/(mm/r) | 背吃刀量/mm | 备注 | |
| 安装1：自定心卡盘夹 $\phi$62mm 外径，伸出长度为 55mm | | | | | | | | |
| 1 | 车右端面 | T01 | | 800 | 0.15 | | | |
| 2 | 粗加工右端外形 | T01 | | 800 | 0.2 | | | |
| 3 | 精加工右端外形 | T01 | | 1200 | 0.15 | | | |
| 4 | 粗精加工外槽 | T02 | | 800 | 0.15 | | | |
| 5 | 粗车内形 | T03 | | 800 | 0.2 | | | |
| 6 | 精车内形 | T03 | | 1000 | 0.15 | | | |
| 7 | 车螺纹退刀槽 | T04 | | 500 | 0.15 | | | |
| 8 | 车内螺纹 | T05 | | 300 | 1.5 | | | |
| 安装2：调头在自定心卡盘上夹工件右端 $\phi$60mm 外圆，找正外圆径向圆跳动在 0.02mm 以内 | | | | | | | | |
| 1 | 车左端端面 | T02 | | 800 | 0.15 | | | |
| 2 | 粗精车口部内形 | T03 | | 粗 800<br>精 1000 | 粗 0.2<br>精 0.15 | | | |
| 3 | 粗精车三个环槽 | T06 | | 粗 400<br>精 600 | 粗 0.2<br>精 0.15 | | | |
| 4 | 粗加工左端及工件中部凹槽外形 | T07 | | 1000 | 0.2 | | | |
| 5 | 精加工左端及工件中部凹槽外形 | T07 | | 1200 | 0.15 | | | |
| 编制 | | 审核 | | 批准 | | 年　月　日 | 共　页 | 第　页 |

　　5）切削用量选择。根据被加工表面的质量要求、刀具材料和工件材料，参考切削用量手册或相关资料选取切削速度和每转进给量，进而确定出主轴转速和进给速度。一般主要根据实际加工经验确定。

　　6）设备选择。根据被加工零件的外形和材料等条件，选用 CK6140 型数控车床。

**2. 刀具选择**

　　编制刀具卡，见表 5-25。

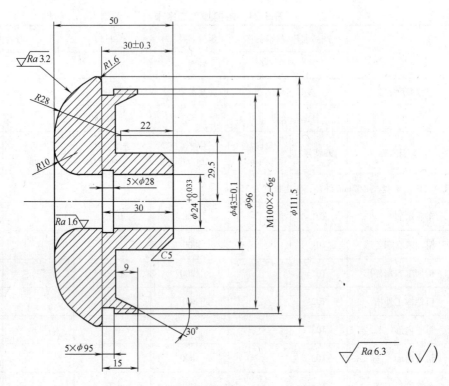

图 5-56　盘类零件

表 5-25　刀具卡 　　　编制人　　年　月　日

| 零件名称 | | | 零件图号 | | | 数控系统 | |
|---|---|---|---|---|---|---|---|
| 序号 | 刀具号 | 刀具名称及规格 | 刀具材料 | 刀尖半径 R/mm | 刀位点 | 加工表面 |
| 1 | T01 | 85°菱形外圆车刀 | 硬质合金 | 0.2 | 刀尖 | 车右端外形 |
| 2 | T02 | 30°尖刀 | 硬质合金 | | 刀尖 | 车外槽、车端面 |
| 3 | T03 | 6mm 宽端面切槽刀 | 硬质合金 | 0.2 | 刀尖 | 车端面槽 |
| 4 | T04 | 外螺纹刀 | 硬质合金 | | 刀尖 | 车外螺纹 |
| 5 | T05 | φ22mm 钻头 | 硬质合金 | | 刀尖 | 粗钻孔 |
| 6 | T06 | 85°内孔镗刀 | 硬质合金 | 0.2 | 刀尖 | 车内孔 |
| 7 | T07 | 3.5mm 内槽刀 | 硬质合金 | 0.2 | 左刀尖 | 车内槽 |

### 3. 加工工艺编制（见表 5-26）

表 5-26　机械加工工艺过程卡

| 工序号 | 工序名称 | 工序内容 | 加工设备 |
|---|---|---|---|
| 1 | 下料 | φ115mm×55mm | 带锯机 |
| 2 | | （1）自定心卡盘夹 φ115mm 外圆一端，伸出长度为 35mm。平端面、保证总长 52mm | 数控车 |
| | | （2）车外圆 φ43mm，留余量 0.2mm，倒角 C5 | |
| | | （3）钻通孔 φ22mm | |

（续）

| 工序号 | 工序名称 | 工序内容 | 加工设备 |
|---|---|---|---|
| 2 | | （4）粗精车 M100×2-6g 外圆 | 数控车 |
| | | （5）切 5mm×$\phi$95mm 螺纹退刀槽 | |
| | | （6）粗精车端面槽、精车 $\phi(43\pm0.1)$mm | |
| | | （7）车螺纹 M100×2-6g | |
| | | （8）精镗内孔至 $\phi24^{+0.033}_{0}$mm | |
| 3 | 粗精车左端内外形 | （1）自定心卡盘夹$\phi$43mm 外圆，平端面保证总长 50mm | 数控车 |
| | | （2）车外形保证 $R$28mm、$R$1.6mm | |
| | | （3）车 $R$10mm 圆弧 | |
| | | （4）切内槽 5mm×$\phi$28mm | |
| 4 | 全检 | 检验卡片（略） | |

**4、编制数控加工工序卡**（见表 5-27）

表 5-27 数控加工工序卡　　编制人　　年　　月　　日

| 单位 | | 产品名称或代码 | 零件名称 | 材料 | 零件图号 |
|---|---|---|---|---|---|
| | | | 轴套 | | |
| 工序号 | 程序编号 | 夹具名称 | 夹具编号 | 使用设备 | 车间 |
| | | 自定心卡盘 | | CK6140 | |

| 工步号 | 工步内容 | 刀具号 | 刀具规格/mm | 主轴转速/(r/min) | 进给速度/(mm/r) | 背吃刀量/mm | 备注 |
|---|---|---|---|---|---|---|---|
| 安装1：自定心卡盘夹$\phi$115mm 外圆一端，伸出长度为35mm | | | | | | | |
| 1 | 平端面、保证总长 52mm | T01 | | 800 | 0.15 | | |
| 2 | 车外圆 $\phi$43mm，留余量 0.2mm，倒角 C5 | T01 | | 800 | 0.15 | | |
| 3 | 钻通孔 $\phi$22mm | T05 | | 500 | 0.1 | | |
| 4 | 粗精车 M100×2-6g 外圆 | T01 | | 800 | 0.15 | | |
| 5 | 切 5mm×$\phi$95mm 螺纹退刀槽 | T02 | | 300 | 0.1 | | |
| 6 | 粗精车端面槽、精车 $\phi(43\pm0.1)$mm | T03 | | 300 | 0.1 | | |
| 7 | 车螺纹 M100×2-6g | T04 | | 300 | 2.0 | | |
| 8 | 精镗内孔至 $\phi24^{+0.033}_{0}$mm | T06 | | 800 | 0.15 | | |
| 安装2：自定心卡盘夹$\phi$43mm 外圆 | | | | | | | |
| 1 | 平端面保证总长 50mm | T01 | | 800 | 0.15 | | |
| 2 | 车外形保证 $R$28mm、$R$1.6mm | T01 | | 800 | 1.5 | | |
| 3 | 车 $R$10mm 圆弧 | T06 | | 800 | 1.5 | | |
| 4 | 切内槽 5mm×$\phi$28mm | T07 | | 300 | 0.1 | | |
| 编制 | | 审核 | | 批准 | | 年 月 日 | 共 页 第 页 |

#### 四、综合零件加工

**（一）综合零件一**

完成如图 5-57 所示偏心轴的数控加工工艺编制。零件材料为 45 钢，毛坯为 φ70mm × 178mm 圆棒料，热处理至 28 ~ 32HRC，加工批量为 10 件。

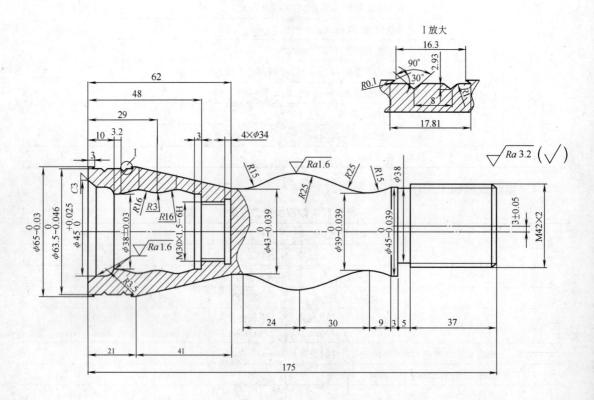

图 5-57　偏心轴

#### 1. 零件数控加工工艺分析

1）零件图工艺分析。该零件包括圆柱、圆锥、圆弧、螺纹、燕尾槽等表面和孔口尺寸小而内形尺寸大的内表面、内螺纹以及外螺纹（偏心）等。其中多个直径尺寸和表面粗糙度要求较高。

2）确定零件毛坯尺寸为 φ70mm × 178mm。

3）设备选择。根据零件形状及精度要求，选择 CK7820 型数控车床。

4）确定加工顺序及进给路线。根据零件的形状、尺寸和外螺纹偏心要求，首先应加工工件左端外圆及燕尾槽和内孔部分，然后再加工 M42 × 2 偏心外螺纹。最后以加工好的外圆和中心孔定位，加工整个外部曲面。

5）确定零件的定位基准和装夹方式。装夹用自定心卡盘，定位选择外圆和中心孔。

6）确定切削用量。由于材料为 45 钢，根据加工经验，可确定背吃刀量：粗车时 $a_p$ = 1.5mm，精车时 $a_p$ = 0.2mm。进给速度为：粗车时 $v_f$ = 0.2mm/r；精车时 $v_f$ = 0.15mm/r。

#### 2. 刀具选择

编制刀具卡，见表 5-28。

表 5-28　刀具卡　　　　　　　　　　　　编制人　　年　月　日

| 零件名称 | | | 零件图号 | | 数控系统 | |
|---|---|---|---|---|---|---|
| 序号 | 刀具号 | 刀具名称及规格 | 刀具材料 | 刀尖半径 $R/\text{mm}$ | 刀位点 | 加工表面 |
| 1 | T01 | 80°外圆车刀 | 涂层刀具 | 0.2 | 刀尖 | 车左端面、外形 |
| 2 | T02 | 30°外圆尖刀 | 硬质合金 | | 刀尖 | 车 V 形槽 |
| 3 | T03 | 4mm 外切槽刀 | 硬质合金 | 0.2 | 左刀尖 | 车燕尾槽余量，车螺纹退刀槽 |
| 4 | T04 | 30°燕尾槽刀（自制） | W18Cr4V | 0.2 | 刀尖 | 车燕尾槽形 |
| 5 | T05 | 30°内孔尖刀 | 硬质合金 | 0.2 | 刀尖 | 车左端内形 |
| 6 | T06 | 内切槽刀 | 高速钢 | | 左刀尖 | 车内螺纹退刀槽 |
| 7 | T07 | 内螺纹刀 | 硬质合金 | | 刀尖 | 车左端内螺纹 |
| 8 | T08 | 30°外圆尖刀 | 涂层刀具 | 0.2 | 刀尖 | 车右端外形 |
| 9 | T09 | 外螺纹刀 | 硬质合金 | 0.2 | 刀尖 | 车右端外螺纹 |

## 3. 加工工艺编制（见表 5-29）

表 5-29　机械加工工艺过程卡

| 工序号 | 工序名称 | 工序内容 | 加工设备 |
|---|---|---|---|
| 1 | 粗车 | （1）自定心卡盘夹 $\phi70\text{mm}$ 外圆一端，平端面、钻中心孔、粗车外圆 $\phi68\text{mm}\times50\text{mm}$、切断保总长 177mm | 卧式车床 |
| | | （2）调头用自定心卡盘夹 $\phi68\text{mm}$ 外圆一端，平端面、钻孔 $\phi27\text{mm}\times60\text{mm}$ | |
| 2 | 粗精车左端内外形 | （1）自定心卡盘夹自制台阶套装夹 $\phi68\text{mm}$ 外圆一端，平端面保证总长 175mm，车 $\phi65_{-0.03}^{\ 0}\text{mm}$ 外圆 | 数控车 |
| | | （2）切燕尾槽保证槽口宽 16.3mm、槽底 $\phi63.5_{\ 0}^{+0.1}\text{mm}$ | |
| | | （3）切两处 90°V 形槽 | |
| | | （4）切燕尾槽形，保证尺寸槽底宽 17.81mm、$\phi63.5_{-0.046}^{\ 0}\text{mm}$ | |
| | | （5）镗内孔至尺寸 | |
| | | （6）切 4mm×$\phi34$mm 退刀槽 | |
| | | （7）车 M30×1.5-6H 内螺纹 | |
| 3 | 精车右端 | （1）调头，自定心卡盘夹自制台阶套（含偏心量 3mm）。车 M42×2 螺纹外圆 | 数控车 |
| | | （2）切 5mm×$\phi35$mm 螺纹退刀槽 | |
| | | （3）车 M42×2 螺纹 | |
| 4 | 粗精车外形 | 自定心卡盘一夹一顶夹持工件左端 $\phi63.5\text{mm}$ 外圆（需使用 3 个弧形夹块）。粗精车中间的各表面至尺寸 | 数控车 |
| 5 | 全检 | 检验卡片（略） | |

说明：

1）工序 2、3 中，由于圆棒料加工时需将工件一部分装夹在主轴孔中，自制台阶套是为了加工时有定位基准。

2）工序3中偏心的方法：通过使用液压卡盘卡爪与主轴中心距离的调节来实现，将其中一个卡爪向主轴方向多进一个牙距（一个牙距为1mm），另外两卡爪多退一个牙距后实现M42×2螺纹偏心3mm。

**4. 编制数控加工工序卡**（见表5-30）

表5-30　数控加工工序卡　　　　编制人　　　　年　　　月　　　日

| 单位 | | 产品名称或代码 | 零件名称 | 材料 | 零件图号 |
|---|---|---|---|---|---|
| | | | 偏心轴 | | |
| 工序号 | 程序编号 | 夹具名称 | 夹具编号 | 使用设备 | 车间 |
| | | 自定心卡盘 | | CK6140 | |
| 工步号 | 工步内容 | 刀具号 | 刀具规格/mm | 主轴转速/(r/min) | 进给速度/(mm/r) | 背吃刀量/mm | 备注 |

| 工步号 | 工步内容 | 刀具号 | 刀具规格/mm | 主轴转速/(r/min) | 进给速度/(mm/r) | 背吃刀量/mm | 备注 |
|---|---|---|---|---|---|---|---|
| 安装1：自定心卡盘夹自制台阶套 | | | | | | | |
| 1 | 车左端面 | T01 | | 800 | 0.15 | | |
| 2 | 粗加工左端外形 | T01 | | 800 | 0.2 | | |
| 3 | 精加工左端外形 | T01 | | 1200 | 0.15 | | |
| 4 | 粗精加工外槽 | T02 | | 800 | 0.15 | | |
| 5 | 加工V形槽 | T03 | | 800 | 0.2 | | |
| 6 | 加工燕尾槽 | T03 | | 400 | 0.15 | | |
| 7 | 粗车内形 | T04 | | 600 | 0.2 | | |
| 8 | 精车内形 | T05 | | 300 | 0.15 | | |
| 9 | 切退刀槽 | T06 | | 500 | 0.1 | | |
| 10 | 车内螺纹 | T07 | | 300 | 1.5 | | |
| 安装2：自定心卡盘夹自制台阶套，调整偏心 | | | | | | | |
| 1 | 车右端端面 | T01 | | 800 | 0.15 | | |
| 2 | 粗加工右端外形 | T02 | | 800 | 0.2 | | |
| 3 | 精加工右端外形 | T02 | | 1200 | 0.15 | | |
| 4 | 加工螺纹退刀槽 | T03 | | 400 | 0.2 | | |
| 5 | 车外螺纹 | T09 | | 400 | 0.15 | | |
| 安装3：自定心卡盘一夹一顶夹持工件左端φ63.5mm外圆（用3个弧形夹块），后顶中心孔 | | | | | | | |
| 1 | 粗车外形各曲面 | T08 | | 800 | | | |
| 2 | 精车外形各曲面 | T08 | | 1000 | | | |

| 编制 | | 审核 | | 批准 | | 年　月　日 | | 共　页 | | 第　页 |
|---|---|---|---|---|---|---|---|---|---|---|

说明：

1）用自制30°燕尾槽刀车燕尾槽时，因刀具比较锋利，强度小，主轴转速不宜过高，确定为400r/min。

2）车内孔、内螺纹时，因刀具悬伸较长，转速不能过高，车内孔时确定为600 r/min，车螺纹时确定为300 r/min。

3）用30°外圆尖刀精车工件外形时，因有较高的表面粗糙度要求，主轴转速应较高，确定为 1200 r/min。

（二）综合零件二

完成如图 5-58 所示零件的数控加工工艺编制。零件毛坯是材料为 45 钢的圆棒料。

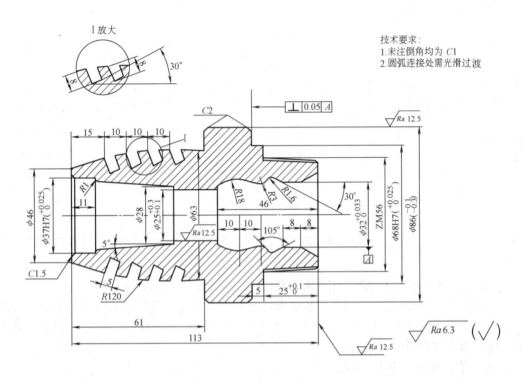

图 5-58　综合零件加工

**1. 零件的数控加工工艺**

1）零件图工艺分析。该零件型面复杂、加工精度要求较高。零件孔内内圆弧面和孔口尺寸都有较严的要求，且不易加工。圆弧外表面上的斜槽结构特殊，需准备专用刀具。图样所给出的各几何条件较为充分、清晰、标注无误，大多数可作为编程数值直接采用。由于内孔几何形状较复杂，各部尺寸不能直接得到，需要进行复杂的计算，考虑到工效，可以采用计算机应用 CAD 软件计算得到。

2）确定零件毛坯尺寸为 $\phi90\text{mm} \times 120\text{mm}$。

3）对于图样上的几个较严公差尺寸，因其公差数值较小，故不考虑在编程时取最大和最小极限尺寸的平均值，而全部取其基本尺寸即可。

4）选定设备。根据零件的几何形状和材料等条件，加工此零件时选用 CK6140 型数控车床。

5）确定零件的定位基准和装夹方式

1）定位基准：此零件加工需分三道工序，所以每道工序应有其定位基准。

① 粗车工序：以毛坯件外圆、左端面为定位基准。

② 精车工序 1：以上道工序粗车的外圆为定位基准。

③ 精车工序2：以台阶爪夹 $\phi$86mm 外圆、端面顶靠装夹工件。

2）装夹方式：考虑到数控车床的高效率，装夹应多用台阶爪夹持工件，既可以保证定位精度，又可方便装卸工件。此零件加工各工序均选用合适的台阶爪。

**2. 刀具选择**

编制刀具卡，见表5-31。

表 5-31　刀具卡　　　　　　　编制人　　年　月　日

| 零件名称 | | | 零件图号 | | | 数控系统 | |
|---|---|---|---|---|---|---|---|
| 序号 | 刀具号 | 刀具名称及规格 | 刀具材料 | 刀尖半径 $R$/mm | 刀位点 | 加工表面 |
| 1 | T01 | 85°菱形外圆车刀 | 硬质合金 | 0.2 | 刀尖 | 车右端外形 |
| 2 | T02 | 55°菱形外圆车刀 | 硬质合金 | | 刀尖 | 车外槽、车端面 |
| 3 | T03 | 85°菱形外圆车刀 | 硬质合金 | 0.2 | 刀尖 | 车端面槽 |
| 4 | T04 | 35°菱形内孔车刀 | 硬质合金 | 0.2 | 刀尖 | |
| 5 | T05 | 外螺纹刀 | 硬质合金 | | 刀尖 | 车外螺纹 |
| 6 | T06 | 自制5mm宽切槽刀 | 硬质合金 | 0.2 | 刀尖 | |

说明：

1）加工所用刀具均为山特维克可乐满刀具。

2）外圆弧上斜槽的加工需用手工磨制成特殊形状的刀具，刀具在结构角度上着重考虑两点：①选取较大的后角（30°左右）；②选取较大前角，使刀具锋利、断屑槽较长，利于排屑，保护两侧面表面质量。

**3. 加工工艺编制**（见表5-32）

表 5-32　机械加工工艺过程卡

| 工序号 | 工序名称 | 工序内容 | 加工设备 |
|---|---|---|---|
| 1 | 下料 | $\phi$90mm×118mm | 带锯机 |
| 2 | 粗车左端外形、钻孔 | （1）自定心卡盘夹 $\phi$90mm 外圆一端。平端面、车外圆 $\phi$88mm×60mm | C6140 |
| | | （2）调头，自定心卡盘夹 $\phi$88mm 外圆。粗车左端外形，精车留余量3mm | |
| | | （3）钻通孔 | |
| 3 | 精车左端内外形 | （1）自定心卡盘夹 $\phi$88mm 外圆。平端面、车 $R$120mm 圆弧、车外圆 $\phi$86mm，倒角 $C$2 | 数控车 |
| | | （2）车左端内外形至尺寸（含 $\phi$25mm 内孔） | |
| | | （3）切 $R$120mm 圆弧上的斜槽 | |
| 4 | 粗精车右端内外形 | （1）自定心卡盘夹 $\phi$86mm 外圆。平端面保总长113mm | 数控车 |
| | | （2）车 $C$2 倒角、$\phi$68H7×5mm、锥螺纹外圆 | |
| | | （3）镗内孔至尺寸 | |
| | | （4）车外螺纹 ZM56 | |
| 5 | 全检 | 检验卡片（略） | |

**4. 编制数控加工工序卡**（见表5-33）

表 5-33　数控加工工序卡　　编制人　　年　月　日

| 单位 | | 产品名称或代码 | | 零件名称 | 材料 | | 零件图号 |
|---|---|---|---|---|---|---|---|
| | | | | 综合零件 | | | |
| 工序号 | 程序编号 | 夹具名称 | | 夹具编号 | 使用设备 | | 车间 |
| | | 自定心卡盘 | | | CK6140 | | |
| 工步号 | 工步内容 | 刀具号 | 刀具规格/mm | 主轴转速/(r/min) | 进给速度/(mm/r) | 背吃刀量/mm | 备注 |
| 安装 1：自定心卡盘夹 $\phi$88mm 外圆（工序 3） | | | | | | | |
| 1 | 平左端面 | T01 | | 800 | 0.15 | | |
| 2 | 粗加工左端外形 | T02 | | 800 | 0.2 | | |
| 3 | 精加工左端外形 | T01 | | 1200 | 0.15 | | |
| 4 | 粗车内形 | T03 | | 800 | 0.15 | | |
| 5 | 精车内形 | T03 | | 800 | 0.2 | | |
| 6 | 粗精加工外槽 | T06 | | 400 | 0.15 | | |
| 安装 2：自定心卡盘夹 $\phi$86mm 外圆（工序 4） | | | | | | | |
| 1 | 车右端端面 | T01 | | 800 | 0.15 | | |
| 2 | 粗加工右端外形 | T01 | | 800 | 0.2 | | |
| 3 | 精加工右端外形 | T01 | | 1200 | 0.15 | | |
| 4 | 粗车内形 | T04 | | 800 | 0.2 | | |
| 5 | 精车内形 | T04 | | 800 | 0.15 | | |
| 6 | 车外螺纹 | T05 | | 400 | | | |
| 编制 | | 审核 | | 批准 | 年　月　日 | 共　页 | 第　页 |

（三）综合零件三

下面以在 CK6140 型数控车床上加工一典型轴套类零件的一道工序为例说明其数控车削加工工艺设计过程。如图 5-59 所示为本工序的工序图，图 5-60 所示为该零件进行本工序数控加工前的工序图。

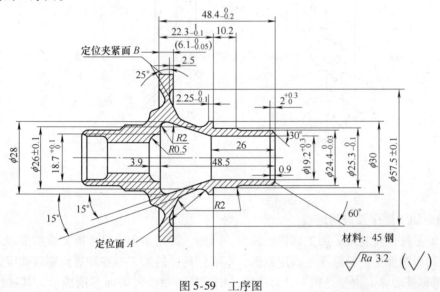

图 5-59　工序图

### 1. 零件数控加工工艺分析

由图5-59可知，本工序加工的部位较多，精度要求较高，且工件壁薄易变形。

从结构上看，该零件由内、外圆柱面，内、外圆锥面，平面及圆弧等组成，结构形状较复杂，很适合数控车削加工。

从尺寸精度上看，$\phi24.4_{-0.03}^{0}$ mm 和 $6.1_{-0.05}^{0}$ mm 两处加工精度要求较高，需仔细对刀和认真调整机床。此外，工件外圆锥面上有几处 $R2$ mm 圆弧面，由于圆弧半径较小，可直接用

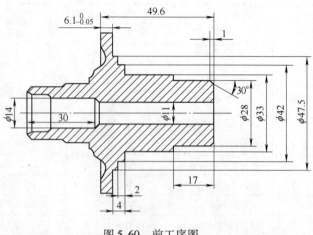

图5-60　前工序图

成形刀车削而不用圆弧插补程序切削，这样既可减小编程工作量，又可提高切削效率。

此外，该零件的轮廓要素描述、尺寸标注均完整，且尺寸标注有利于定位基准与编程原点的统一，便于编程加工。

### 2. 确定装夹方案

为了使工序基准与定位基准重合，减小本道工序的定位误差，并敞开所有的加工部位，选择 A 面和 B 面分别为轴向和径向定位基础，以 B 面为夹紧表面。由于该工件属薄壁易变形件，为减小夹紧变形，采用如图5-61所示包容式软爪。这种软爪其底部的端齿在卡盘（液压或气动卡盘）上定位，能保持较高的重复安装精度。为了加工中对刀和测量的方便，可以在软爪上设定一个基准面，这个基准面是在数控车床上加工软爪的径向夹持表面和轴向支撑表面时一同加工出来的。基准面至轴向支撑面的距离可以控制得很准确。

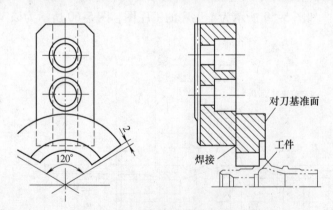

图5-61　包容式软爪

### 3. 确定加工顺序及进给路线

由于该零件比较复杂，加工部位比较多，因而，需用多把刀具才能完成切削加工。根据加工顺序和切削加工进给路线的确定原则，本零件具体的加工顺序和进给路线确定如下。

1）粗车外表面。由于是粗车，可选用一把刀具将整个外表面车削成形，其进给路线如

图 5-62 所示。图中虚线是对刀时的进给路线（用 10mm 的量块检查停在对刀点的刀尖至基准面的距离，下同）。

2）半精车外锥面。25°、15° 两圆锥面及三处 $R2mm$ 的过渡圆弧共用一把成形刀车削，如图 5-63 所示为其进给路线。

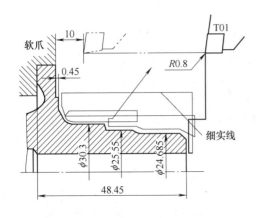

图 5-62　粗车外表面进给路线

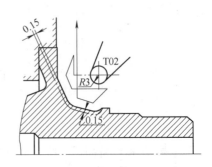

图 5-63　半精车外锥面及 $R2mm$ 圆弧

3）粗车内孔端部。本工步的进给路线如图 5-64 所示。

4）钻削内孔深部，如图 5-65 所示。

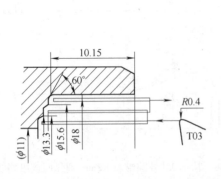

图 5-64　内孔端部粗车进给路线

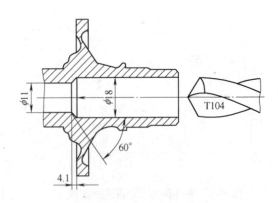

图 5-65　内孔深部钻削

工步 3）和工步 4）均为对内孔表面进行粗加工，加工内容相同，一般可合并为一个工步，或用车削，或用钻削，此处将其划分成两个工步的原因是在离夹持部位较远的孔端部安排一个车削工步可减小切削变形，因为车削力比钻削力小；在孔深处安排一钻削工步可提高加工效率，因为钻削效率比车削高，且切屑易于排出。

5）粗车内锥面及半精车其余内表面。其具体加工内容为半精车 $\phi19.2_{0}^{+0.3}$ mm 内圆柱面、$R2mm$ 圆弧面及左侧内表面，粗车 15° 内圆锥面。由于内圆锥面需切余量较多，故一共进给 4 次，进给路线如图 5-66 所示，每两次进给之间都安排一次退刀停机，以便操作者及时清除孔内切屑。

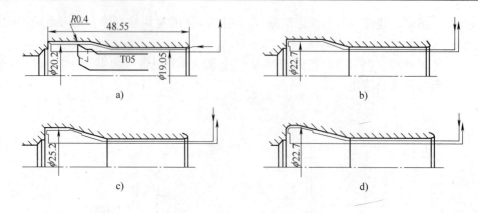

图 5-66　内表面半精车进给路线

a）第一次进给　b）第二次进给　c）第三次进给　d）第四次进给

6）精车外圆柱面及端面。依次加工右端面，$\phi24.385$mm、$\phi25.25$mm、$\phi30$mm 外圆及 $R2$mm 圆弧，倒角和台阶面，其加工路线如图 5-67 所示。

7）精车 25° 外圆锥面及 $R2$mm 圆弧面。用带 $R2$mm 的圆弧车刀，精车外圆锥面，其进给路线如图 5-68 所示。

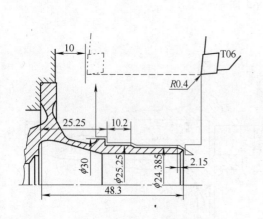

图 5-67　精车外圆及端面进给路线

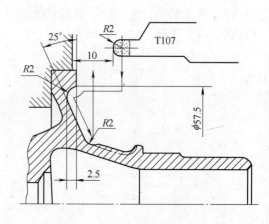

图 5-68　精车 25° 外圆锥及 $R2$mm 圆弧面进给路线

8）精车 15° 外圆锥面及 $R2$mm 圆弧面，其进给路线如图 5-69 所示。程序中同样在软爪基准面进行选择性对刀，但应注意的是受刀具圆弧 $R2$mm 制造误差的影响，对刀后不一定能满足图 5-59 中的尺寸 $2.25_{-0.1}^{0}$mm 的公差要求。对于该刀具的轴向刀补量，还应根据刀具圆弧半径的实际值进行处理，不能完全由对刀决定。

9）精车内表面。其具体车削内容为 $\phi19.2_{0}^{+0.3}$mm 内孔、15° 内锥面、$R2$mm 圆弧及锥孔端面。其进给路线如图 5-70 所示，该刀具在工件外端面上进行对刀，此时外端面上已无加工余量。

10）加工最深处 $\phi18.7_{0}^{+0.1}$mm 内孔及端面。加工需安排二次进给，中间退刀一次以便清除切屑，其进给路线如图 5-71、图 5-72 所示。

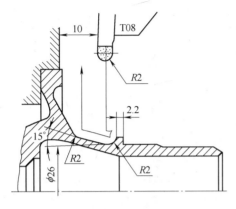

图 5-69　精车 15°外圆锥面进给路线

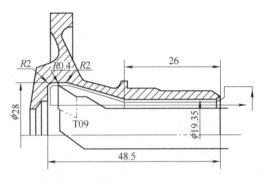

图 5-70　精车内表面进给路线

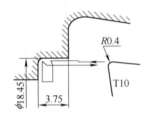

图 5-71　深内孔车削第一次进给路线

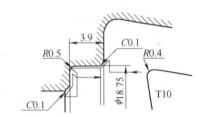

图 5-72　深内孔车削第二次进给路线

在安排本工步进给路线时，要特别注意妥善安排内孔根部端面车削时的进给方向。因为刀具伸入较长，刀具刚性欠佳，如采用与图示反方向进给车削端面，则切削时容易产生振动。

在图 5-72 中可以看到两处 C0.1 的倒角加工，类似这样的小倒角或小圆弧的加工，是数控车削的程序编制中精心安排的，这样可使加工表面之间圆滑过渡。只要图样上无"保持锐角边"的特殊要求，均可照此处理。

### 4. 刀具的选择

根据加工要求和各工步加工表面形状选择刀具。所选刀具除成形车刀外，都是机夹可转位车刀。各工步所用刀具、切削用量的选择见表 5-34。

表 5-34　刀具和切削用量的选择

| 加工要求 | 刀具 | 切削用量 |
|---|---|---|
| 粗车外表面 | 80°的菱形车刀，型号为 CC—MT097308 | 车削端面时主轴转速 $n = 1400\text{r/min}$，其余部位 $n = 1000\text{r/min}$，端部倒角进给量 $f = 0.15\text{mm/r}$，其余部位 $f = 0.2 \sim 0.25\text{mm/r}$。 |
| 半精车外锥面 | $\phi 6\text{mm}$ 的圆形车刀，型号为 RC—MH060200 | 主轴转速 $n = 1000\text{r/min}$，切入时的进给量 $f = 0.1\text{mm/r}$，进给时 $f = 0.2\text{mm/r}$ |
| 粗车内孔端部 | 60°且带 $R0.4\text{mm}$ 圆刃的三角形车刀，型号为 TCMT090204 | 主轴转速 $n = 1000\text{r/min}$，进给量 $f = 0.1\text{mm/r}$ |
| 钻削内孔 | $\phi 18\text{mm}$ 的钻头 | 主轴转速 $n = 550\text{r/min}$，进给量 $f = 0.15\text{mm/r}$ |
| 粗车内锥面及半精车其余内表面 | 55°且带 $R0.4\text{mm}$ 圆弧刃的菱形车刀，型号为 DNMA110404 | 主轴转速 $n = 700\text{r/min}$，车削 $\phi 19.05\text{mm}$ 内孔时进给量 $f = 0.2\text{mm/r}$，车削其余部位时 $f = 0.1\text{mm/r}$ |

（续）

| 加工要求 | 刀具 | 切削用量 |
|---|---|---|
| 精车外端面及外圆柱面 | 80°且带 $R0.4$mm 圆弧刃的菱形车刀，型号为 CCMW080304 | 主轴转速 $n = 1400$r/min，进给量 $f = 0.15$mm/r |
| 精车 25°圆锥面及 $R2$mm 圆弧面刀具 | $R2$mm 的圆弧成形车刀 | 主轴转速 $n = 700$r/min，进给量 $f = 0.1$mm/r |
| 精车 15°外圆锥面及 $R2$mm 圆弧面 | $R2$mm 的圆弧成形车刀 | 切削用量与精车 25°外圆锥面相同 |
| 精车内表面 | 55°且带 $R0.4$mm 圆弧刃的菱形车刀，型号为 DNMA110404 | 主轴转速 $n = 1000$r/min，进给量 $f = 0.1$mm/r |
| 内孔及端面 | 80°且带 $R0.4$mm 圆弧刃的菱形车刀，型号为 CCMW060204 | 主轴转速 $n = 1000$r/min，进给量 $f = 0.1$mm/r |

　　在确定了零件的进给路线并选择了切削刀具之后，若使用刀具较多，为直观起见，可结合零件定位和编程加工的具体情况，绘制一份刀具调整图。如图 5-73 所示为本例的刀具调整图。

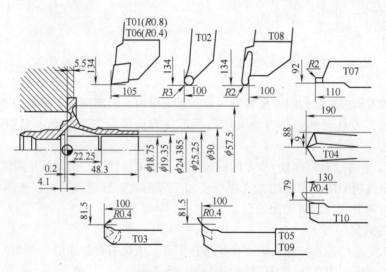

图 5-73　刀具调整图

　　在刀具调整图中，要反映如下内容：

　　1）本工序所需刀具的种类、形状、安装位置、预调尺寸和刀尖圆弧半径值等，有时还包括刀补号。

　　2）刀位点。若以刀具端点为刀位点时，则刀具调整图中 $X$ 向和 $Z$ 向的预调尺寸终止线交点即为该刀具的刀位点。

　　3）工件的安装方式及待加工部位。

　　4）工件的坐标原点。

　　5）主要尺寸的程序设定值（一般取为工件尺寸的中值）。

### 5. 切削用量的选择

　　根据查表及计算确定切削用量（查表计算过程略），各工序切削用量具体参数见

表 5-34。

## 6. 填写工艺文件

1）按加工顺序将各工步的加工内容、所用刀具及切削用量等填入表 5-35 中。

表 5-35　数控加工工序卡

| 单位 | ××× | 产品名称或代码 | | 零件名称 | 材料 | 零件图号 |
|---|---|---|---|---|---|---|
| | | ××× | | 轴套 | 45 钢 | ××× |
| 工序号 | 程序编号 | 夹具名称 | | 夹具编号 | 试用设备 | 车间 |
| ××× | ××× | 包容式软三爪 | | ××× | CK6140 | ××× |
| 工步号 | 工步内容 | 刀具号 | 刀具规格/mm | 主轴转速/(r/min) | 进给速度/(mm/min) | 背吃刀量/mm | 备注 |
| 1 | 粗车外表面分别至尺寸 $\phi$24.68mm，25.55mm，0.3mm；粗车端面 | T01 | | 1000 1400 | 0.2~0.25 0.15 | | |
| 2 | 半精车外锥面，留精车余量 0.15mm | T02 | | 1000 | 0.1 | | |
| 3 | 粗车深度 10.15mm 的 $\phi$18mm 内孔 | T08 | | 1000 | 0.1 | | |
| 4 | 钻 $\phi$18mm 内孔深部 | T04 | | 550 | 0.15 | | |
| 5 | 粗车内锥面及半精车内表面分别至尺寸 $\phi$27.7mm 和 $\phi$19.05mm | T05 | | 700 | 0.2 | | |
| 6 | 精车外圆柱面及端面至尺寸要求 | T06 | | 1400 | 0.15 | | |
| 7 | 精车 25° 外锥面及 $R$2mm 圆弧面至尺寸要求 | T07 | | 700 | 0.1 | | |
| 8 | 精车 15° 锥面及 $R$2mm 圆弧面至尺寸要求 | T08 | | 700 | 0.1 | | |
| 9 | 精车内表面至尺寸要求 | T09 | | 1000 | 0.1 | | |
| 10 | 车削深处 $\phi18.7^{+0.1}_{0}$ mm 及端面至尺寸要求 | T10 | | 1000 | 0.1 | | |
| 编制 | ××× | 审核 | ××× | 批准 | ××× | 年 月 日 | 共 页　第 页 |

2）将选定的各工步所用刀具的刀具型号、刀片型号、刀片牌号及刀尖圆弧半径等填入表 5-36 中。

表 5-36　数控加工刀具卡

| 产品名称或代号 | ××× | | 零件名称 | 轴套零件 | 零件图号 | ××× | 程序编号 | ××× |
|---|---|---|---|---|---|---|---|---|
| 工步号 | 刀具号 | 刀具名称 | 刀具型号 | 刀片 | | 刀尖半径/mm | 备注 | |
| | | | | 型号 | 牌号 | | | |
| 1 | T01 | 机夹可转位车刀 | PCGCL2525—09Q | CCMT097308 | GC435 | 0.8 | | |
| 2 | T02 | 机夹可转位车刀 | PRJCL2525—06Q | RCMT060200 | GC435 | 3 | | |

（续）

| 产品名称或代号 | ×××| 零件名称 | 轴套零件 | 零件图号 | ××× | 程序编号 | ××× |
|---|---|---|---|---|---|---|---|
| 工步号 | 刀具号 | 刀具名称 | 刀具型号 | 刀片 | | 刀尖半径/mm | 备注 |
| | | | | 型号 | 牌号 | | |
| 3 | T03 | 机夹可转位车刀 | PTJCL1010—09Q | TCMT090204 | GC435 | 0.4 | |
| 4 | T04 | φ18mm 钻头 | | | | | |
| 5 | T05 | 机夹可转位车刀 | PDJNL1515—11Q | DNMA110404 | GC435 | 0.4 | |
| 6 | T06 | 机夹可转位车刀 | PCGCL2525—08Q | CCMW080304 | GC435 | 0.4 | |
| 7 | T07 | 成形车刀 | | | | 2 | |
| 8 | T08 | 成形车刀 | | | | 2 | |
| 9 | T09 | 机夹可转位车刀 | PDJNL1515—11Q | DNMA110404 | GC435 | 0.4 | |
| 10 | T10 | 机夹可转位车刀 | PCJNL1515—06Q | CCMW060204 | GC435 | 0.4 | |
| 编制 | ××× | 审核 | ××× | 批准 | ××× | 共　页 | 第　页 |

注：刀具型号组成见国家标准 GB/T 5343.1—2007《可转位车刀及刀夹　第1部分：型号表示规则》和 GB/T 5343.2—2007《可转位车刀及刀夹　第2部分：可转位车刀型式尺寸和技术条件》；刀片型号和尺寸见有关刀具手册，GC435 为 Sand Vik（山特维克）公司涂层硬质合金刀片牌号。

3）将各工步的进给路线（图 5-62~图 5-72）绘成文件形式的进给路线图。上述二卡一图是编制该轴套零件本工序数控车削加工程序的主要依据。

## 复习思考题

1. 数控车床有哪些种类？有何特点？
2. 试述数控车削的加工对象。
3. 数控车床的典型结构有哪些？
4. 试述数控车削用车刀的类型及应用。
5. 试述常用车刀的几何参数及选用。
6. 举例说明可转位车刀车刀体的编码规则。
7. 数控车削时切削用量如何选择？
8. 数控车削加工工序如何划分？
9. 数控车削加工顺序和进给路线如何确定？
10. 完成图 5-74 所示零件加工工艺编制，毛坯为 φ40mm×83mm 圆棒料。
11. 完成图 5-75 所示零件加工工艺编制，毛坯为 φ45mm×115mm 圆棒料。
12. 完成图 5-76 所示短轴的加工工艺编制。
13. 完成如图 5-77 所示零件加工工艺编制，毛坯为 φ50mm×93mm 圆棒料。
14. 完成如图 5-78 所示零件加工工艺编制，毛坯为 φ60mm×170mm 圆棒料。
15. 完成图 5-79 所示轴套的加工工艺编制。
16. 完成图 5-80 所示零件加工工艺编制，毛坯为 φ105mm×88mm 圆棒料。
17. 完成图 5-81 所示零件加工工艺编制。

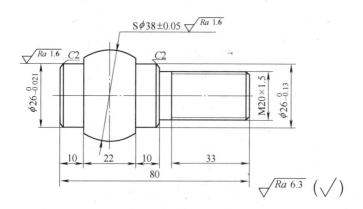

图 5-74　调节螺杆

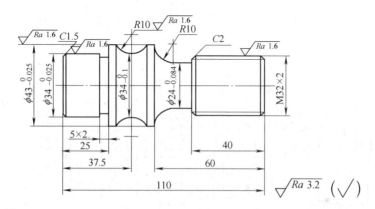

图 5-75　传动轴

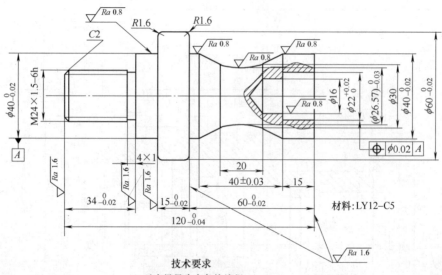

材料:LY12-C5

### 技术要求

1. 以小批量生产条件编程。
2. 不准用砂布及锉刀等修饰表面。
3. 未注公差尺寸按 GB/T1804 执行。
4. 毛坯尺寸φ65mm×130mm。

图 5-76　短轴

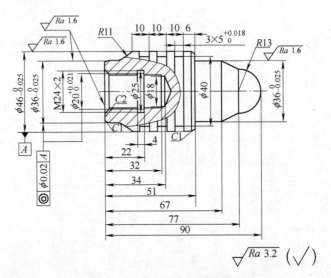

图 5-77 带孔轴

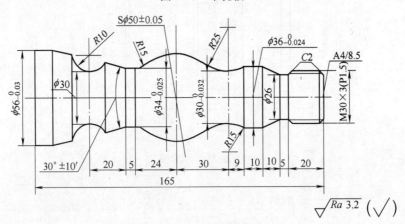

图 5-78 长轴加工

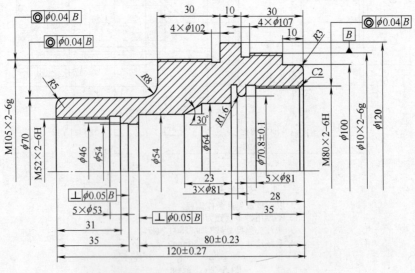

图 5-79 轴套

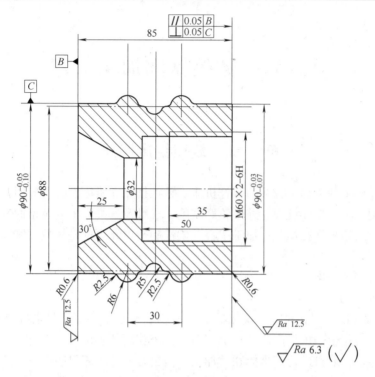

图 5-80　轴套

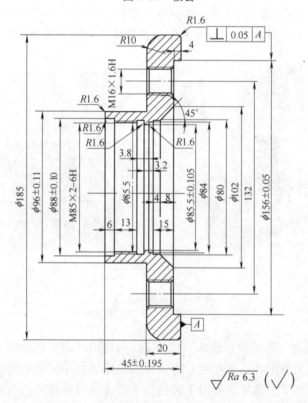

图 5-81　端盖

# 第六章 数控铣削加工工艺

## 第一节 数控铣床概述

数控铣床是以铣削为加工方式的数控机床。数控铣床在机床设备中应用非常广泛，它能够进行平面铣削、平面型腔铣削、外形轮廓铣削、三维及三维以上复杂型面铣削，还可进行钻削、镗削、螺纹切削等孔加工。加工中心、柔性制造单元等都是在数控铣床的基础上产生和发展起来的。

### 一、数控铣床的分类

#### 1. 按主轴位置分

（1）立式数控铣床 立式数控铣床的主轴轴线垂直于水平面，是数控铣床中最常见的一种布局形式，应用范围也最广泛。从机床数控系统控制的坐标数量来看，目前三坐标数控立铣仍占大多数。一般可进行三坐标联动加工，但也有部分机床只能进行三个坐标中的任意两个坐标联动加工（常称为两轴半坐标加工）。此外，还有可以绕 X、Y、Z 坐标轴中的其中一个或两个轴做旋转运动的四坐标和五坐标数控立铣。如图 6-1a 所示为立式数控铣床，一般用在中型数控铣床中；图 6-1b 所示为龙门数控铣床，大型数控铣床多采用此种结构。

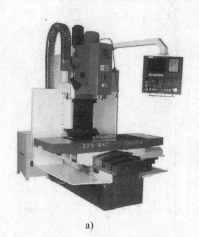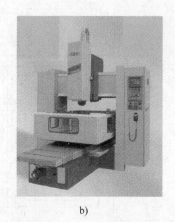

a)                    b)

图 6-1 立式数控铣床
a) 立式数控铣床 b) 龙门数控铣床

（2）卧式数控铣床 卧式数控铣床（图6-2）与通用卧式铣床相同，其主轴轴线平行于水平面。为了扩大加工范围和扩充功能，卧式数控铣床通常采用增加数控转盘或万能数控转盘来实现四、五坐标加工。这样，不但工件侧面上的连续回转轮廓可以加工出来，而且可以实现在一次安装中，通过转盘改变工位，进行"四面加工"。

（3）立卧两用数控铣床 这类铣床的主轴方向可以更换，能达到在一台机床上既可以进行立式加工，又可以进行卧式加工，而同时具备上述两类机床的功能，其使用范围更广，功能更全，选择加工对象的余地更大，且给用户带来不少方便。特别是生产批量小，品种较多，又需要立、卧两种方式加工时，用户只需买一台这样的机床就行了。主轴轴线方向可以变换，使一台铣床同时具备立式数控铣床和卧式数控铣床的功能。这类铣床适应性更强，适用范围广，生产成本低，所以数量逐渐增多。

图6-2 卧式数控铣床

立卧两用式数控铣床靠手动和自动两种方式更换主轴方向。有些立卧两用式数控铣床采用主轴头可以任意方向转换的万能数控主轴头，使其可以加工出与水平面成不同角度的工件表面。还可以在这类铣床的工作台上增设数控转盘，以实现对零件的"五面加工"。

**2. 按系统功能分**

（1）经济型数控铣床 经济型数控铣床（图6-3）是在普通铣床基础上改造而来的，采用经济型数控系统，成本低，机床功能较少，主轴转速和进给速度不高，主要用于精度要求不高的简单平面或曲面类零件的加工。

（2）全功能数控铣床 全功能数控铣床（图6-4）一般采用半闭环或闭环控制，控制系统功能较强，一般可实现四坐标或以上的联动，加工适应性强，应用最为广泛。

图6-3 经济型数控铣床

图6-4 全功能数控铣床

（3）高速数控铣床 高速数控铣床（图6-5）主轴转速为8000～40000r/min、进给速度可达10～30m/min，采用全新的机床结构（主体结构及材料变化）、功能部件（电主轴、直线电动机驱动进给）和功能强大的数控系统，并配以加工性能优越的刀具系统，可对大面积的曲面进行高效率、高质量的加工。

图6-5 高速数控铣床

**二、数控铣床的特点**

数控铣削加工除了具有普通铣床加工的特点外，还有如下特点：

1）零件加工的适应性强、灵活性好，能加工轮廓形状特别复杂或难以控制尺寸的零件，如模具类零件、壳体类零件等。

2）能加工普通机床无法加工或很难加工的零件，如用数学模型描述的复杂曲线零件以及三维空间曲面类零件。

3）能加工一次装夹定位后，需进行多道工序加工的零件。

4）加工精度高、加工质量稳定可靠。

5）生产自动化程序高，可以减轻操作者的劳动强度，有利于生产管理自动化。

6）生产效率高。

7）从切削原理上讲，无论端铣或是周铣都属于断续切削方式，而不像车削那样连续切削，因此，对刀具的要求较高，应具有良好的抗冲击性、韧性和耐磨性。在干式切削状况下，还要求有良好的热硬性。

### 三、数控铣床主要加工对象

#### 1. 数控铣床主要功能

各种类型数控铣床所配置的数控系统虽然各有不同，但各种数控系统的功能，除一些特殊功能不尽相同外，其主要功能基本相同。

（1）点位控制功能　此功能可以实现对相互位置精度要求很高的孔系进行加工。使用孔加工固定循环可实现钻孔、铰孔、锪孔、镗孔、攻螺纹。

（2）连续轮廓控制功能　此功能可以实现直线、圆弧的插补功能及非圆曲线的加工。

（3）刀具半径补偿功能　此功能可以根据零件图样的标注尺寸来编程，而不必考虑所用刀具的实际半径尺寸，从而减少编程时的复杂数值计算。

（4）刀具长度补偿功能　此功能可以自动补偿刀具的长短，以适应加工中对刀具长度尺寸调整的要求。

（5）比例及镜像加工功能　比例功能可将编好的加工程序按指定比例改变坐标值来执行。镜像加工又称轴对称加工，如果一个零件的形状关于坐标轴对称，那么只要编出一个或两个象限的程序，而其余象限的轮廓就可以通过镜像加工来实现。

（6）旋转功能　该功能可将编好的加工程序在加工平面内旋转任意角度来执行。

（7）子程序调用功能　有些零件需要在不同的位置上重复加工同样的轮廓形状，将这一轮廓形状的加工程序作为子程序，在需要的位置上重复调用，就可以完成对该零件的加工。如图6-6所示为用子程序方式加工的零件。

（8）宏程序功能　该功能可用一个总指令代表实现某一功能的一系列指令，并能对变量进行运算，使程序更具灵活性和方便性。

图6-6　用子程序方式加工的零件

（9）自动加减速控制　自动调整进给速度，保持正常而良好的加工状态。

（10）数据输入输出及DNC功能　可输入输出数据；执行大的加工程序；计算机直接数控（DNC）。

（11）自诊断功能　自诊断是数控系统在运转中的自我诊断，它是数控系统的一项重要功能，对数控机床的维修具有重要的作用。

**2. 数控铣床主要加工对象**

数控铣床用来加工精密、复杂的平面类、曲面类零件。

（1）平面类零件 加工面平行、垂直于水平面或其加工面与水平面的夹角为定角的零件称为平面类零件。这类加工面可展开为平面，如图 6-7 所示的三个零件均为平面类零件。其中，曲线轮廓面 $A$ 垂直于水平面，可采用圆柱立铣刀加工。凸台侧面 $B$ 与水平面成一定角度，这类加工面可以采用专用的角度成形铣刀来加工。对于斜面 $C$，当工件尺寸不大时，可用斜板垫平后加工；当工件尺寸很大、斜面坡度又较小时，也常用行切加工法加工，这时会在加工面上留下进刀时的刀锋残留痕迹，要用钳修方法加以清除。图 6-8 所示为典型平面类零件。

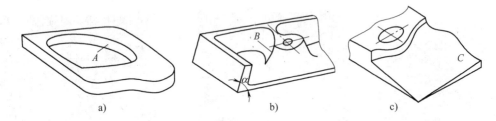

图 6-7 平面类零件

a）带平面轮廓的平面类零件 b）带正圆台和斜肋的平面类零件 c）带斜平面的平面类零件

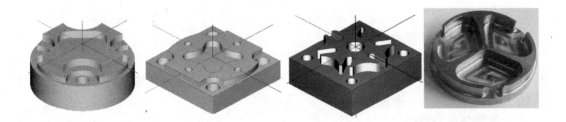

图 6-8 典型平面类零件

（2）变斜角类零件 加工面与水平面的夹角呈连续变化的零件称为变斜角类零件。这类零件多为飞机零件，如飞机上的整体梁、框、缘条与肋等；此外还有检验夹具与装配型架等也属于变斜角类零件。图 6-9 所示为飞机上的一种变斜角梁缘条，该零件的上表面在第 2 肋至第 5 肋的斜角 $\alpha$ 从 3°10′ 均匀变化为 2°32′，从第 5 肋至第 9 肋再均匀变化为 1°20′，从第 9 肋到第 12 肋又均匀变化为 0°。

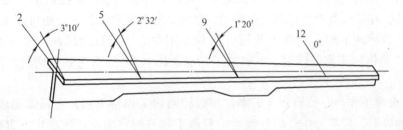

图 6-9 变斜角类零件

变斜角类零件的变斜角加工面不能展开为平面，但在加工中，加工面与铣刀圆周接触的瞬间为一条直线。最好采用四坐标和五坐标数控铣床摆角加工，在没有上述机床时，也可在三坐标数控铣床上采用行切加工法实现两轴半坐标近似加工。

**3. 曲面类（立体类）零件**

加工面为空间曲面的零件称为曲面类零件，如模具、叶片、螺旋桨等。曲面类零件的加工面不能展开为平面，加工时，加工面与铣刀始终为点接触。加工曲面类零件一般采用三坐标数控铣床。当曲面较复杂、通道较狭窄、会伤及毗邻表面及需刀具摆动时，要采用四坐标或五坐标铣床。图6-10所示为曲面类（立体类）零件。

图6-10　曲面类（立体类）零件

**四、数控铣床主要技术参数**

数控铣床主要技术参数包括工作台尺寸、工作台承重，坐标行程，主轴转速范围、功率，主轴孔锥度，主轴端面到工作台的距离，定位精度、重复定位精度，快速进给速度、切削进给速度，外形尺寸，净重等。

**五、数控铣床的结构**

**1. 数控铣床的基本组成**

数控铣床一般由数控系统、主传动系统、进给伺服系统、冷却润滑系统等几大部分组成。

**2. 工作台**

数控铣床的工作台有多种形式，最常用的主要有矩形、回转式两种。

（1）矩形工作台　用于直线坐标进给。

（2）数控回转工作台和数控分度工作台　用于回转坐标进给。

1）数控回转工作台。同直线进给工作台一样，是在数控系统的控制下，完成工作台的圆周进给运动，并能同其他坐标轴实行联动，以完成复杂零件的加工，还可以做任意角度转位和分度。数控回转工作台适用于数控铣床和加工中心，使机床增加一个或两个回转坐标，从而使三坐标机床实现四轴、五轴加工功能。图6-11所示为数控回转工作台的典型结构。

2）数控分度工作台。数控分度工作台与数控回转工作台不同，它只能完成分度运动。由于结构上的原因，分度工作台的分度运动只限于某些规定角度，如在0°～360°范围内每5°分一次或每1°分一次。

a)

b)

c)

图 6-11　数控回转工作台
a）方形回转工作台　b）圆形回转工作台　c）万能倾斜式回转工作台

## 第二节　数控铣削刀具及切削用量的选择

### 一、铣刀类型的选择

铣刀类型应与工件表面形状和尺寸相适应。加工较大的平面时应选择面铣刀；加工凹槽、较小的台阶面及平面轮廓时应选择立铣刀；加工空间曲面、模具型腔或凸模成形表面等多选用模具铣刀；加工封闭的键槽时选择键槽铣刀；加工变斜角零件的变斜角面时应选用鼓形铣刀；加工各种直的或圆弧形的凹槽、斜角面、特殊孔等应选用成形铣刀。

被加工零件的几何形状是选择刀具类型的主要依据。

1）加工曲面类零件时，为了保证刀具切削刃与加工轮廓在切削点相切，而避免切削刃与工件轮廓发生干涉，一般采用球头刀，粗加工用两刃铣刀，半精加工和精加工用四刃铣刀，如图 6-12 所示。

2）加工较大平面时，为了提高生产效率和降低加工表面粗糙度值，一般采用刀片镶嵌式盘形铣刀，如图 6-13 所示。

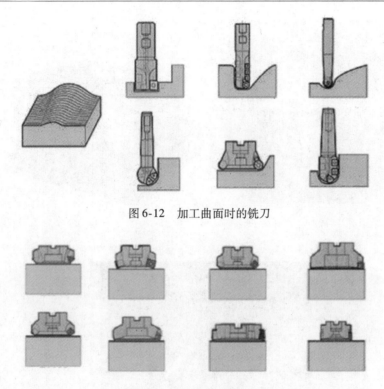

图 6-12　加工曲面时的铣刀

图 6-13　加工大平面时的铣刀

3）铣小平面或台阶面时一般采用通用铣刀，如图 6-14 所示。

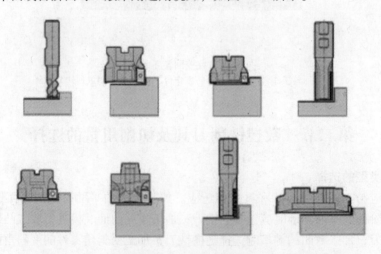

图 6-14　加工台阶面时的铣刀

4）铣键槽时，为了保证槽的尺寸精度、一般用两刃键槽铣刀，如图 6-15 所示。

5）加工孔时，可采用钻头、镗刀等孔加工刀具，如图 6-16 所示。

**二、可转位铣刀的选用**

目前可转位铣刀已广泛应用于各行业的高效、高精度铣削加工，其种类已基本覆盖了现有的全部铣刀类型。由于可转位铣刀结构各异、规格繁多，选用时有一定难度，而可转位铣

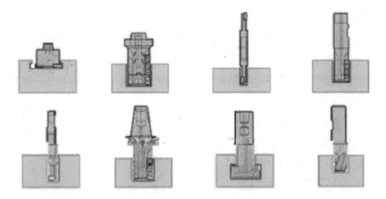

图 6-15　加工槽类铣刀

刀的正确选择和合理使用是充分发挥其效能的关键。

### 1. 铣刀结构选择

可转位铣刀一般由刀片、定位元件、夹紧元件和刀体组成。由于刀片在刀体上有多种定位与夹紧方式，刀片定位元件的结构又有不同类型，因此铣刀的结构形式有多种，分类方法也较多。选用时主要参照刀片排列方式。刀片排列方式可分为平装结构和立装结构两大类。

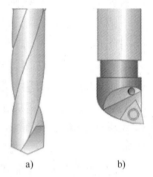

a)　　　　　　b)

图 6-16　孔加工刀具
a) 钻头　b) 镗刀

（1）平装结构（刀片径向排列）　平装结构铣刀（图6-17）的刀体结构工艺性好，容易加工，并可采用无孔刀片（刀片价格较低，可重磨）。由于需要夹紧元件，刀片的一部分被覆盖，容屑空间较小，且在切削力方向上的硬质合金截面较小，故平装结构的铣刀一般用于轻型和中量型的铣削加工。

（2）立装结构（刀片切向排列）　立装结构铣刀（图6-18）的刀片只用一个螺钉固定在刀槽上，结构简单，转位方便。虽然刀具零件较少，但刀体的加工难度较大，一般需用五坐标加工中心进行加工。由于刀片采用切削力夹紧，夹紧力随切削力的增大而增大，因此可省去夹紧元件，增大了容屑空间。由于刀片切向安装，在切削力方向的硬质合金截面较大，因而可进行大背吃刀量、大进给量切削，这种铣刀适用于重型和中量型的铣削加工。

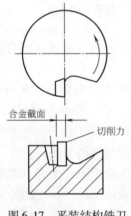

图 6-17　平装结构铣刀

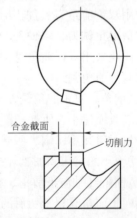

图 6-18　立装结构铣刀

### 2. 可转位铣刀的角度选择

可转位铣刀的角度有前角、后角、主偏角、副偏角、刃倾角等。各种角度中最主要的是主偏角和前角（制造厂的产品样本中对刀具的主偏角和前角一般都有明确说明）。

（1）主偏角 $\kappa_r$　主偏角为切削刃与切削平面的夹角。可转位铣刀的主偏角有90°、88°、75°、70°、60°、45°等几种。

主偏角对径向切削力和背吃刀量影响很大。径向切削力的大小直接影响切削功率和刀具的抗振性能。铣刀的主偏角越小，其径向切削力越小，抗振性也越好，但背吃刀量也随之减小。图6-19所示为主偏角 $\kappa_r$ 对切削力的影响。

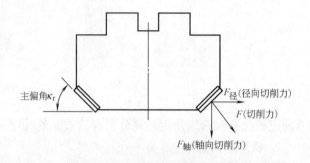

图6-19　主偏角 $\kappa_r$ 对切削力的影响

（2）前角 $\gamma$　铣刀的前角可分解为径向前角 $\gamma_f$ 和轴向前角 $\gamma_p$，径向前角 $\gamma_f$ 主要影响切削功率；轴向前角 $\gamma_p$ 则影响切屑的形成和进给力的方向，当 $\gamma_p$ 为正值时切屑即飞离加工面。径向前角 $\gamma_f$ 和轴向前角 $\gamma_p$ 正负的判别如图6-20所示。

常用的前角组合形式如下：

1）双负前角。双负前角的铣刀通常均采用方形（或长方形）无后角的刀片，刀具切削刃多（一般为8个），且强度高、抗冲击性好，适用于铸钢、铸铁的粗加工。由于切屑收缩比大，需要较大的切削力，因此要求机床具有较大功率和较高刚性。由于轴向前角为负值，切屑不能自动流出，当切削韧性材料时易出现积屑瘤和刀具振动。

凡能采用双负前角刀具加工时建议优先选用双负前角铣刀，以便充分利用

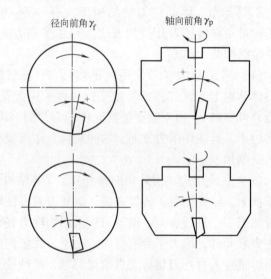

图6-20　前角 $\gamma$

和节省刀片。当采用双正前角铣刀产生崩刃（即冲击载荷大）时，在机床允许的条件下亦应优先选用双负前角铣刀。

2）双正前角。双正前角铣刀采用带有后角的刀片，这种铣刀楔角小，具有锋利的切削刃。由于切屑收缩比小，所耗切削功率较小，切屑成螺旋状排出，不易形成积屑瘤。这种铣刀最宜用于软材料和不锈钢、耐热钢等材料的切削加工。对于刚性差（如主轴悬伸较长的镗铣床）、功率小的机床和加工焊接结构件时，也应优先选用双正前角铣刀。

3）正负前角（轴向正前角、径向负前角）。这种铣刀综合了双正前角和双负前角铣刀的优点，轴向正前角有利于切屑的形成和排出；径向负前角可提高切削刃强度，改善抗冲击性能。此种铣刀切削平稳，排屑顺利，金属切除率高，适用于大余量铣削加工。

（3）可转位铣刀齿数（齿距）的选择　铣刀齿数多，可提高生产效率，但受容屑空间、刀齿强度、机床功率及刚性等的限制，不同直径铣刀的齿数均有相应规定。为满足不同用户的需要，同一直径的铣刀一般有粗齿、中齿、密齿三种类型。

1）粗齿铣刀适用于普通机床的大余量粗加工和软材料或切削宽度较大的铣削加工。当机床功率较小时，为使切削稳定，也常选用粗齿铣刀。

2）中齿铣刀是通用系列，使用范围广泛，具有较高的金属切除率和切削稳定性。

3）密齿铣刀主要用于铸铁、铝合金和有色金属的大进给速度切削加工。在专业化生产（如流水线加工）中，为充分利用设备功率和满足生产节奏要求，也常选用密齿铣刀（此时多为专用非标铣刀）。

（4）可转位铣刀直径的选择　铣刀直径的选用视产品及生产批量的不同差异较大，刀具直径的选用主要取决于设备的规格和工件的加工尺寸。

1）平面铣刀。选择平面铣刀直径时主要需考虑刀具所需功率应在机床功率范围之内，也可将机床主轴直径作为选取的依据。平面铣刀直径可按 $D = 1.5d$（$d$ 为主轴直径）选取。在批量生产时，也可按工件切削宽度的 1.6 倍选择刀具直径。

2）立铣刀。立铣刀直径的选择主要应考虑工件加工尺寸的要求，并保证刀具所需功率在机床额定功率范围以内。如果是小直径立铣刀，则应主要考虑机床的最高转数能否达到刀具的最低切削速度（60m/min）。

3）槽铣刀。槽铣刀的直径和宽度应根据加工工件尺寸选择，并保证其切削功率在机床允许的功率范围之内。

（5）可转位铣刀的最大背吃刀量　不同系列的可转位面铣刀有不同的最大背吃刀量。最大背吃刀量越大的刀具所用刀片的尺寸越大，价格也越高，因此从节约费用、降低成本的角度考虑，选择刀具时一般应按加工的最大余量和刀具的最大背吃刀量选择合适的规格。当然，还需要考虑机床的额定功率和刚性应能满足刀具使用最大背吃刀量时的需要。

（6）刀片牌号的选择　合理选择刀片硬质合金牌号的主要依据是被加工材料的性能和硬质合金的性能。一般选用铣刀时，可按刀具制造厂提供加工的材料及加工条件，来配备相应牌号的硬质合金刀片。

**三、立铣刀主要参数的选择**

立铣刀主切削刃的前角在法剖面内测量，后角在端剖面内测量，前、后角的标注如图 6-21 所示。前、后角分别根据工件材料和铣刀直径选取，其具体数值可分别参考表 6-1 和表 6-2。

为了使端面切削刃有足够的强度，在端面切削刃前面上一般磨有棱边，其宽度 $b_{r1}$ 为 0.4~1.2mm，前角为6°。

立铣刀的有关尺寸参数（图 6-22），可按下述经验数据选取：

1）刀具半径应小于零件内轮廓面的最小曲率半径 $R_{min}$，一般取 $R = (0.8~0.9)R_{min}$。

2）零件的加工高度 $H \leq (4~6)R$，以保证刀具有足够的刚度。

3）对不通孔（深槽），选取 $L = H + (5~10)$mm，$L$ 为刀具切削部分长度，$H$ 为零件高度。

4）加工外形及通槽时，选取 $L = H + r + (5~10)$mm，$r$ 为端刃圆角半径。

5）加工肋时，刀具直径为 $D = (5~10)b$，$b$ 为肋的厚度。

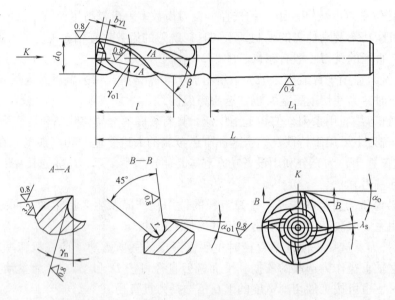

图 6-21  立铣刀角度

表 6-1  立铣刀前角的选择

| 工 件 材 料 | | 前 角 |
|---|---|---|
| 钢 | $\sigma_b < 0.589GPa$ | 20° |
| | $\sigma_b < 0.589 \sim 0.981GPa$ | 15° |
| | $\sigma_b < 0.981GPa$ | 10° |
| 铸铁 | ≤150HBW | 15° |
| | >150HBW | 10° |

表 6-2  立铣刀后角的选择

| 铣刀直径 $d_0/mm$ | 后 角 |
|---|---|
| ≤10 | 25° |
| 10 ~ 20 | 20° |
| >20 | 16° |

### 四、切削用量的选择

切削用量包括：切削速度、进给速度、背吃刀量和侧吃刀量，如图 6-23 所示。

从刀具寿命出发，切削用量的选择方法是：先选取背吃刀量或侧吃刀量，其次确定进给速度，最后确定切削速度。

**1. 背吃刀量（端铣）或侧吃刀量**

背吃刀量 $a_p$ 为平行于铣刀轴线测量的切削层尺寸，单位为 mm。端铣时，$a_p$ 为切削层深度；而圆周铣削时，$a_p$ 为被加工表面的宽度。

侧吃刀量 $a_e$ 为垂直于铣刀轴线测量的切削层尺寸，单位为 mm。端铣时，$a_e$ 为被加工表面的宽度；而圆周铣削时，$a_e$ 为切削层深度。

背吃刀量或侧吃刀量的选取主要由加工余量和对表面质量的要求决定。

1）在工件表面粗糙度值要求为 $Ra12.5 \sim 25\mu m$ 时，如果圆周铣削的加工余量小于 5mm，端铣的加工余量小于 6mm，粗铣一次进给就可以达到要求。但在余量较大，工艺系统刚性较差或机床动力不足时，可分两次进给完成。

2）在工件表面粗糙度值要求为 $Ra3.2 \sim 12.5\mu m$ 时，可分粗铣和半精铣两步进行。粗铣时背吃刀量或侧吃刀量选取同前。粗铣后留 $0.5 \sim 1.0mm$ 余量，在半精铣时切除。

3）在工件表面粗糙度值要求为 $Ra0.8 \sim 3.2\mu m$ 时，可分粗铣、半精铣、精铣三步进行。半精铣时背吃刀量或侧吃刀量取 $1.5 \sim 2mm$；精铣时圆周铣侧吃刀量取 $0.3 \sim 0.5mm$，面铣刀背吃刀量取 $0.5 \sim 1mm$。

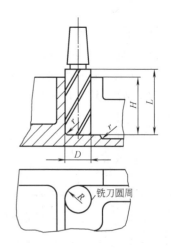

图 6-22　立铣刀的有关尺寸参数

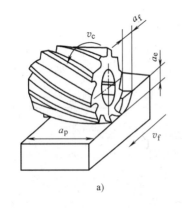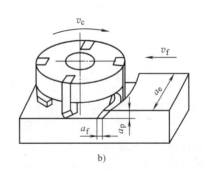

图 6-23　切削用量
a）圆周铣　b）端铣

## 2. 进给速度 $v_f(mm/min)$

进给速度 $v_f$ 是单位时间内工件与铣刀沿进给方向的相对位移，单位为 mm/min。它与铣刀转速 $n$、铣刀齿数 $z$ 及每齿进给量、$f_z$（单位为 mm/z）的关系为 $v_f = f_z zn$。

每齿进给量 $f_z$ 的选取主要取决于工件材料的力学性能、刀具材料、工件表面粗糙度等因素。工件材料的强度和硬度越高，$f_z$ 越小；反之则越大。硬质合金铣刀的每齿进给量高于同类高速钢铣刀。工件表面粗糙度要求越高，$f_z$ 就越小。表 6-3 列出铣刀每齿进给量 $f_z$ 的参考值。工件刚性差或刀具强度低时，应取小值。

表 6-3　铣刀每齿进给量 $f_z$　　　　　　　（单位：mm/z）

| 工件材料 | 每齿进给量 $f_z$/(mm/z) | | | |
| --- | --- | --- | --- | --- |
| | 粗铣 | | 精铣 | |
| | 高速钢铣刀 | 硬质合金铣刀 | 高速钢铣刀 | 硬质合金铣刀 |
| 钢 | $0.10 \sim 0.15$ | $0.10 \sim 0.25$ | $0.02 \sim 0.05$ | $0.10 \sim 0.15$ |
| 铸铁 | $0.12 \sim 0.20$ | $0.15 \sim 0.30$ | | |

**3. 切削速度 $v_c$**

铣削的切削速度 $v_c$ 与刀具的耐用度、每齿进给量、背吃刀量、侧吃刀量以及铣刀齿数成反比，而与铣刀直径成正比。其原因是当 $f_z$、$a_p$、$a_e$ 和 $z$ 增大时，切削刃负荷增加，而且同时工作的齿数也增多，使切削热增加，刀具磨损加快，从而限制了切削速度的提高。为延长刀具寿命允许使用较低的切削速度。但是加大铣刀直径则可改善散热条件，可以提高切削速度。

铣削加工的切削速度 $v_c$ 可参考表 6-4 选取，也可参考有关切削用量手册中的经验公式通过计算选取。

表 6-4　铣削加工的切削速度参考值

| 工件材料 | 硬度/HBW | $v_c$/（m/min） | |
|---|---|---|---|
| | | 高速钢铣刀 | 硬质合金铣刀 |
| 钢 | <225 | 18～42 | 66～150 |
| | 225～325 | 12～36 | 54～120 |
| | 325～425 | 6～21 | 36～75 |
| 铸铁 | <190 | 21～36 | 66～150 |
| | 190～260 | 9～18 | 45～90 |
| | 260～320 | 4.5～10 | 21～30 |

主轴转速 $n$(r/min) 一般根据切削速度 $v_c$ 来选定，计算公式为

$$n = 1000v_c/(\pi d)$$

式中　$d$——刀具直径（mm）；

　　　$v_c$——刀具切削速度（m/min）。

对于球头铣刀，工作直径要小于刀具直径，故其实际转速应大于计算转速 $n$。

# 第三节　数控铣削加工工艺的制订

制订零件的数控铣削加工工艺是数控铣削加工的一项首要工作。数控铣削加工工艺制订的合理与否，直接影响到零件的加工质量、生产率和加工成本。根据数控加工实践，制订数控铣削加工工艺要解决的主要问题有以下几个方面：

**一、零件图的工艺性分析**

制订零件的数控铣削加工工艺时，首先要对零件图进行工艺分析，其主要内容包括：

**1. 数控铣削加工内容的选择**

数控铣床的工艺范围比普通铣床宽，但其价格较普通铣床高得多，因此，选择数控铣削加工内容时，应从实际需要和经济性两个方面考虑。通常选择下列加工部位为其加工内容。

1）零件上的曲线轮廓，特别是由数学表达式描绘的非圆曲线和列表曲线等曲线轮廓。

2）已给出数学模型的空间曲面。

3）形状复杂、尺寸繁多、划线与检测困难的部位。

4）用通用铣床加工难以观察、测量和控制进给的内、外凹槽。

5）能在一次安装中顺带铣出来的简单表面。

6）采用数控铣削后能成倍提高生产率，大大减轻体力劳动强度的一般加工内容。

但对于简单的粗加工表面、需长时间占机人工调整（如以毛坯粗基准定位划线找正）的粗加工表面、毛坯上的加工余量不太充分或不太稳定的部位及必须用细长铣刀加工的部位（一般指狭窄深槽或高肋板小转接圆弧部位）等不宜选作数控铣削加工内容。

**2. 零件结构工艺性分析**

（1）零件图样尺寸的正确标注　由于加工程序是以准确的坐标点来编制的，因此，各图形几何要素间的相互关系（如相切、相交、垂直和平行等）应明确；各种几何要素的条件要充分，应无引起矛盾的多余尺寸或影响工序安排的封闭尺寸等。

（2）保证获得要求的加工精度　虽然数控机床精度很高，但对一些特殊情况，例如过薄的底板与肋板，因为加工时产生的切削拉力及薄板的弹性退让极易产生切削面的振动，使薄板厚度尺寸公差难以保证，其表面粗糙度值也将增大。根据实践经验，对于面积较大的薄板，当其厚度小于 3mm 时，就应在工艺上充分重视这一问题。

（3）尽量统一零件内圆弧的有关尺寸　轮廓内圆弧半径 $R$ 常常限制刀具的直径。如图 6-24 所示，若工件的被加工轮廓高度低，转接圆弧半径也大，可以采用较大直径的铣刀来加工，且加工其底板面时，进给次数也相应减少，表面加工质量也会好一些，因此工艺性较好。反之，数控铣削工艺性较差。一般来说，当 $R < 0.2H$（$H$ 为被加工轮廓面的最大高度）时，可以判定零件上该部位的工艺性不好。

铣削面的槽底面圆角或底板与肋板相交处的圆角半径 $r$（图 6-25）越大，铣刀端刃铣削平面的能力越差，效率也较低。当 $r$ 大到一定程度时甚至必须用球头铣刀加工，这是应当避免的。因为铣刀与铣削平面接触的最大直径 $d = D - 2r$（$D$ 为铣刀直径），当 $D$ 越大而 $r$ 越小时，铣刀端刃铣削平面的面积越大，加工平面的能力越强，铣削工艺性当然也越好。有时，当铣削的底面面积较大，底部圆弧 $r$ 也较大时，我们只能用两把 $r$ 不同的铣刀（一把刀的 $r$ 小些，另一把刀的 $r$ 符合零件图样的要求）分两次进行切削。

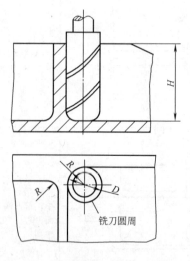

图 6-24　肋板的高度与内接圆弧
对零件铣削工艺性的影响

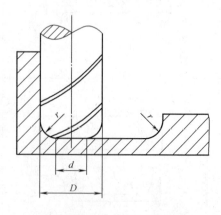

图 6-25　底板与肋板的转接圆弧
对零件铣削工艺性的影响

在一个零件上的这种凹圆弧半径在数值上的一致性问题对数控铣削的工艺性显得相当重要。一般来说，即使不能寻求完全统一，也要力求将数值相近的圆弧半径分组靠拢，达到局部统一，以尽量减少铣刀规格与换刀次数，并避免因频繁换刀而增加了零件加工面上的接刀阶差，降低了表面质量。

（4）保证基准统一原则　有些零件需要在铣完一面后再重新安装铣削另一面，由于数控铣削时不能使用通用铣床加工时常用的试切方法来接刀，往往会因为零件的重新安装造成对刀不准而出现接刀。这时，最好采用统一基准定位，因此零件上应有合适的孔作为定位基准孔。如果零件上没有基准孔，也可以专门设置工艺孔作为定位基准（如在毛坯上增加工艺凸台或在后继工序要铣去的余量上设基准孔）。

（5）分析零件的变形情况　零件在数控铣削加工时的变形，不仅影响加工质量，而且当变形较大时，将使加工不能继续进行下去。这时就应当考虑采取一些必要的工艺措施进行预防，如对钢件进行调质处理，对铸铝件进行退火处理，对不能用热处理方法解决的，也可考虑粗、精加工及对称去余量等常规方法。零件的数控铣削加工工艺性实例见表6-5。

表6-5　零件的数控铣削加工工艺性实例

| 序号 | A——工艺性差的结构 | B——工艺性好的结构 | 说　明 |
|---|---|---|---|
| 1 | | | B 结构可选用刚性较高的刀具 |
| 2 | | | B 结构需用刀具比 A 结构少，减少了换刀的辅助时间 |
| 3 | | | B 结构 R 大、r 小，铣刀端刃铣削面积大，生产效率高 |

（续）

| 序号 | A——工艺性差的结构 | B——工艺性好的结构 | 说　明 |
|---|---|---|---|
| 4 | | | B 结构 $a > 2R$，便于半径为 $R$ 的铣刀进入，所需刀具少，加工效率高 |
| 5 | | | B 结构刚性好，可用大直径铣刀加工，加工效率高 |
| 6 | | | B 结构在加工面和不加工面之间加入过渡表面，减少了切削量 |
| 7 | | | B 结构用斜面肋代替阶梯肋，可节约材料，简化编程 |
| 8 | | | B 结构采用对称结构，简化编程 |

## 二、加工方案的确定

### 1. 平面轮廓的加工

平面轮廓多由直线和圆弧或各种曲线构成，通常采用三坐标数控铣床进行两轴半坐标加工。图 6-26 所示为由直线和圆弧构成的零件平面轮廓 *ABCDEA*，采用半径为 *R* 的立铣刀沿周向加工，双点画线 *A'B'C'D' E'A'* 为刀具中心的运动轨迹。为保证加工面光滑，刀具沿 *PA'* 切入，沿 *A'K* 切出。

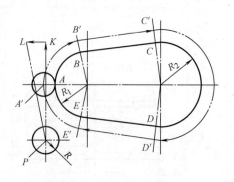

图 6-26　平面轮廓铣削加工

### 2. 固定斜角平面的加工

固定斜角平面是与水平面成一固定夹角的斜面，常用如下的加工方法，如图 6-27 所示。

当零件尺寸不大时，可用斜垫板垫平后加工。如果机床主轴可以摆角，则可以摆成适当的定角，用不同的刀具来加工。当零件尺寸很大，斜面斜度又较小时，常用行切法加工，但加工后，会在加工面上留下残留面积，需要用钳修方法加以清除，用三坐标数控立铣加工飞机整体壁板零件时常用此法。当然，加工斜面的最佳方法是采用五坐标数控铣床，主轴摆角后加工，可以不留残留面积。

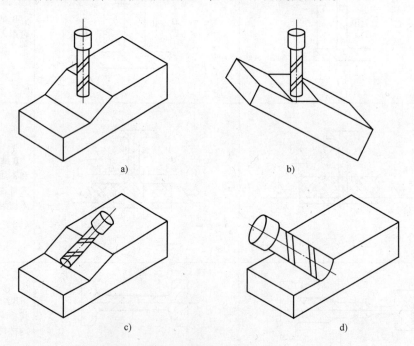

图 6-27　加工固定斜角平面
a) 行切法加工　b) 工件倾斜加工　c)、d) 主轴摆角加工

### 3. 变斜角面的加工

常用的加工方案有下列三种：

1) 对曲率变化较小的变斜角面，选用 *X*、*Y*、*Z* 和 *A* 四坐标联动的数控铣床，采用立铣刀（但当零件斜角过大，超过机床主轴摆角范围时，可用角度成形铣刀加以弥补）以插补

方式摆角加工，如图 6-28a 所示。加工时，为保证刀具与零件型面在全长上始终贴合，刀具绕 A 轴摆动角度 α。

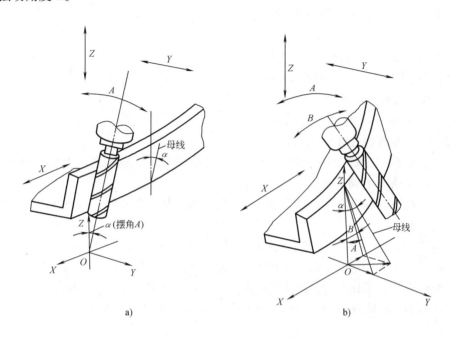

图 6-28　四、五坐标数控铣床加工零件变斜角面
a) 四坐标联动加工变斜角面　b) 五坐标联动加工变斜角面

2）对曲率变化较大的变斜角面，用四坐标联动加工难以满足加工要求，最好用 X、Y、Z、A 和 B（或 C 转轴）的五坐标联动数控铣床，以圆弧插补方式摆角加工，如图 6-28b 所示。图中夹角 A 和 B 分别是零件斜面母线与 z 坐标轴夹角 α 在 ZY 平面上和 XZ 平面上的分夹角。

3）采用三坐标数控铣床两坐标联动，利用球头铣刀和鼓形铣刀，以直线或圆弧插补方式进行分层铣削加工，加工后的残留面积用钳修方法清除，图 6-29 所示为用鼓形铣刀铣削变斜角面的情形。由于鼓形铣刀的鼓径可以做得比球头铣刀的球径大，所以加工后的残留面积高度小，加工效果比球头铣刀好。

**4. 曲面轮廓加工**

立体曲面的加工应根据曲面形状、刀具形状以及精度要求采用不同的铣削加工方法，如两轴半、三轴、四轴及五轴等联动加工。

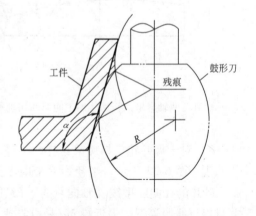

图 6-29　用鼓形铣刀分层铣削变斜角面

1）对曲率变化不大和精度要求不高的曲面的粗加工，常用两轴半坐标的行切法加工，即 X、Y、Z 三轴中任意两轴做联动插补，第三轴作单独的周期进给。如图 6-30 所示，将 X 向分成若干段，球头铣刀沿 YZ 面所截的曲线进行铣削，每一段加工完后进给 ΔX，再加工另一相邻曲线，如此依次切削即可加工出整个曲面。

在行切法中，要根据轮廓表面粗糙度的要求及刀头不干涉相邻表面的原则选取 $\Delta X$。球头铣刀的刀头半径应选得大一些，有利于散热，但刀头半径应小于内凹曲面的最小曲率半径。

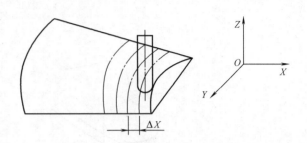

两轴半坐标加工曲面的刀心轨迹 $O_1$、$O_2$ 和切削点轨迹 $ab$ 如图 6-31 所示。图中 $ABCD$ 为被加工曲面，$P_{YZ}$ 平面为平行于 $YZ$ 坐标平面的一个行切面，刀心轨迹 $O_1O_2$ 为曲面 $ABCD$ 的等距面 $IJKL$ 与面 $P_{YZ}$ 的交线，显然 $O_1O_2$ 是一条平面曲线。由于曲面的曲率变化，改变

图 6-30　两轴半坐标的行切法加工曲面

了球头刀与曲面切削点的位置，使切削点的连线成为一条空间曲线，从而在曲面上形成扭曲的残留沟纹。

2）对曲率变化较大和精度要求较高的曲面的精加工，常用 $X$、$Y$、$Z$ 三坐标联动插补的行切法。如图 6-32 所示，$P_{YZ}$ 平面为平行于坐标平面的一个行切面，它与曲面的交线为 $ab$。由于是三坐标联动，球头刀与曲面的切削点始终处在平面曲线 $ab$ 上，可获得较规则的残留沟纹。但这时的刀心轨迹 $O_1O_2$ 不在 $P_{YZ}$ 平面上，而是一条空间曲线。

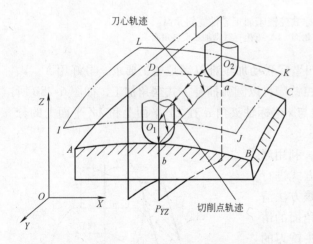

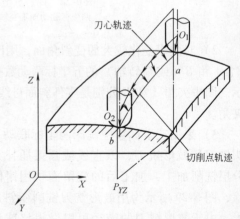

图 6-31　两轴半坐标行切法加工曲面的切削点轨迹　　　图 6-32　三轴联动行切法加工曲面的切削点轨迹

3）对于像叶轮、螺旋桨这样的零件，因其叶片形状复杂，常用五坐标联动加工。其加工原理如图 6-33 所示。半径为 $R_i$ 的圆柱面与叶面的交线 $AB$ 为螺旋线的一部分，螺旋角为 $\psi_i$，叶片的径向叶型线（轴向割线）$EF$ 的倾角 $\alpha$ 为后倾角，螺旋线 $AB$ 用极坐标加工方法，并且以折线段逼近。逼近段 $mn$ 是由 $C$ 坐标旋转 $\Delta\theta$ 与 $Z$ 坐标位移 $\Delta Z$ 的合成。当 $AB$ 加工完成后，刀具径向位移为 $\Delta X$（改变 $R_i$），再加工相邻的另一条叶型线，依次加工即可形成整个叶面。由于叶面的曲率半径较大，所以常采用立铣刀加工，以提高生产率并简化程序。因此为保证铣刀端面始终与曲面贴合，铣刀还应做由坐标 $A$ 和坐标 $B$ 形成的摆角运动。在摆角的同时，还应做直角坐标的附加运动，以保证铣刀端面中心始终位于编程值所规定的位置

上，所以需要五坐标加工。这种加工的编程计算相当复杂，一般采用自动编程。

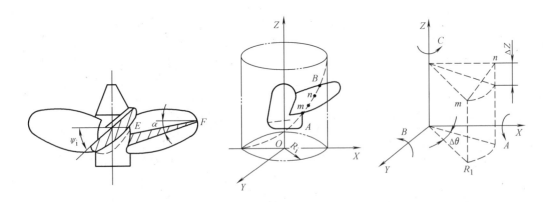

图 6-33　曲面的五坐标联动加工

### 三、进给路线的确定

数控铣削加工中进给路线对零件的加工精度和表面质量有直接的影响，因此，确定好进给路线是保证铣削加工精度和表面质量的工艺措施之一。进给路线的确定与工件表面状况、要求的零件表面质量、机床进给机构的间隙、刀具寿命以及零件轮廓形状等有关。下面针对铣削方式和常见的几种轮廓形状来讨论进给路线的确定问题。

**1. 顺铣和逆铣的选择**

铣削有顺铣和逆铣两种方式。当工件表面无硬皮，机床进给机构无间隙时，应选用顺铣，按照顺铣安排进给路线。因为采用顺铣加工后，零件已加工表面质量好，刀齿磨损小。精铣时，尤其是零件材料为铝镁合金、钛合金或耐热合金时，应尽量采用顺铣。当工件表面有硬皮，机床的进给机构有间隙时，应选用逆铣，按照逆铣安排进给路线。因为逆铣时，刀齿是从已加工表面切入，不会崩刃，机床进给机构的间隙不会引起振动和爬行。

**2. 铣削外轮廓的进给路线**

铣削平面零件外轮廓时，一般是采用立铣刀侧刃切削。刀具切入零件时，应避免沿零件外轮廓的法向切入，以避免在切入处产生刀具的刻痕，而应沿切削起始点延伸线（图6-34a）或切线方向（图6-34b）逐渐切入工件，保证零件曲线的平滑过渡。同样，在切离工件时，也应避免在切削终点处直接抬刀，要沿着切削终点延伸线（图6-34a）或切线方向（图6-34b）逐渐切离工件。

**3. 铣削内轮廓的进给路线**

铣削封闭的内轮廓表面时，同铣削外轮廓一样，刀具同样不能沿轮廓曲线的法向切入和切出。此时刀具可以沿一过渡圆弧切入和切出工件轮廓。图6-35所示为铣切内圆的进给路线。图中 $R_1$ 为零件圆弧轮廓半径，$R_2$ 为过渡圆弧半径。

**4. 铣削内槽的进给路线**

所谓内槽是指以封闭曲线为边界的平底凹槽。这种内槽在飞机零件上常见，一律用平底立铣刀加工，刀具圆角半径应符合内槽的图样要求。图6-36所示为加工内槽的三种进给路线。图6-36a和图6-36b所示分别为用行切法和环切法加工内槽。两种进给路线的共同点是都能切净内腔中全部面积，不留死角，不伤轮廓，同时尽量减少重复进给的搭接量。不同点

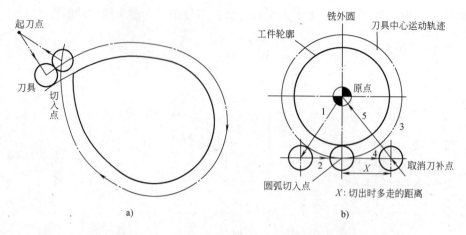

图 6-34　刀具切入和切出外轮廓的进给路线

是行切法的进给路线比环切法短，但行切法将在每两次进给的起点与终点间留下了残留面积，而达不到所要求的表面粗糙度；用环切法获得的表面粗糙度要好于行切法，但环切法需要逐次向外扩展轮廓线，刀位点计算稍为复杂一些。综合行、环切法的优点，采用图6-36c所示的进给路线，即先用行切法切去中间部分余量，最后用环切法切一刀，既能使总的进给路线较短，又能获得较好的表面粗糙度。

**5. 铣削曲面的进给路线**

对于边界敞开的曲面加工，可采用如图6-37所示的两种进给路线。对于发动机大叶片，当采用图6-37a所示的加工方案时，每次沿直线加工，刀位点计算简单，程序少，加工过程符合直纹面的形成，可以准确保证母线的直线度。当采用图6-37b所示的加工方案时，符合这类零件数据给出情况，便于加工后检验，叶形的准确度高，但程序较多。由于曲面零件的边界是敞开的，没有其他表面限制，所以曲面边界可以延伸，球头刀应由边界外开始加工。当边界不敞开时，确定进给路线要另行处理。

图 6-35　刀具切入和切出内轮廓的进给路线

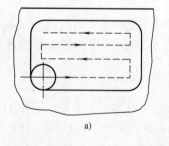

a)

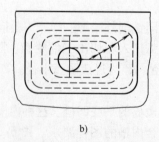

b)

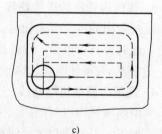

c)

图 6-36　铣内槽的三种进给路线

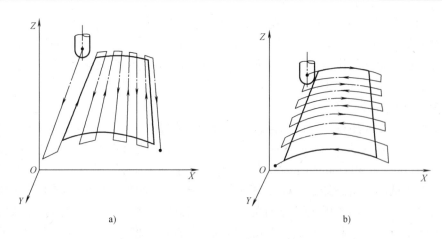

a)　　　　　　　　　　　　　　　　　b)

图 6-37　铣曲面的两种进给路线

总之，确定进给路线的原则是在保证零件加工精度和表面粗糙度的条件下，尽量缩短进给路线，以提高生产率。

## 第四节　典型零件的数控铣削加工工艺

### 一、平面凸轮的加工工艺

平面凸轮零件是数控铣削加工中常见的零件之一，其轮廓曲线组成不外乎直线—圆弧、圆弧—圆弧、圆弧—非圆曲线及非圆曲线等几种。所用数控机床多为两轴以上联动的数控铣床。加工工艺过程也大同小异。

图 6-38 所示为槽形凸轮零件，在铣削加工前，该零件是一个经过加工的圆盘，圆盘直径为 $\phi280$mm，带有两个基准孔 $\phi35$mm 及 $\phi12$mm。$\phi35$mm 及 $\phi12$mm 两个基准孔、X 面已在前面加工完毕，本工序是在铣床上加工槽。该零件的材料为 HT200，试分析其数控铣削加工工艺。

**1. 零件图工艺分析**

该零件凸轮轮廓由 HA、BC、DE、FG 和直线 AB、HG 以及过渡圆弧 CD、EF 所组成。组成轮廓的各几何元素关系清楚，条件充分，所需要基点坐标容易求得。凸轮内外轮廓面对 X 面有垂直度要求。材料为铸铁，切削工艺性较好。

凸轮内外轮廓面对 A 面有垂直度要求，只要提高装夹精度，使 A 面与工作台面平行即可保证。

**2. 选择设备**

加工平面凸轮的数控铣削，一般采用两轴以上联动的数控铣床，因此首先要考虑的是零件的外形尺寸和重量，使其在机床的允许范围以内。其次考虑数控机床的精度是否能满足凸轮的设计要求。最后，看凸轮的最大圆弧半径是否在数控系统允许的范围之内。根据以上三条即可确定所要使用的数控机床为两轴以上联动的数控铣床。

**3. 确定零件的定位基准和装夹方式**

（1）定位基准　采用"一面两孔"定位，即用圆盘 A 面和两个基准孔作为定位基准。

（2）装夹方式　根据工件特点，用一块 $\phi320$mm × 40mm 的垫块，在垫块上分别精镗

$\phi$35mm（配短圆柱销）及 $\phi$12mm（配短菱形销）两个定位孔，孔距离为（80±0.01）mm，垫块平面度为0.02mm。垫块上做两 M16 通孔，用于螺钉压板装夹工件时使用。该零件在加工前，先将垫块固定在工作台面上，使两定位销孔的中心连线与机床 $X$ 轴平行，垫块上表面要保证与工作台面平行，也可根据需要设计专用夹具。

### 4. 确定加工顺序及进给路线

整个零件的加工顺序按照基面先行、先粗后精的原则确定。因此应先加工零件外形至尺寸，再镗用作定位基准的 $\phi$35mm 及 $\phi$12mm 两个定位孔，然后再加工凸轮槽轮廓表面。由于该零件的 $\phi$35mm 及 $\phi$12mm 两个定位孔、$A$ 面已在前面工序加工完毕，在这里只分析凸轮槽的加工。加工槽的进给路线包括平面内进给和深度进给两部分路线。在数控铣床上加工时，平面内进给，精铣凸轮槽内、外侧轮廓（即凸轮槽两侧面）时采取圆弧切入方式。深度进给采取螺旋下刀或预制落刀孔的方式进给到既定深度。槽的加工分粗、精铣。粗铣时先分层（分两层）去除槽中部余量、去除两侧面余量，再精铣槽两侧。

进刀点选在 $P$（95，0）点，刀具进给到铣削深度后，刀具在 $XY$ 平面内运动，铣削凸轮轮廓。为了保证凸轮的轮廓表面有较高的表面质量，采用顺铣方式，即从 $P$ 点开始，对外侧轮廓按逆时针方向铣削，对内轮廓按顺时针方向铣削。

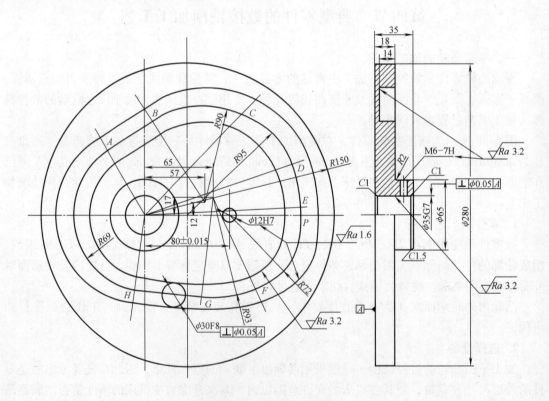

图 6-38 槽形凸轮零件

### 5. 刀具的选择

根据零件结构特点，铣削凸轮槽内、外侧轮廓时，铣刀直径受槽宽限制，同时考虑铸铁属于一般材料，加工性能较好，选用 $\phi$18mm 硬质合金立铣刀，见表6-6。

表 6-6 数控加工刀具卡片

| 产品名称或代号 | | ××× | | 零件名称 | 槽形凸轮 | 零件图号 | ××× |
|---|---|---|---|---|---|---|---|
| 序号 | 刀具号 | 刀具规格 | | 数量 | 加工表面 | | 备注 |
| 1 | T01 | $\phi$18mm 立铣刀 | | 1 | 粗铣凸轮槽内外侧轮廓 | | |
| 2 | T02 | $\phi$18mm 立铣刀 | | 1 | 精铣凸轮槽内外侧轮廓 | | |
| 编制 | ××× | 审核 | ××× | 批准 | ××× | 共 页 | 第 页 |

### 6. 切削用量的选择

凸轮槽内外侧轮廓精加工时留 0.3mm 铣削用量，确定主轴转速与进给速度时，先查切削用量手册，确定切削速度与每齿进给量，然后利用公式 $v_c = \pi dn/1000$ 计算主轴转速 $n$，利用 $v_f = nzf_z$ 计算进给速度。

### 7. 填写数控加工工序卡片（见表 6-7）

表 6-7 槽形凸轮的数控加工工艺卡片

| 单位名称 | ××× | 产品名称或代号 | | 零件名称 | | 零件图号 | |
|---|---|---|---|---|---|---|---|
| | | ××× | | 槽形凸轮 | | ××× | |
| 工序号 | 程序编号 | 夹具名称 | | 使用设备 | | 车间 | |
| ××× | ××× | 螺旋压板 | | XK5025 | | 数控中心 | |
| 工步号 | 工步内容 | 刀具号 | 刀具规格 | 主轴转速 /(r/min) | 进给速度 /(mm/min) | 背吃刀量 /mm | 备注 |
| 1 | 粗铣凸轮槽中部 | T01 | $\phi$18mm 立铣刀 | 800 | 60 | | 分两层铣削 |
| 2 | 粗铣凸轮槽内侧轮廓 | T01 | $\phi$18mm 立铣刀 | 700 | 60 | | |
| 3 | 粗铣凸轮槽外侧轮廓 | T01 | $\phi$18mm 立铣刀 | 700 | 60 | | |
| 4 | 精铣凸轮槽内侧轮廓 | T02 | $\phi$18mm 立铣刀 | 1000 | 100 | | |
| 5 | 精铣凸轮槽外侧轮廓 | T02 | $\phi$18mm 立铣刀 | 1000 | 100 | | |
| 编制 | ××× | 审核 | ××× | 批准 | ××× | 年 月 日 | 共 页 第 页 |

### 二、完成如图 6-39 所示模板零件的数控加工工艺

零件材料为 45 钢，加工数量为 5 件，热处理调质至 28~32HRC。

### 1. 零件加工工艺分析

1) 零件图工艺分析。该零件加工面平行或垂直于定位面，是典型的平面类零件。零件表面有型腔、槽、要求相互位置的孔，其中底面和槽 17D10、15H10 对基准 $A$ 有较高的垂直度和平行度要求和较高的尺寸公差要求。可采用数控机床铣削加工。零件图其他尺寸、公差要求标注齐全。

2) 该零件有热处理要求，根据材料情况应安排在毛坯粗加工后进行。

3) 毛坯选择为 24mm×116mm×126mm 板料。

4) 确定定位基准、装夹方案。由于加工工序多，尽量采用统一的定位基准。并使设计基准和定位基准重合，在本例数铣加工中，图样的设计基准为 $A$ 面，在工件的高度方向，因此，选择下表面和 $A$ 面作为定位基准，在数控铣削加工中用高精度机用平口钳装夹。

5) 确定加工路线。由于选择下表面和 $A$ 面作为定位基准，在毛坯粗加工完成，热处理

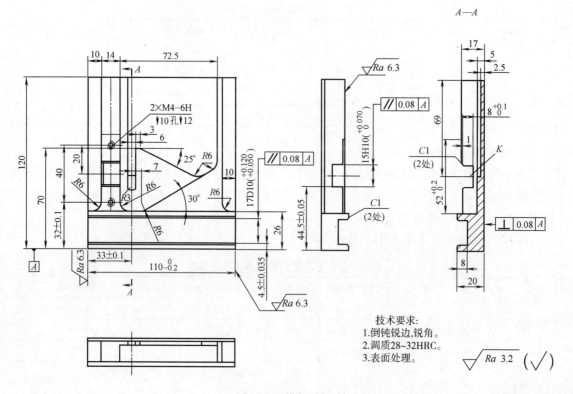

图 6-39　模板零件

后，先采用磨削加工出 $A$ 面和底面及 $A$ 面的对称面，再用机用平口钳装夹后，粗精铣完成型腔、17D10、15H10 两槽的加工，由于 $2 \times M4\text{-}6H$ 螺纹孔位置要求不高，为自由公差，为提高加工效率，可在数控铣床上用中心钻打出定位孔后，钳工再加工完成 $2 \times M4\text{-}6H$ 螺纹孔。

　　6）设备选择。选择一般的数控铣床。

**2. 选择刀具及切削用量**

　　铣刀种类及几何尺寸根据被加工表面的形状和尺寸选择。本例数控铣工序选用铣刀为各直径尺寸的立铣刀，刀具材料为高速钢，切削用量根据工件材料（本例为 45 钢）、刀具材料及图样要求，参考切削用量手册或相关资料选取。

　　所选铣刀及其几何尺寸见表 6-8。

表 6-8　刀具卡　　　　　　编制人　　　年　　　月　　　日

| 产品名称或代号 | | ××× | | 零件名称 | 拨动杆 | 零件图号 | ××× |
|---|---|---|---|---|---|---|---|
| 序号 | 刀具号 | 刀具规格 | 数量 | 加工表面 | | 刀长/mm | 备注 |
| 1 | T01 | φ14mm 立铣刀 | 1 | 粗加工型腔及两槽 | | 实测 | |
| 2 | T02 | φ12mm 立铣刀 | 1 | 精加工型腔及两槽 | | 实测 | |
| 3 | T03 | φ6mm 立铣刀 | 1 | 铣宽为 6mm 的槽 | | 实测 | |
| 4 | T04 | 中心钻 | 1 | 钻 $2 \times M4\text{-}6H$ 定位孔 | | 实测 | |
| 编制 | | ××× | 审核 | ××× | 批准 | ××× | 共　页　　第　页 |

### 3. 加工工艺编制

根据上述工艺分析，编制机械加工工艺过程卡，见表6-9。

表 6-9　机械加工工艺过程卡

| 工序号 | 工序名称 | 工序内容 | 加工设备 |
|---|---|---|---|
| 1 | 下料 | 24mm×116mm×126mm | 等离子切割 |
| 2 | 粗刨 | 刨六面，长、宽、高各尺寸均留余量0.6~0.8mm | 牛头刨 |
| 3 | 热处理 | 调质28~32HRC | |
| 4 | 平磨 | 磨成六面，基准面 A 和其对称面及底面垂直度和平行度偏差小于0.05mm，保证外形尺寸20mm、$110_{-0.2}^{0}$、120mm | 平面磨床 |
| 5 | 铣内腔、铣槽及钻孔 | 用高精度机用平口钳装夹工件。（1）用ϕ14mm立铣刀粗铣17mm、15mm、72.5mm槽形及两侧缺口；（2）用ϕ12mm立铣刀精铣17mm、15mm、72.5mm槽形及两侧缺口；保证厚度尺寸5mm、2.5mm；（3）用ϕ6mm立铣刀铣宽为6mm的槽；（4）用中心钻钻2×M4-6H定位孔 | 立式数控铣床 |
| 6 | 钻孔、攻螺纹 | 钻2×M4-6H螺纹备制孔，攻螺纹 | 台钻 |
| 7 | 去毛刺 | | 手工 |
| 8 | 表面处理 | 镀锌 | |

说明：

1）工序2可在普通铣床上加工完成。

2）在加工宽为6mm的槽时，需选择合适的切削用量。

3）在工序5中，必须保证一次装夹后工件位置不发生变化，定位准确。工件底面必须和机用平口钳底面的定位垫块接触良好。

### 4. 编制数控加工工序卡

编制工序5的数控加工工序卡，见表6-10。

表 6-10　数控加工工序卡　　　编制人　　年　月　日

| 单位名称 | ××× | 产品名称或代号 | | 零件名称 | | 零件图号 | |
|---|---|---|---|---|---|---|---|
| | | ××× | | 拨动杆 | | ××× | |
| 工序号 | 程序编号 | 夹具名称 | | 使用设备 | | 车间 | |
| ××× | ××× | 组合夹具 | | 立式加工中心 | | 数控中心 | |
| 工步号 | 工步内容 | | 刀具号 | 刀具规格 | 主轴转速/(r/min) | 进给速度/(mm/min) | 背吃刀量/mm | 备注 |
| 1 | 粗铣17mm、15mm、72.5mm槽形及两侧缺口 | | T01 | ϕ14mm立铣刀 | 600 | 60 | 2 | |
| 2 | 精铣17mm、15mm、72.5mm槽形及两侧缺口 | | T02 | ϕ12mm立铣刀 | 600 | 60 | | |
| 3 | 用ϕ6mm立铣刀铣宽为6mm的槽 | | T03 | ϕ6mm立铣刀 | 800 | 50 | | |
| 4 | 用中心钻钻2×M4-6H定位孔 | | T04 | 中心钻 | 1000 | 80 | | |
| 编制 | ××× | 审核 | ××× | 批准 | ××× | 年　月　日 | 共　页 | 第　页 |

## 复习思考题

1. 数控铣床如何分类？

2. 数控铣床有何特点？

3. 数控铣床主要加工对象有哪些？

4. 数控铣床有哪些典型结构？

5. 铣刀类型如何选择？

6. 试述铣削用量的选择原则。

7. 试述零件结构的工艺性分析。

8. 如何加工方案、加工路线的确定？

9. 完成图 6-40 所示零件的加工工艺编制。

10. 完成图 6-41 所示泵盖的加工工艺编制。

11. 完成图 6-42 所示零件的加工工艺编制。

12. 完成图 6-43 所示零件的加工工艺编制。

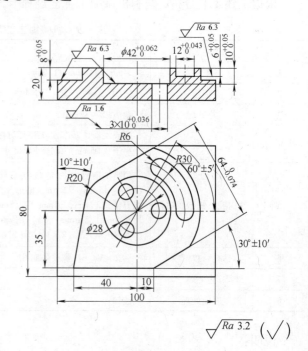

图 6-40　题图 9

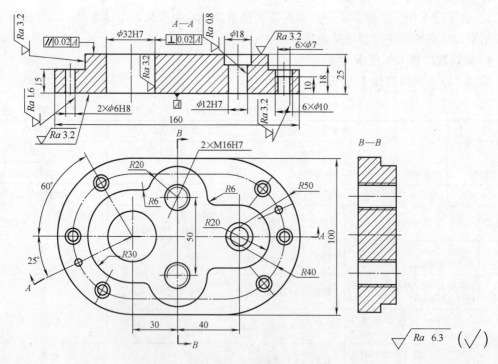

图 6-41　泵盖

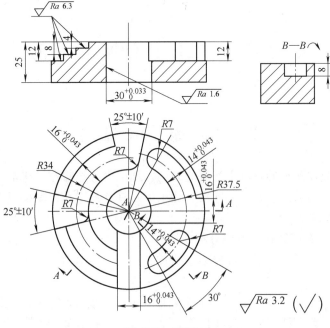

图 6-42　题图 11

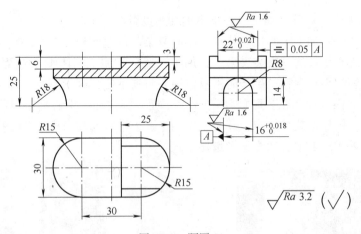

图 6-43　题图 12

# 第七章 加工中心加工工艺

## 第一节 加工中心概述

加工中心是在数控铣床的基础上发展起来的，加工中心与数控铣床都是通过程序控制多轴联动进给进行加工的数控机床，不同的是加工中心具有刀库和自动换刀功能。

### 一、加工中心的类型

#### 1. 按照机床主轴布局形式的不同分类

按照机床主轴布局形式的不同可分为立式加工中心、卧式加工中心、龙门式加工中心、复合加工中心四种。

（1）立式加工中心 立式加工中心指主轴轴线设置在垂直状态的加工中心，如图7-1所示。立式加工中心装夹工件方便，便于操作，找正容易，易于观察切削情况，占地面积小，应用广泛。但它受立柱高度及自动换刀系统的限制，不能加工太高的工件，也不适于加工箱体。

（2）卧式加工中心 卧式加工中心指主轴轴线设置在水平状态的加工中心，如图7-2所示。一般情况下，卧式加工中心比立式加工中心复杂，占地面积大，有能精确分度的数控回转工作台，可实现对零件的一次装夹多工位加工，适合于加工箱体类零件及小型模具型腔。但调试程序及试切时不易观察，生产时不易监视，装夹不便，测量不便，加工深孔时切削液不易到位（若没有内冷却钻孔装置）。由于诸多不便，卧式加工中心准备时间比立式加工中心准备时间更长，但加工数量越多，其多工位加工、主轴转速高、机床精度高的优势就表现得越明显，所以卧式加工中心适合于批量加工。

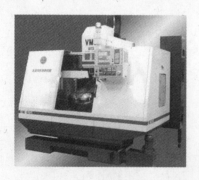

图7-1 立式加工中心

图7-2 卧式加工中心

（3）龙门式加工中心 龙门式加工中心形状与龙门铣床相似，主轴多为垂直设置，带有自动换刀装置，数控装置的软件功能也较齐全，具有可移动的龙门框架，主轴头装在龙门框架上。龙门式加工中心更适宜于加工大型复杂的工件。龙门式加工中心如图7-3所示。

（4）复合加工中心　立卧两用复合加工中心，具有立式和卧式加工中心的功能，分主轴旋转和工作台旋转两种类型。图 7-4 所示立卧式加工中心是利用铣头的立卧转换机构实现从立式加工方式转换为卧式加工方式或从卧式加工方式转换为立式加工方式。立卧式加工中心有立式加工中心和卧式加工中心的特点。

图 7-3　龙门式加工中心

**2. 按换刀形式分类**

（1）带刀库、机械手的加工中心　加工中心的换刀装置（ATC）是由刀库和机械手组成，换刀机械手完成换刀工作。这是加工中心普遍采用的形式。

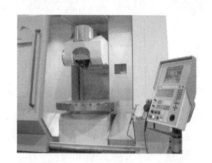

图 7-4　立卧式加工中心

（2）无机械手的加工中心　这种加工中心的换刀是通过刀库和主轴箱的配合动作来完成的。一般是采用把刀库放在主轴可以运动到的位置，或整个刀库或某一刀位能移动到主轴箱可以达到的位置。刀库中刀的存放位置方向与主轴装刀方向一致。换刀时，主轴运动到刀位上的换刀位置，由主轴直接取走或放回刀具。多用于采用 40 号以下刀柄的小型加工中心。

（3）刀库转塔式加工中心　一般小型立式加工中心上采用转塔刀库形式，主要以孔加工为主。

**二、加工中心特点**

加工中心具有全封闭防护，工序集中、加工连续进行，使用多把刀具、自动进行刀具交换，使用多个工作台、自动进行工作台交换，功能强大、趋向复合加工，高自动化、高精度、高效率、高投入，在适当的条件下才能发挥最佳效益等特点。

**三、加工中心主要加工对象**

加工中心适宜于加工形状复杂、加工内容多、要求较高、需用多种类型的普通机床和众多的工艺装备，且经多次装夹和调整才能完成加工的零件。主要的加工对象有下列几种。

**1. 既有平面又有孔系的零件**

加工中心具有自动换刀装置，在一次安装中，可以完成零件上平面的铣削、孔系的钻削、镗削、铰削、铣削及攻螺纹等多工步加工。加工的部位可以在一个平面上，也可以在不同的平面上。五面体加工中心一次安装可以完成除装夹面以外的五个面的加工。因此，既有平面又有孔系的零件是加工中心的首选加工对象，这类零件常见的有箱体类零件和盘、套、板类零件。

（1）箱体类零件  箱体类零件一般是指具有多个孔系，内部有型腔或空腔，在长、宽、高方向有一定比例的零件（图7-5）。这类零件在机床、汽车、飞机等行业用得较多，如汽车的发动机缸体、变速箱体、机床的主轴箱、柴油机缸体以及齿轮泵壳体等。

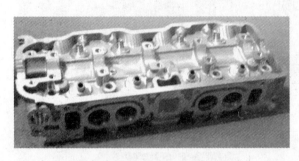

图7-5  箱体类零件

箱体类零件一般都要进行孔系、轮廓、平面的多工位加工，精度要求较高，特别是形状精度和位置精度要求较严格，通常要经过铣、钻、扩、镗、铰、锪、攻螺纹等工步，需要刀具较多，在普通机床上加工难度大，工装套数多，需多次装夹找正，手工测量次数多，精度不易保证。在加工中心上一次安装可完成普通机床60%～95%的工序内容，零件各项精度一致性好，质量稳定，生产周期短。

当加工工位较多，工作台需多次旋转角度才能完成加工时，一般选用卧式加工中心。当加工的工位较少，且跨度不大时，可选用立式加工中心，从一端进行加工。

（2）盘、套、板类零件  这类零件端面上有平面、曲面和孔系，侧面也常分布一些径向孔，如图7-6所示。加工部位集中在单一端面上的盘、套、板类零件宜选择立式加工中心，加工部位不是位于同一方向表面上的零件宜选择卧式加工中心。

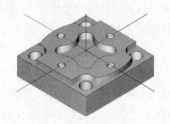
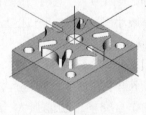

图7-6  盘、套、板类零件

### 2. 复杂曲面类零件

主要表面是由复杂曲线、曲面组成的零件，加工时常采用加工中心多坐标联动加工。常见的典型零件有以下几类：

（1）凸轮类零件  这类零件有各种曲线的盘形凸轮（图7-7）、圆柱凸轮、圆锥凸轮和端面凸轮等，加工时，可根据凸轮表面的复杂程度，选用三轴、四轴或五轴联动的加工中心。

（2）整体叶轮类  整体叶轮常见于航空发动机的压气机、空气压缩机、船舶水下推进器等，它除具有一般曲面加工的特点外，还存在许多特殊的加工难点，如通道狭窄，刀具很容易与加工表面和邻近曲面产生干涉。图 7-8 所示叶轮的叶面是一个典型的三维空间曲面，加工这样的型面，可采用四轴以上联动的加工中心。

图 7-7　凸轮　　　　　　　　　　　图 7-8　叶轮

（3）模具类　常见的模具有锻压模具、铸造模具、注塑模具及橡胶模具等。采用加工中心加工模具，由于工序高度集中，动模、静模等关键件的精加工基本上是在一次安装中完成全部机加工内容，尺寸累积误差及修配工作量小。同时，模具的可复制性强，互换性好。

对于复杂曲面类零件，就加工可能性而言，在不出现加工过切或加工盲区时，复杂曲面一般可以采用球头铣刀进行三坐标联动加工，加工精度较高，但效率较低。如果工件存在加工过切或加工盲区（如整体叶轮等），就必须考虑采用四坐标或五坐标联动的机床。图 7-9 所示为模具型腔。

仅仅加工复杂曲面时并不能发挥加工中心自动换刀的优势，因为复杂曲面的加工一般经过粗铣、（半）精铣、清根等步骤，所用的刀具较少，特别是像模具一类的单件加工。

图 7-9　模具型腔

### 3. 外形不规则零件

异形零件（图 7-10）是外形不规则零件，如支架、拨叉等外形不规则的零件，大多要点、线、面多工位混合加工。由于外形不规则，在普通机床上只能采取工序分散的原则加工，需用工装较多，周期较长。利用加工中心多工位点、线、面混合加工的特点，可以完成大部分甚至全部工序内容。

上述是根据零件特征选择的适合加工中心加工的几种零件，此外，还有以下一些适合加工中心加工的零件。

### 4. 周期性投产的零件

用加工中心加工零件时，所需工时主要包括基本时间和准备时间，其中，准备时间占很大比例。

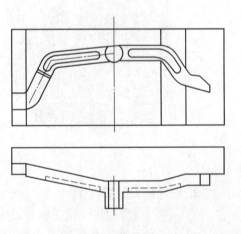

图 7-10　异形零件

例如工艺准备、程序编制、零件首件试切等，这些时间往往是单件基本时间的几十倍。采用加工中心可以将这些准备时间的内容储存起来，供以后反复使用。这样，对周期性投产的零件，生产周期就可以大大缩短。

**5. 加工精度要求较高的中小批量零件**

针对加工中心加工精度高、尺寸稳定的特点，对加工精度要求较高的中小批量零件，选择加工中心加工，容易获得所要求的尺寸精度和形状位置精度，并可得到很好的互换性。

**6. 新产品试制中的零件**

在新产品定型之前，需经反复试验和改进。选择加工中心试制，可省去许多用通用机床加工所需的试制工装。当零件被修改时，只需修改相应的程序及适当地调整夹具、刀具即可，节省了费用，缩短了试制周期。

**四、加工中心主要技术参数**

1）工作台尺寸、工作台承重、交换时间。

2）坐标行程、摆角范围。

3）主轴转速范围、功率，主轴孔锥度。

4）刀库容量、换刀时间、最大刀具尺寸及最大刀具重量。

5）交换工作台尺寸、数量、交换时间。

6）定位精度、重复定位精度。

7）快速进给速度、切削进给速度。

8）外形尺寸。

9）净重。

**五、加工中心的结构**

**1. 加工中心的基本组成**（图7-11）

加工中心一般由床身、主轴箱、工作台、底座、立柱、横梁、进给机构、自动换刀装置、辅助系统（气液、润滑、冷却）、控制系统等组成。同类型加工中心的结构布局相似，主要在刀库的结构和位置上有区别。

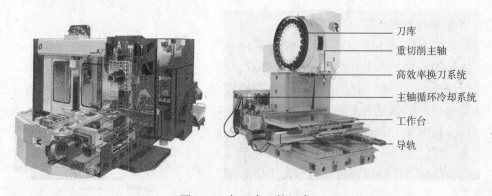

图7-11　加工中心的组成

**2. 自动换刀装置**（ATC）

自动换刀装置用来交换主轴与刀库中的刀（工）具。

（1）对自动换刀装置的要求　刀库容量适当，换刀时间短，换刀空间小，动作可靠、使用稳定，刀具重复定位精度高，刀具识别准确等。

（2）刀库　在加工中心上使用的刀库主要有两种，一种是盘式刀库，一种是链式刀库。盘式刀库容量相对较小，一般为 1 ~ 24 把刀具，主要适用于小型加工中心；链式刀库刀库容量大，一般为 1 ~ 100 把刀具，主要适用于大中型加工中心。

（3）换刀方式　换刀方式常用的有机械手换刀和主轴换刀，如图 7-12 所示。

 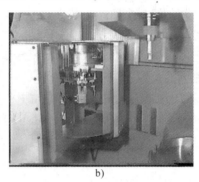

a)　　　　　　　　　　　　　　　b)

图 7-12　换刀方式

a）机械手换刀　b）主轴换刀

### 3. 工作台自动交换装置（APC）

（1）工作台自动交换装置的作用　它可携带工件在工位及机床之间转换，减小定位误差，减少装夹时间，提高加工精度及生产效率。

（2）对工作台自动交换装置的要求　工作台数量适当，交换时间短，交换空间小，动作可靠、使用稳定，工作台重复定位精度高。

（3）工作台自动交换装置的类型　工作台自动交换装置有回转交换式和移动交换式两种，如图 7-13 所示。

 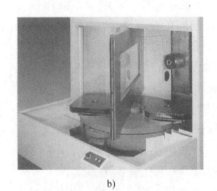

a)　　　　　　　　　　　　　　　b)

图 7-13　工作台自动交换装置

a）移动交换式　b）回转交换式

### 4. 对刀装置

对刀的目的是通过刀具或对刀工具确定工件坐标系与机床坐标系之间的空间位置关系，并将对刀数据输入到相应的存储位置，是数控加工中最重要的操作内容，其准确性将直接影响零件的加工精度。对刀根据现有条件和加工精度要求选择对刀方法，可采用试切法、寻边器对刀、机内对刀仪对刀、自动对刀等。其中试切法对刀精度较低，加工中常用寻边器和 $Z$ 轴设定器对刀，效率高，能保证对刀精度。

常用的对刀工具有寻边器、$Z$ 轴设定器、机内对刀仪以及刀具预调仪。

（1）寻边器　寻边器有偏心式寻边器和光电式寻边器两种。

1）偏心式寻边器。偏心式寻边器由两段圆柱销组成，内部靠弹簧连接，如图 7-14 所示。使用时，其一端与主轴同心装夹，并以较低的转速（大约 600r/min）旋转。由于离心力的作用，另一端的销子首先做偏心运动。在销子接触工件的过程中，会出现短时间的同心运动，这时记下系统显示器显示数据（机床坐标），结合考虑接触处销子的实际半径，即可确定工件接触面的位置。

2）光电式寻边器。光电式寻边器如图 7-15 所示。光电式寻边器一般由柄部和触头组成，光电式寻边器需要内置电池，当其找正球接触工件时，发光二极管亮，其重复找正精度在 $2\mu m$ 以内。图 7-16 所示为其应用示例（测量孔径、台阶高、槽宽、直径及坐标系设定）。

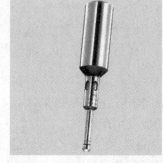

图 7-14　偏心式寻边器　　　　　　　　图 7-15　光电式寻边器

（2）$Z$ 轴设定器　$Z$ 轴设定器用以确定主轴方向的坐标数据，其形式多样，有机械式对刀器、电子式对刀器，如图 7-17 所示。对刀时将刀具的端刃与工件表面或 $Z$ 轴设定器的测头接触，利用机床坐标的显示来确定对刀值。当使用 $Z$ 轴设定器对刀时，要将 $Z$ 轴设定器的高度考虑进去。图 7-18 所示为 $Z$ 轴设定器与刀具和工件的关系。

（3）对刀仪（图 7-19）　使用对刀仪，可测量刀具的半径和长度，并进行记录，然后将刀具的测量数据输入机床的刀具补偿表中，供加工中进行刀具补偿时调用。

**六、加工中心的选用**

卧式加工中心适用于需多工位加工

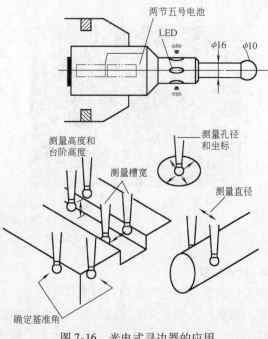

图 7-16　光电式寻边器的应用

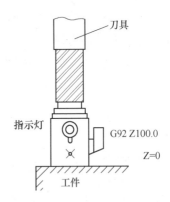

图 7-17　Z 轴设定器　　　　　　　图 7-18　Z 轴设定器与刀具和工件的关系

图 7-19　光学数显对刀仪

和位置精度要求较高的零件，如箱体、泵体、阀体和壳体等。立式加工中心适用于需单工位加工的零件，如箱盖、端盖和平面凸轮等。规格（指工作台宽度）相近的加工中心，一般卧式加工中心的价格要比立式加工中心贵 50% ~ 100%。因此，从经济性角度考虑，完成同样工艺内容，宜选用立式加工中心。但卧式加工中心的工艺范围较宽。

**1. 加工中心规格的选择**

选择加工中心的规格主要考虑工作台的大小、坐标行程、坐标数量和主电动机功率等。

所选工作台台面应比零件稍大一些，以便安装夹具。例如，零件是 450mm × 450mm × 450mm 的箱体，选取尺寸为 500mm × 500mm 的工作台即可。加工中心工作台台面尺寸与 X、Y、Z 三坐标行程有一定的比例关系，如工作台台面为 500mm × 500mm，则 X、Y、Z、坐标行程分别为 700 ~ 800mm、550 ~ 700mm、500 ~ 600mm。若工件尺寸大于坐标行程，则加工区域必须在坐标行程以内。另外，工件和夹具的总重量不能大于工作台的额定负载，工件移动轨迹不能与机床防护罩干涉，交换刀具时，不得与工件相碰等。

加工中心的坐标数根据加工对象选择。加工中心有 X、Y、Z 三向直线移动坐标，还有 A、B、C 回转坐标和 U、V、W 附加坐标。

主轴电动机功率反映了机床的切削效率和切削刚性。加工中心一般都配置功率较大的交流或直流调速电动机，调速范围比较宽，可满足高速切削的要求。但在用大直径盘铣刀铣削平面和粗镗大孔时，转速较低，输出功率较小，转矩受限制。因此，必须对低速转矩进行校核。

### 2. 加工中心精度的选择

根据零件关键部位的加工精度选择加工中心的精度等级。国产加工中心按精度分为普通型和精密型两种。表7-1列出了加工中心所有精度项目当中的几项关键精度。

表7-1 加工中心精度等级 （单位：mm）

| 精度项目 | 普通型 | 精密型 |
|---|---|---|
| 单轴定位精度 | ±0.01/300 | 0.005/全长 |
| 单轴重复定位精度 | ±0.006 | ±0.003 |
| 铣圆精度 | 0.03~0.04 | 0.02 |

定位精度是指数控机床工作台或其他运动部件，实际运动位置与指令位置的一致程度，其不一样的差量即为定位误差。引起定位误差的因素包括伺服系统、检测系统、进给系统误差以及运动部件导轨的几何误差等。因此，所选加工中心应有必要的误差补偿功能，如螺旋误差补偿功能、反向间隙补偿功能等。定位精度基本上反映了加工精度。一般来说，加工两个孔的孔距误差是定位精度的1.5~2倍。在普通型加工中心上加工，孔距精度可达IT8级，在精密型加工中心上加工，孔距精度可达IT5~IT7级。根据经验，一般应选择加工中心的各项精度为零件对应精度的0.5~0.65倍较为合理。

重复定位精度是指在相同的操作方法和条件下，在完成规定操作次数过程中得到结果的一致程度。重复定位精度一般是呈正态分布的偶然性误差，它会影响批量加工零件的一致性，是一项非常重要的性能指标。一般数控机床的定位精度为0.01mm，重复定位精度为0.005mm。

### 3. 加工中心功能的选择

选择加工中心时主要考虑以下几项功能：

（1）数控系统功能 每种数控系统都备有许多功能，如随机编程、图形显示、人机对话、故障诊断等功能。有些功能属基本功能，有些功能属选择功能。在基本功能的基础上，每增加一项功能，费用要增加几千元到几万元。因此，应根据实际需要选择数控系统的功能。

（2）坐标轴控制功能 坐标轴控制功能主要从零件本身的加工要求来选择。如平面凸轮需两轴联动，复杂曲面的叶轮、模具等需三轴或四轴以上联动。

（3）工作台自动分度功能 当零件在卧式加工中心上需经多工位加工时，机床的工作台应具有分度功能。普通型的卧式加工中心多采用鼠齿盘定位的工作台自动分度，分度定位精度较高，其分度定位间距有0.5°×720、1°×360、3°×120、5°×72等几种，根据零件的加工要求选择相应的分度定位间距。立式加工中心也可配置数控分度头。

### 4. 刀库容量的选择

通常根据零件的工艺分析，算出工件一次安装所需刀具数，来确定刀库容量。刀库容量需留有余地，但不宜太大。因为大容量刀库成本和故障率高、结构和刀具管理复杂。

统计了立式加工中心加工的15000种工件，按成组技术分析如下：4把铣刀可完成95%的铣削加工；10把孔加工刀具可完成70%的钻削，因此14把刀的容量可完成70%以上的工件钻铣加工。完成80%工件的全部加工需刀40种以下，所以一般中小型立式加工中心配有14~30把刀具的刀库就能满足70%~95%工件的加工需要。在卧式加工中心上选用40把左右刀具容量的刀库即可满足使用要求。

# 第二节　加工中心加工工艺的制订

制订加工中心加工工艺方案是数控加工中的一项重要工作，其主要内容包括：分析零件的工艺性、选择加工中心及设计零件的加工工艺等。

## 一、零件的加工工艺分析

零件的工艺分析是制订加工中心加工工艺的首要工作。其任务是分析零件图的完整性、正确性和技术要求、选择加工内容、分析零件的结构工艺性和定位基准等。

### 1. 加工中心加工内容的选择

加工内容选择是指选定了适合加工中心加工的零件之后，选择零件上适合加工中心加工的表面。这种表面通常是：

1）尺寸精度要求较高的表面。

2）相互位置精度要求较高的表面。

3）不便于普通机床加工的复杂曲线、曲面。

4）能够集中加工的表面。

### 2. 零件结构的工艺性分析

从机械加工的角度考虑，在加工中心上加工的零件，其结构工艺性应具备以下几点要求。

1）零件的切削加工量要小，以便减少加工中心的切削加工时间，降低零件的加工成本。

2）零件上光孔和螺纹的尺寸规格尽可能少，减少加工时钻头、铰刀及丝锥等刀具的数量，以防刀库容量不够。

3）零件尺寸规格尽量标准化，以便采用标准刀具。

4）零件加工表面应具有加工的方便性和可能性。

5）零件结构应具有足够的刚性，以减少夹紧变形和切削变形。

表7-2中列举了部分零件的孔加工工艺性对比实例。

表7-2　零件的孔加工工艺性对比实例

| 序号 | A——工艺性差的结构 | B——工艺性好的结构 | 说　明 |
|---|---|---|---|
| 1 | | | A结构不便引进刀具，难以实现孔的加工 |

(续)

| 序号 | A——工艺性差的结构 | B——工艺性好的结构 | 说　明 |
|---|---|---|---|
| 2 | | | B结构可避免钻头钻入和钻出时因工件表面倾斜而造成的引偏和断损 |
| 3 | | | B结构节省材料，减小了质量，还避免了深孔加工 |
| 4 | M17 | M16 | A结构不能采用标准丝锥攻螺纹 |
| 5 | Ra 0.8 | Ra 0.8　Ra 12.5　Ra 0.8 | B结构减少配合孔的加工面积 |
| 6 | | | B结构孔径从一个方向递减或从两个方向递减，便于加工孔 |
| 7 | | | B结构减少孔内螺纹的加工 |
| 8 | | | B结构刚性好 |

## 二、零件的工艺设计

设计加工中心加工的零件的工艺主要从精度和效率两方面考虑。在保证零件质量的前提下，要充分发挥机床的加工效率。工艺设计的内容主要包括以下几个方面。

### 1. 加工方法的选择

加工中心加工零件的表面不外乎平面、平面轮廓、曲面、孔和螺纹等。所选加工方法要与零件的表面特征、所要求达到的精度及表面粗糙度相适应。

平面、平面轮廓及曲面在镗铣类加工中心上采用铣削方式加工。经粗铣的平面，尺寸精度可达 IT12 ~ IT14 级（指两平面之间的尺寸），表面粗糙度值可达 $Ra12.5 ~ 50\mu m$。经粗、精铣的平面，尺寸精度可达 IT7 ~ IT9 级，表面粗糙度值可达 $Ra1.6 ~ 3.2\mu m$。

孔加工方法比较多，有钻削、扩削、铰削和镗削等。大直径孔还可采用圆弧插补方式进行铣削加工。对于直径大于 $\phi30mm$ 的已铸出或锻出毛坯孔的孔加工，一般采用粗镗—半精镗—孔口倒角—精镗加工方案，孔径较大的可采用立铣刀粗铣—精铣加工方案。有空刀槽时可用三面刃铣刀在半精镗之后、精镗之前进行铣削，也可用镗刀进行单刀镗削，但单刀镗削效率低。

对于直径小于 $\phi30mm$ 的无毛坯孔的孔加工，通常采用锪平端面—钻中心孔—钻—扩—孔口倒角—铰孔加工方案；有同轴度要求的小孔，需采用锪平端面—钻中心孔—钻—半精镗—孔口倒角—精镗（或铰）加工方案。为提高孔的位置精度，在钻孔工步前须安排锪平端面和钻中心孔工步。孔口倒角安排在半精加工之后、精加工之前，以防孔内产生毛刺。

一般情况下内螺纹的加工，M6 ~ M20 之间的螺纹，通常采用攻螺纹方法加工。M6 以下的螺纹，可在加工中心上完成底孔加工，再通过其他手段攻螺纹。因为在加工中心上攻螺纹不能随机控制加工状态，小直径丝锥容易折断。M20mm 以上的螺纹，可采用铣削（或镗削）加工。另外，还可铣外螺纹。

### 2. 加工阶段的划分

在加工中心上加工的零件，其加工阶段的划分主要根据零件是否已经过粗加工、加工质量要求的高低、毛坯质量的高低以及零件批量的大小等因素确定。

若零件已在其他机床上经过粗加工，加工中心只是完成最后的精加工，则不必划分加工阶段。

对加工质量要求较高的零件，若其主要表面在上加工中心加工之前没有经过粗加工，则应尽量将粗、精加工分开进行。使零件粗加工后有一段自然时效过程，以消除残余应力和恢复切削力、夹紧力引起的弹性变形、切削热引起的热变形，必要时还可以安装人工时效处理，最后通过精加工消除各种变形。

对加工精度要求不高，而毛坯质量较高，加工余量不大，生产批量很小的零件或新产品试制中的零件，利用加工中心良好的冷却系统，可把粗、精加工合并进行。但粗、精加工应划分成两道工序分别完成。

### 3. 加工顺序的安排

在加工中心上加工零件，一般都有多个工步，使用多把刀具，因此加工顺序安排得是否合理，直接影响到加工精度、加工效率、刀具数量和经济效益。在安排加工顺序时同样要遵循"基面先行"、"先粗后精"、"先主后次"及"先面后孔"的一般工艺原则。此外还应考虑以下几点：

（1）减少换刀次数　节省辅助时间。一般情况下，每换一把新的刀具后，应通过移动坐标、回转工作台等将由该刀具切削的所有表面全部完成。

（2）每道工序尽量减少刀具的空行程移动量　按最短路线安排加工表面的加工顺序。安排加工顺序时可参照采用粗铣大平面—粗镗孔、半精镗孔—立铣刀加工—加工中心孔—钻孔—攻螺纹—平面和孔精加工（精铣、铰、镗等）的加工顺序。

**4. 进给路线的确定**

加工中心上刀具的进给路线可分为孔加工进给路线和铣削加工进给路线。

（1）孔加工时进给路线的确定　孔加工时，一般是首先将刀具在 XY 平面内快速定位运动到孔中心线的位置上，然后刀具再沿 Z 向（轴向）运动进行加工。所以孔加工进给路线的确定包括：

1）确定 XY 平面内的进给路线。孔加工时，刀具在 XY 平面内的运动属于点位运动，确定进给路线时，主要考虑：

① 定位要迅速。也就是在刀具不与工件、夹具和机床碰撞的前提下空行程时间尽可能短。例如，加工图 7-20a 所示零件，按图 7-20b 所示进给路线进给比按图 7-20c 所示进给路线进给节省近一半的定位时间。这是因为在点位运动情况下，刀具由一点运动到另一点时，通常是沿 X、Y 坐标轴方向同时快速移动，当 X、Y 轴各自移距不同时，短移距方向的运动先停，待长移距方向的运动停止后刀具才达到目标位置。图 7-20b 所示方案使沿两轴方向的移距接近，所以定位过程迅速。

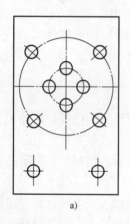 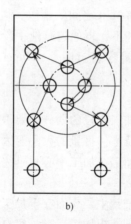 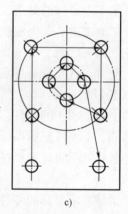

a)　　　　　　　b)　　　　　　　c)

图 7-20　最短进给路线设计示例

② 定位要准确。安排进给路线时，要避免机械进给系统反向间隙对孔位精度的影响。例如，镗削图 7-21a 所示零件上的 4 个孔。按图 7-21b 所示进给路线加工，由于 4 孔与 1、2、3 孔定位方向相反，Y 向反向间隙会使定位误差增加，从而影响 4 孔与其他孔的位置精度。按图 7-21c 所示进给路线，加工完 3 孔后往上多移动一段距离至 P 点，然后再折回来在 4 孔处进行定位加工，这样方向一致，就可避免反向间隙的引入，提高了 4 孔的定位精度。

定位迅速和定位准确有时两者难以同时满足，在上述两例中，图 7-20b 所示是按最短路线进给，但不是从同一方向趋近目标位置，影响了刀具定位精度，图 7-21c 所示是从同一方向趋近目标位置，但不是最短路线，增加了刀具的空行程。这时应抓主要矛盾，若按最短路线进给能保证定位精度，则取最短路线，反之，应取能保证定位准确的路线。

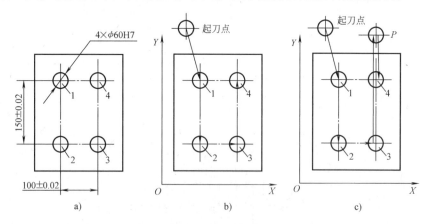

图 7-21　准确定位进给路线设计示例

2）确定 Z 向（轴向）的进给路线。刀具在轴向的进给路线分为快速移动进给路线和工作进给路线。刀具先从初始平面快速运动到距工件加工表面一定距离的 R 平面（距工件加工表面的距离为切入距离的平面）上，然后按工作进给速度运动进行加工。图 7-22a 所示为加工单个孔时刀具的进给路线。对多孔加工，为减少刀具空行程进给时间，加工中间孔时，刀具不必退回到初始平面，只要退到 R 平面上即可，其进给路线如图 7-22b 所示。

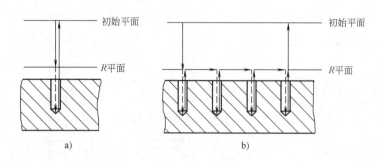

图 7-22　刀具 Z 向进给路线设计示例

（2）铣削加工时进给路线的确定　铣削加工进给路线比孔加工进给路线要复杂些，因为铣削加工的表面有平面、平面轮廓、各种槽及空间曲面等，表面形状不同，进给路线也就不一样。但总的可分为切削进给和 Z 向快速移动进给两种路线。切削进给路线已在第六章中详细介绍过，那里介绍的铣削加工进给路线对加工中心铣削加工同样适用，因此不再重复。

### 三、刀具下刀、进退刀方式的确定

#### 1. 刀具下刀方式

Z 轴下刀方式如图 7-23 所示。

注意：

1）起始高度是为防止刀具与工件发生碰撞而设置的。

2）安全高度以下，刀具以工作进给速度切至背吃刀量。

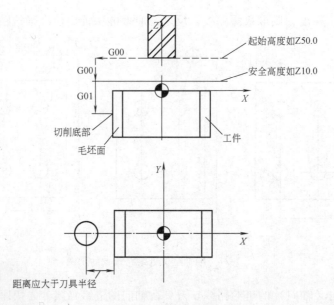

图 7-23　下刀方式

3）如果加工型腔，可在工件加工位置上方直接落刀，用立铣刀需做落刀孔。

**2. 刀具的进退刀方式**

进退刀方式在铣削加工中是非常重要的，二维轮廓的铣削加工常见的进退刀方式有垂直进刀、侧向进刀和圆弧进刀方式，如图 7-24 所示。垂直进刀路径短，但工件表面有接痕，常用于粗加工；侧向进刀和圆弧进刀，工件加工表面质量高，多用于精加工。

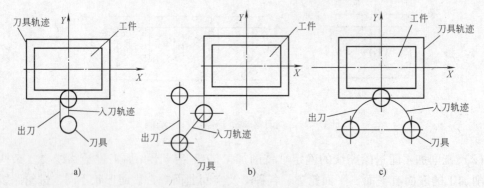

图 7-24　刀具的进、退刀方式
a）垂直进刀　b）侧向进刀　c）圆弧进刀

# 第三节　典型零件的加工中心加工工艺

本节将选择几个典型实例，简要介绍加工中心的加工工艺，以便进一步掌握制订加工中心加工工艺的方法和步骤。

## 一、综合零件的数控加工工艺

完成如图 7-25 所示工件的数控加工工艺。零件材料：45 钢；加工数量：500 件。

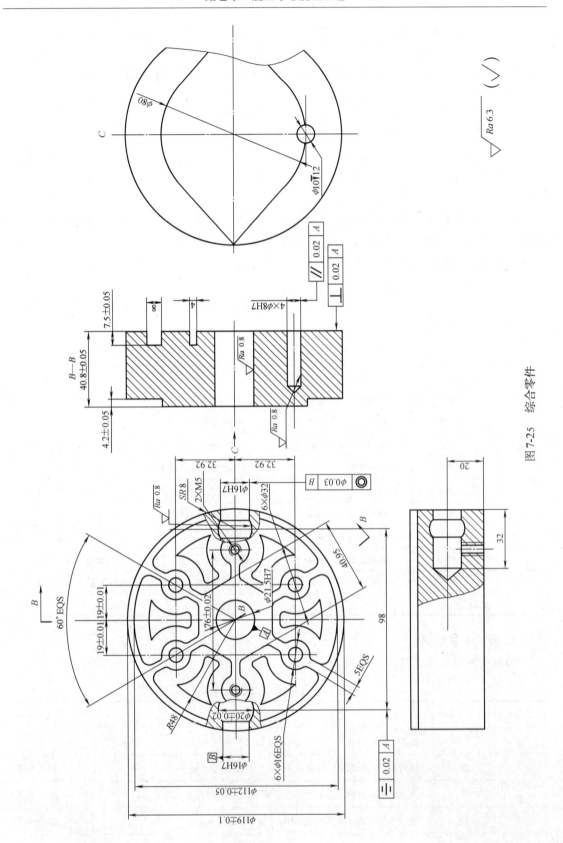

图7-25 综合零件

**1、零件加工工艺分析**

1）工艺分析。该零件有孔系、曲线复杂的型腔，尺寸标注齐全、基准清晰。尺寸公差要求最高为IT6级精度、形状和位置公差精度要求高，表面粗糙度值最高要求为 $Ra0.8\mu m$。

2）毛坯尺寸：$\phi125mm \times 50mm$。

3）定位夹紧方式。$\phi21.5H7$ 作为定位基准，小锥度心轴定位，压板压紧。

4）加工设备。选择立卧转换加工中心来加工。根据零件的结构特点、尺寸和技术要求，选择立卧转换加工中心。该加工中心的工作台面积为 $630mm \times 630mm$，刀库容量为60把，一次装夹可完成不同工位的钻、扩、铰、镗、铣、攻螺纹等工步。工作台应有分度功能。

5）工艺路线。先在卧式车床上车成外圆，粗钻孔后镗孔至图样尺寸，在加工中心上铣成 C 向视图形状，用 $\phi21.5H7$ 作为定位基准小锥度心轴定位压板压紧，粗、精铣成型腔，钻孔、半精镗、精镗 $\phi16H7$，然后加工各孔。

**2. 刀具及切削用量选择**

根据工件表面的质量要求、刀具材料和工件材料，参考切削用量手册或相关资料选取。编制刀具卡，见表7-3。

表7-3 刀具卡

| 产品名称或代号 | | ××× | | 零件名称 | 综合零件 | 零件图号 | ××× |
|---|---|---|---|---|---|---|---|
| 序号 | 刀具号 | 刀具规格 | 数量 | 加工表面 | | 刀长/mm | 备注 |
| 1 | T04 | $\phi16mm$ 立铣刀 | 1 | C 向视图外形 | | 实测 | |
| 2 | T05 | 直柄麻花钻 $\phi10mm$ | 1 | $\phi10mm$ 孔 | | 实测 | |
| 3 | T06 | $\phi8mm$ 立铣刀 | 1 | 宽度为 8mm 的型腔 | | 实测 | |
| 4 | T07 | 镗孔刀 | 1 | $\phi16H7$、SR8 | | 实测 | |
| 5 | T08 | 直柄麻花钻 $\phi7.5mm$ | 1 | 粗钻 $\phi7.94mm$ | | 实测 | |
| 6 | T09 | 专用铰刀 $\phi7.94mm$ | 1 | $\phi7.94mm$ 孔 | | 实测 | |
| 7 | T10 | 直柄麻花钻 $\phi4.25mm$ | 1 | 加工螺纹备制孔 | | 实测 | |
| 8 | T11 | M5 丝锥 | 1 | 加工 M5 螺纹 | | 实测 | |
| 编制 | ××× | 审核 | ××× | 批准 | ××× | 共 页 | 第 页 |

**3. 加工工艺编制**

编制机械加工工艺过程卡，见表7-4。

表7-4 机械加工工艺过程卡

| 工序号 | 工序名称 | 工序内容 | 加工设备 |
|---|---|---|---|
| 1 | 下料 | $\phi125mm \times 50mm$ | |
| 2 | 车 | 夹外径，车外圆 $\phi119mm$ 长 41mm，粗钻孔 $\phi20mm$ | 卧式车床 |
| 3 | 车 | 夹 $\phi119mm$ 外圆，靠端面，齐总长 40.8mm，镗孔 $\phi21.5H7$ | 卧式车床 |
| 4 | 铣 | 铣成 C 向视图形状并钻孔 $\phi10mm$ 深 12mm | 数控铣床 |

（续）

| 工序号 | 工序名称 | 工序内容 | 加工设备 |
|---|---|---|---|
| 5 | 加工中心 | $\phi21.5H7$ 定位，压板压紧，铣成六个宽度为 8mm 型腔。转换工作台位置，钻孔、半精镗、精镗 $\phi16H7$、SR8mm 达到图样要求。后工作台转 180°加工另一半 $\phi16H7$、SR8mm。钻、铰 $\phi7.94$mm 孔，保证均布关系加工螺纹备制孔，并攻螺纹 | 加工中心 |

说明：$\phi21.5H7$ 做基准定位使用一根小锥度心轴（1∶5000 ~ 1∶1000），四周用压板压紧加工过程中要变换一次压板位置。这样保证定位基准和设计基准重合。

**4. 编制加工中心数控加工工序卡**（表 7-5）

表 7-5 加工中心数控加工工序卡

| 单位名称 | ××× | 产品名称或代号 | | 零件名称 | | 零件图号 | | |
|---|---|---|---|---|---|---|---|---|
| | | ××× | | 综合零件 | | ××× | | |
| 工序号 | 程序编号 | 夹具名称 | | 使用设备 | | 车间 | | |
| ××× | ××× | 安装：心轴定位、压板压紧 | | 立卧式加工中心 | | 数控中心 | | |
| 工步号 | 工步内容 | 刀具号 | 刀具规格 | 主轴转速 /(r/min) | 进给速度 /(mm/min) | 背吃刀量 /mm | 备注 | |
| 1 | 铣 C 向视图形状 | T04 | $\phi16$mm 立铣刀 | 600 | 60 | 2 | | |
| 2 | 钻 $\phi10$mm 孔 | T05 | 直柄麻花钻 $\phi10$mm | 600 | 60 | | | |
| 3 | 铣 6 个宽度为 8mm 的型腔 | T06 | $\phi8$mm 立铣刀 | 800 | 50 | | | |
| 4 | 镗孔 $\phi16H7$、SR8 | T07 | 镗孔刀 | 1000 | 80 | | | |
| 5 | 粗钻 $\phi7.94$mm | T08 | 直柄麻花钻 $\phi7.5$mm | 1000 | 80 | | | |
| 6 | 铰 $\phi7.94$mm 孔 | T09 | 专用铰刀 $\phi7.94$mm | 500 | 60 | | | |
| 7 | 加工螺纹备制孔 | T10 | 直柄麻花钻 $\phi4.25$mm | 800 | 60 | | | |
| 8 | 加工 M5 螺纹 | T11 | M5 丝锥 | 800 | 60 | | | |
| 编制 | ××× | 审核 ××× | 批准 ××× | 年 月 日 | | 共 页 第 页 | | |

**二、异形件的数控铣削工艺分析**

如图 7-26 所示为某机床变速箱体中操纵机构上的拨动杆，用于把转动变为拨动，实现操纵机构的变速功能。材料为 HT200，该零件的生产类型为中批量生产。分析其数控加工工艺。

**1. 零件图工艺分析**

先对拨动杆零件进行精度分析。对于形状和尺寸（包括形状公差、位置公差）较复杂的零件，一般采用化整体为部分的分析方法，即把一个零件看做由若干组表面及相应的若干组尺寸组成。然后分别分析每组表面的结构及其尺寸、精度要求，最后再分析这几组表面之间的位置关系。由零件图样可以看出，该零件上有三组加工表面，这三组加工表面之间有相互位置要求，其具体分析如下：

三组加工表面中每组的技术要求是：

1）以尺寸 $\phi16H7$ 为主的加工表面，包括 $\phi25h8$ 外圆、端面以及与之相距$(74 \pm 0.3)$mm的孔 $\phi10H7$。其中 $\phi16H7$ 孔中心与 $\phi10H7$ 孔中心的连线，是确定其他各表面方位的设计基准，以下简称为两孔中心连线。

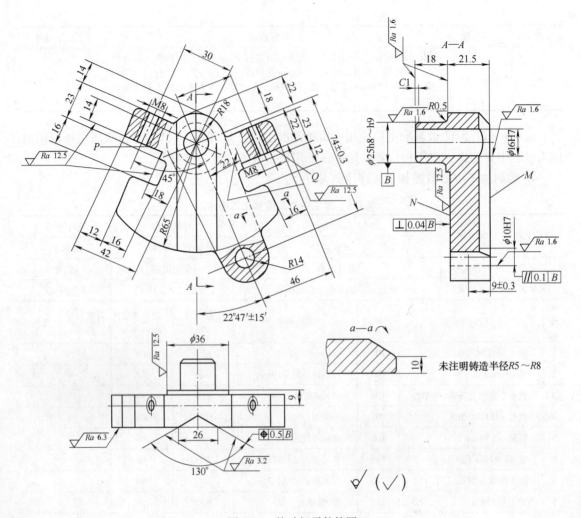

图 7-26 拨动杆零件简图

2）表面粗糙度值为 $Ra6.3\mu m$ 的平面 $M$，以及平面 $M$ 上的角度为 130°的槽。

3）$P$、$Q$ 两平面，及相应的 $2 \times M8$ 螺纹孔。

对这三组加工表面之间主要的相互位置要求是：

第 1）组和第 2）组为零件上的主要表面。第 1）组加工表面垂直于第 2）组加工表面，平面 $M$ 是设计基准。第 2）组面上槽的位置公差为 $\phi0.5mm$，即槽的位置（槽的中心线）与 $B$ 面轴线垂直且相交，偏离误差不大于 $\phi0.5mm$。槽的方向与两孔中心连线的夹角为 $22°47'$ $\pm15'$。

第 3）组及其他螺纹孔为次要表面。第 3）组上的 $P$、$Q$ 两平面与第 1）组的 $M$ 面垂直，$P$ 面上螺纹孔 M8 的轴线与两孔中心线连线的夹角为 45°。$Q$ 面上的螺纹孔 M8 的轴线与两孔中心线连线平行。而平面 $P$、$Q$ 位置分别与螺纹孔 M8 的轴线垂直，$P$、$Q$ 位置也就确定了。

**2. 设备的选择**

该零件加工表面较多，用普通机床加工，工序分散，工序数目多。采用加工中心可以将普通机床加工的多个工序在一个工序内完成，提高生产率，降低生产成本，因此选用加工中心。

### 3. 确定零件的定位基准

选择精基准的顺序是，首先考虑以什么表面为精基准定位加工工件的主要表面，然后考虑以什么面为粗基准定位加工出精基准表面，即先确定精基准，然后选出粗基准。由零件的工艺分析可知，此零件的设计基准是 $M$ 平面、$\phi16$mm 和 $\phi10$mm 两孔中心的连线，根据基准重合原则，应选设计基准为精基准，即以 $M$ 平面和两孔为精基准。由于多数工序的定位基准都是一面两孔，因此上述的选择也符合基准统一原则。

根据粗基准选择应合理分配加工余量的原则，应选 $\phi25$mm 外圆的毛坯面为粗基准（限制四个自由度），以保证其加工余量均匀；选平面 $N$ 为粗基准（限制一个自由度），以保证其有足够的余量；根据要保证零件上加工表面与不加工表面相互位置的原则，应选 $R14$mm 圆弧面为粗基准（限制一个自由度），以保证 $\phi10$mm 孔轴线在 $R14$mm 圆心上，使 $R14$mm 处壁厚均匀。

### 4. 工艺路线的拟定

加工工艺路线安排如下：

1）工序 1：以 $\phi25$mm 外圆（四个自由度）、$N$ 面（一个自由度）、$R14$mm（一个自由度）为粗基准定位，采用立式加工中心加工，工步内容为：铣 $M$ 面，粗铣—精铣尺寸为 130° 的槽；铣 $P$、$Q$ 面到尺寸；钻—扩—铰加工 $\phi16$H7、$\phi10$H7 两孔。为消除粗加工（钻孔）所产生的力变形及热变形对精加工的影响，在钻孔后，插入铣 $P$、$Q$ 面的工步，以使钻孔后的表面有短暂的散热时间，最后安排孔的半精加工（扩孔）、精加工（铰孔）工步，以保证加工精度。

2）工序 2：以 $M$ 面、$\phi16$H7 和 $\phi10$H7（一面两孔）定位，车 $\phi25$mm 外圆到尺寸，车 $N$ 面到尺寸。

3）工序 3：以 $M$ 面、$\phi16$H7 和 $\phi10$H7（一面两孔）定位，钻—攻螺纹加工 $2 \times$ M8 螺纹孔。

由以上分析可以看到，只需要三道工序就可以完成零件的加工，工序集中，极大提高了生产率，充分地反映了采用数控加工的优越性、先进性。下面针对工序 1 的数控加工工艺进行分析，工序 2、3 分析省略。

### 5. 刀具选择

编制刀具卡，见表 7-6。

表 7-6　刀具卡　　　　编制人　年　月　日

| 产品名称或代号 | | ××× | | 零件名称 | 拨动杆 | 零件图号 | | ××× |
|---|---|---|---|---|---|---|---|---|
| 序号 | 刀具号 | 刀具规格 | | 数量 | 加工表面 | | 刀长/mm | 备注 |
| 1 | T01 | 面铣刀 $\phi120$mm | | 1 | 铣 $M$ 平面 | | 实测 | |

### 6. 确定切削用量（略）

### 7. 加工工艺编制

编制机械加工工艺过程卡，见表 7-7。

**表7-7　机械加工工艺过程卡**

| 产品名称或代号 | | ××× | | 零件名称 | 拨动杆 | 零件图号 | ××× | |
|---|---|---|---|---|---|---|---|---|
| 序号 | 刀具号 | 刀具规格 | | 数量 | 加工表面 | | 刀长/mm | 备注 |
| 1 | T02 | 成形铣刀 | | 1 | 粗、精铣130°槽 | | 实测 | |
| 2 | T03 | 中心钻134-4 | | 1 | 钻φ10mm、φ16mm中心孔 | | 实测 | |
| 3 | T04 | 麻花钻φ15mm | | 1 | 钻φ16mm孔至尺寸φ15mm | | 实测 | |
| 4 | T05 | 麻花钻φ9mm | | 1 | 钻φ10mm孔至尺寸φ9mm | | 实测 | |
| 5 | T06 | 立铣刀φ15mm | | 1 | 铣P、Q面到尺寸 | | 实测 | |
| 6 | T07 | 扩孔钻φ15.85mm | | 1 | 扩φ16mm孔至尺寸φ15.85mm | | 实测 | |
| 7 | T08 | 扩孔钻φ9.8mm | | 1 | 扩φ10mm孔至尺寸φ9.8mm | | 实测 | |
| 8 | T09 | 铰刀φ16H7 | | 1 | 铰φ16H7孔 | | 实测 | |
| 9 | T10 | 铰刀φ10H7 | | 1 | 铰φ10H7孔 | | 实测 | |
| 编制 | ××× | 审核 | ××× | 批准 | ××× | 共 页 | 第 页 | |

## 8. 编制数控加工工序卡（表7-8）

**表7-8　数控加工工序卡**　　　　编制人　年　月　日

| 单位名称 | ××× | 产品名称或代号 | | | 零件名称 | | 零件图号 |
|---|---|---|---|---|---|---|---|
| | | ××× | | | 拨动杆 | | ××× |
| 工序号 | 程序编号 | 夹具名称 | | | 使用设备 | | 车间 |
| ××× | ××× | 组合夹具 | | | 立式加工中心 | | 数控中心 |
| 工步号 | 工步内容 | 刀具号 | 刀具规格 | 主轴转速/(r/min) | 进给速度/(mm/min) | 背吃刀量/mm | 备注 |
| 1 | 铣M平面 | T01 | 面铣刀φ120mm | 600 | 60 | 2 | |
| 2 | 粗铣130°槽，留余量0.5mm | T02 | 成形铣刀 | 600 | 60 | | |
| 3 | 精铣130°槽 | T02 | 成形铣刀 | 800 | 50 | | |
| 4 | 钻φ16mm中心孔 | T03 | 中心钻134-4 | 1000 | 80 | | |
| 5 | 钻φ10mm中心孔 | T03 | 中心钻134-4 | 1000 | 80 | | |
| 6 | 钻φ16mm孔至尺寸φ15mm | T04 | 麻花钻φ15mm | 500 | 60 | | |
| 7 | 钻φ10mm孔至尺寸φ9mm | T05 | 麻花钻φ9mm | 800 | 60 | | |
| 8 | 铣P面到尺寸 | T06 | 立铣刀φ15mm | 800 | 60 | | |
| 9 | 铣Q面到尺寸 | T06 | 立铣刀φ15mm | 800 | 60 | | |
| 10 | 扩φ16mm孔至尺寸φ15.85mm | T07 | 扩孔钻φ15.85mm | 800 | 60 | | |
| 11 | 扩φ10mm孔至尺寸φ9.8mm | T08 | 扩孔钻φ9.8mm | 800 | 60 | | |
| 12 | 铰φ16H7孔成 | T09 | 铰刀φ16H7 | 100 | 50 | | |
| 13 | 铰φ10H7孔成 | T10 | 铰刀φ10H7 | 100 | 50 | | |
| 编制 | ××× | 审核 | ××× | 批准 | ××× | 年 月 日 | 共 页　第 页 |

## 三、箱体类零件的加工工艺

完成图7-27所示主轴箱体的加工工艺编制。

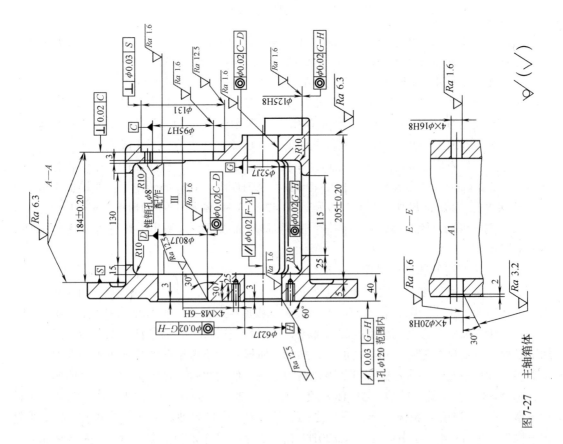

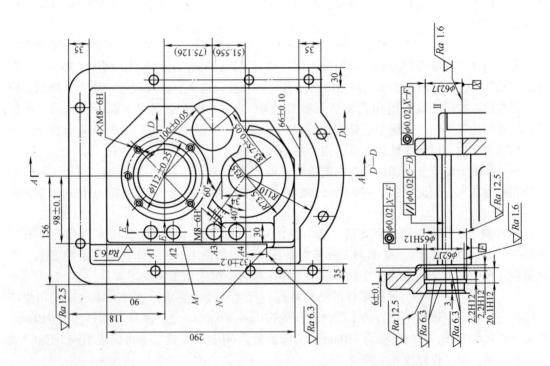

图 7-27　主轴箱体

**1. 加工工艺分析**

（1）零件图工艺分析　该箱体毛坯为铸件，壁厚不均，毛坯余量较大。主要加工表面集中在箱体左、右两壁上（相对于 A—A 剖视图），基本上是孔系。主要配合表面的尺寸精度为 IT7 级。为了保证变速箱体内齿轮的啮合精度，孔系之间及孔系内各孔之间均提出了较高的相互位置精度要求，其中 I 孔对 II 孔、II 孔对 III 孔的平行度以及 I、II、III、IV 孔内各孔之间的同轴度均为 $\phi$0.02mm。其余还有孔与平面及端面与孔的垂直度要求。为了提高加工效率和保证各加工表面之间的相互位置精度，尽可能在一次装夹下完成绝大部分表面的加工。因此，下列表面在加工中心上加工：I 孔中 $\phi$52J7、$\phi$62J7 和 $\phi$125H8 孔，II 孔中 2 × $\phi$62J7 孔和 2 × $\phi$65H12 卡簧槽，III 孔中 $\phi$80J7、$\phi$95H7 和 $\phi$131mm 孔，I 孔左端面上的 4 × M8-6H 螺纹孔、40mm 尺寸左侧面，以及 A1、A2、A3 和 A4 孔中的 $\phi$16H8、$\phi$20H8 孔。

（2）毛坯说明　该箱体毛坯为铸件，除了 $\phi$20mm 以下孔未铸出毛坯孔外，其余孔均已铸出毛坯孔。

（3）加工路线的选择　根据加工部位的形状、尺寸的大小、精度要求的高低，有无毛坯孔等，为使切削过程中切削力和加工变形不致过大，以及前面加工中所产生的变形（误差）能在后续加工中切除，各孔的加工都遵循先粗后精的原则。全部配合孔均需经粗加工、半精加工和精加工。先完成全部孔的粗加工，然后再完成各个孔的半精加工和精加工。整个加工过程划分成粗加工阶段和半精加工、精加工阶段。为了保证孔的位置正确，在加工中心上对实心材料钻孔前，均先锪孔口平面、钻中心孔，然后再对孔进行粗加工。具体如下：

$\phi$125H8 孔：粗铣—精镗；$\phi$131mm 孔：粗铣—精铣；$\phi$95H7 及 $\phi$62J7 孔：粗镗—半精镗—精镗；$\phi$52J7 孔：粗镗—半精镗—铰；I、II 孔左 $\phi$62J7 及 III 孔左 $\phi$80J7：粗镗—半精镗—倒角—精镗；4 × $\phi$16H8 及 4 × $\phi$20H7 孔：锪平—钻中心孔—钻—镗—铰；4 × M8-6H 螺纹孔：钻中心孔—钻底孔—攻螺纹；2 × $\phi$65H12 卡簧槽：立铣刀圆弧插补切削；40mm 尺寸左侧面：铣削。

对于 $\phi$125H7 孔，因其不是一个完整的孔，若粗加工用镗削，则切削不连续，受较大的切削力冲击作用，易引起振动，故粗加工用立铣刀以圆弧插补方式铣削，精加工用镗削，以保证该孔与 I 孔的同轴度要求；对 $\phi$131mm 孔，因其孔径较大，孔深较浅，故粗、精加工用立铣刀铣削，同时完成孔壁和孔底平面加工；为保证 4 × $\phi$16H8 及 4 × $\phi$20H8 孔的正确位置，均先锪孔口平面，再用中心钻引正，以防钻偏；孔口倒角和切 2 × $\phi$65H12 卡簧槽，安排在精加工之前，以防止精加工后孔内产生毛刺。

同轴孔系的加工，全部从左右两侧进行，即"调头加工"。加工顺序为：粗加工右侧面上的孔—粗加工左侧面上的孔—半精加工、精加工右侧面上的孔—半精加工、精加工左侧面上的孔。

（4）确定定位方案和选择夹具　选用组合夹具，以箱体上的 M、S 和 N 面定位（分别限制 3、2、1 个自由度）。M 面向下放置在夹具水平定位面上，S 面靠在竖直定位面上，IV 面靠在 X 向定位面上。上述三个面在前面工序中用普通机床加工完成。

（5）选择加工中心　根据零件的结构特点、尺寸和技术要求，选择日本一家公司生产的卧式加工中心。该加工中心的工作台面积为 630mm × 630mm，工作台 X 向行程为 910mm，Z 向行程为 635mm，Y 向行程为 710mm，刀库容量为 60 把，一次装夹可完成不同工位的钻、扩、铰、镗、铣、攻螺纹等工步。

## 2. 选择刀具

所选刀具见表7-9。

**表7-9　数控加工刀具卡**　　　编制人　　　年　　月　　日

| 产品名称或代号 | | ×××| 零件名称 | 铣床变速箱体 | 零件图号 | ××× |
|---|---|---|---|---|---|---|
| 序号 | 刀具号 | 刀具规格 | 数量 | 加工表面 | | 备注 |
| 1 | T01 | 粗齿立铣刀 φ45mm | 1 | 铣 I 孔中 φ125H8 孔，粗铣Ⅲ孔中 φ131mm 台，精铣 φ131mm 孔 | | |
| 2 | T02 | 镗刀 φ94.2mm | 1 | 粗镗 φ95H7 孔 | | |
| 3 | T03 | 镗刀 φ61.2mm | 1 | 粗镗 φ62J7 孔 | | |
| 4 | T05 | 镗刀 φ51.2mm | 1 | 粗镗 φ52J7 孔至 φ51.2mm | | |
| 5 | T07 | 专用铣刀 I 24-24 | 1 | 锪平 4×φ16mm 孔端面，锪平 4×φ20H7 孔端面 | | |
| 6 | T09 | 中心钻 I 34-4 | 1 | 钻 4×φ16mm 孔，钻 4×φ20H7 孔，2×M8 孔的中心孔 | | |
| 7 | T10 | 专用镗刀 φ15.85mm | 1 | 镗 4×φ16H8 孔至 φ15.85mm | | |
| 8 | T11 | 锥柄麻花钻 φ15mm | 1 | 钻 4×φ16mm 孔 | | |
| 9 | T13 | 镗刀 φ79.2mm | 1 | 粗镗 φ80J7 孔 | | |
| 10 | T16 | 镗刀 φ94.85mm | 1 | 半精镗 φ95H7 孔至 φ94.85mm | | |
| 11 | T18 | 镗刀 φ95H7 | 1 | 精镗 φ95H7 孔 | | |
| 12 | T20 | 镗刀 φ61.85mm | 1 | 半精镗 φ62J7 孔 | | |
| 13 | T22 | 镗刀 φ62J7 | 1 | 精镗 φ62J7 孔 | | |
| 14 | T24 | 镗刀 φ51.85mm | 1 | 半精镗 φ52J7 孔 | | |
| 15 | T26 | 铰刀 φ52J7 | 1 | 铰 φ52J7 孔 | | |
| 16 | T32 | 铰刀 φ16H8 | 1 | 铰 4×φ16H8 孔 | | |
| 17 | T34 | 镗刀 φ79.85mm | 1 | 半精镗 φ80J7 孔 | | |
| 18 | T36 | 倒角刀 φ89mm | 1 | φ80J7 孔端倒角 | | |
| 19 | T38 | 镗刀 φ80J7 | 1 | 精镗 φ80J7 孔 | | |
| 20 | T40 | 倒角镗刀 φ69mm | 1 | φ62J7 孔端倒角 | | |
| 21 | T42 | 专用切槽刀 I 22-28 | 1 | 圆弧插补方式切二卡簧槽 | | |
| 22 | T45 | 面铣刀 φ120mm | 1 | 铣 40mm 尺寸左面 | | |
| 23 | T50 | 专用镗刀 φ19.85mm | 1 | 半精镗 4×φ20H7 孔 | | |
| 24 | T52 | 铰刀 φ20H7 | 1 | 铰 4×φ20H7 孔 | | |
| 25 | T57 | 锥柄麻花钻 φ18.5mm | 1 | 钻 4×φ20H7 孔底孔 φ18.5mm | | |
| 26 | T60 | 镗刀 φ125H8 | 1 | 精镗 φ125H8 孔 | | |
| 编制 | ××× | 审核 | ××× | 批准 | ××× | 共　页　　第　页 |

### 3. 编制数控加工工序卡

编制加工中心数控加工工序卡，见表7-10。

表 7-10　数控加工工序卡　　　编制人　　　年　　　月　　　日

| 单位名称 | ××× | 产品名称或代号 | | | 零件名称 | | 零件图号 |
|---|---|---|---|---|---|---|---|
| | | ××× | | | 铣床变速箱体 | | ××× |
| 工序号 | 程序编号 | 夹具名称 | | | 使用设备 | | 车间 |
| ××× | ××× | 组合夹具 | | | 卧式加工中心 | | 数控中心 |

| 工步号 | 工步内容 | 刀具号 | 刀具规格 | 主轴转速 /(r/min) | 进给速度 /(mm/min) | 背吃刀量 /mm | 备注 |
|---|---|---|---|---|---|---|---|
| 1 | B0° | | | | | | |
| 2 | 铣I孔中 φ125H8 孔至 φ124.85mm | T01 | 粗齿立铣刀 φ45mm | 300 | 40 | | |
| 3 | 粗铣 Ⅲ 孔中 φ131mm 台、Z 向留 0.1mm | T01 | | 300 | 40 | | |
| 4 | 粗镗 φ95H7 孔至 φ94.2mm | T02 | 镗刀 φ94.2mm | 150 | 30 | | |
| 5 | 粗镗 φ62J7 孔至 φ61.2mm | T03 | 镗刀 φ61.2mm | 180 | 30 | | |
| 6 | 粗镗 φ52J7 孔至 φ51.2mm | T05 | 镗刀 φ51.2mm | 180 | 30 | | |
| 7 | 锪平 4×φ16mm 孔端面 | T07 | 专用铣刀 I 24-24 | 600 | 60 | | |
| 8 | 钻 4×φ16mm 孔中心孔 | T09 | 中心钻 I 34-4 | 1000 | 80 | | |
| 9 | 钻 4×φ16mm 孔至 φ15mm | T11 | 锥柄麻花钻 φ15mm | 400 | 40 | | |
| 10 | B180° | | | | | | |
| 11 | 铣 40mm 尺寸左面 | T45 | 面铣刀 φ120mm | 600 | 60 | | |
| 12 | 粗镗 φ80J7 至 φ79.2mm | T13 | 镗刀 φ79.2mm | 150 | 30 | | |
| 13 | 粗镗 φ62J7 孔至 φ61.2mm | T03 | | 180 | 30 | | |
| 14 | 锪平 4×φ20H7 孔端面 | T07 | | 600 | 60 | | |
| 15 | 钻 4×φ20H7 孔中心孔 | T09 | | 1000 | 80 | | |
| 16 | 钻 4×φ20H7 孔至 φ18.5mm | T57 | 锥柄麻花钻 φ18.5mm | 350 | 40 | | |
| 17 | B0° | | | | | | |
| 18 | 精镗 φ125H8 孔 | T60 | 镗刀 φ125H8 | 200 | 20 | | |
| 19 | 精铣 φ131mm 孔 | T01 | | 400 | 40 | | |
| 20 | 半精镗 φ95H7 孔至 φ94.85mm | T16 | 镗刀 φ94.85mm | 200 | 20 | | |
| 21 | 精镗 φ95H7 孔 | T18 | 镗刀 φ95H7 | 200 | 20 | | |

（续）

| 单位名称 | ××× | 产品名称或代号 | | | 零件名称 | 零件图号 |
|---|---|---|---|---|---|---|
| | | ××× | | | 铣床变速箱体 | ××× |
| 工序号 | 程序编号 | 夹具名称 | | | 使用设备 | 车间 |
| ××× | ××× | 组合夹具 | | | 卧式加工中心 | 数控中心 |

| 工步号 | 工步内容 | 刀具号 | 刀具规格 | 主轴转速/(r/min) | 进给速度/(mm/min) | 背吃刀量/mm | 备注 |
|---|---|---|---|---|---|---|---|
| 22 | 半精镗 φ62J7 孔至 φ61.85mm | T20 | 镗刀 φ61.85H7 | 200 | 20 | | |
| 23 | 精镗 φ62J7 孔 | T22 | 镗刀 φ62J7 | 200 | 20 | | |
| 24 | 半精镗 φ52J7 孔 | T24 | 镗刀 φ51.85mm | 260 | 20 | | |
| 25 | 铰 φ52J7 孔 | T26 | 铰刀 φ52J7 | 100 | 20 | | |
| 26 | 镗 4×φ16H8 孔至 φ15.85mm | T10 | 专用镗刀 φ15.85mm | 200 | 30 | | |
| 27 | 铰 4×φ16H8 孔 | T32 | 铰刀 φ16H8 | 100 | 20 | | |
| 28 | B180° | | | | | | |
| 29 | 半精镗 φ80J7 孔至 φ79.85mm | T34 | 镗刀 φ79.85mm | 200 | 20 | | |
| 30 | φ80J7 孔端倒角 | T36 | 倒角刀 φ89mm | 300 | 30 | | |
| 31 | 精镗 φ80J7 孔成 | T38 | 镗刀 φ80J7 | 200 | 20 | | |
| 32 | 半精镗 φ62J7 孔至 φ61.85mm | T20 | | 200 | 20 | | |
| 33 | φ62J7 孔端倒角 | T40 | 倒角镗刀 φ69mm | 300 | 30 | | |
| 34 | 圆弧插补方式切二卡簧槽 | T42 | 专用切槽刀 I 22-28 | 400 | 20 | | |
| 35 | 精镗 φ62J7 孔 | T22 | | 200 | 20 | | |
| 36 | 镗 4×φ20H7 孔至 φ19.85mm | T50 | 专用镗刀 φ19.85mm | 300 | 30 | | |
| 37 | 铰 4×φ20H8 孔 | T52 | 铰刀 φ20H7 | 100 | 20 | | |

| 编制 | ××× | 审核 | ××× | 批准 | ××× | 年 月 日 | 共 页 | 第 页 |
|---|---|---|---|---|---|---|---|---|

## 复习思考题

1. 加工中心如何分类？
2. 加工中心有何特点？
3. 加工中心主要加工对象有哪些？
4. 如何选择加工中心？
5. 加工中心加工工艺如何确定？
6. 完成图 7-28 所示零件的加工工艺编制。
7. 完成图 7-29 所示零件的加工工艺编制。
8. 完成图 7-30 所示零件的加工工艺编制。

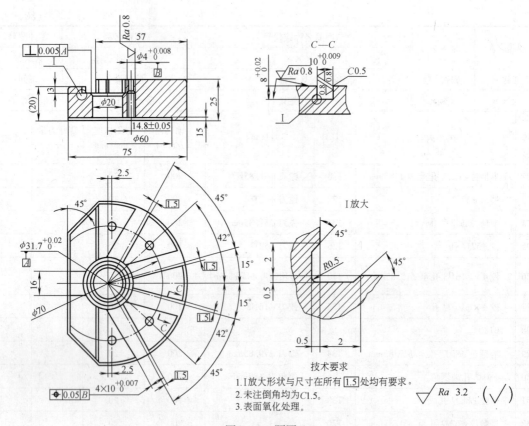

技术要求
1. I放大形状与尺寸在所有 [1.5] 处均有要求。
2. 未注倒角均为C1.5。
3. 表面氧化处理。

图 7-28 题图 6

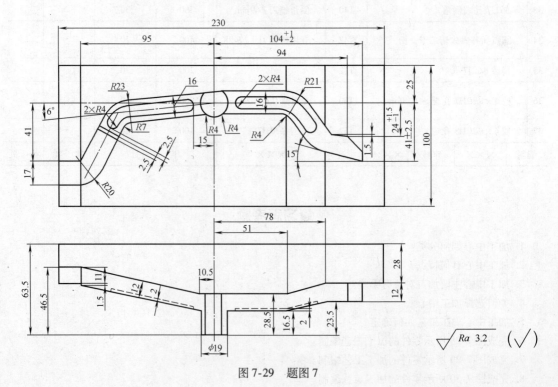

图 7-29 题图 7

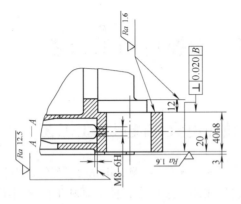

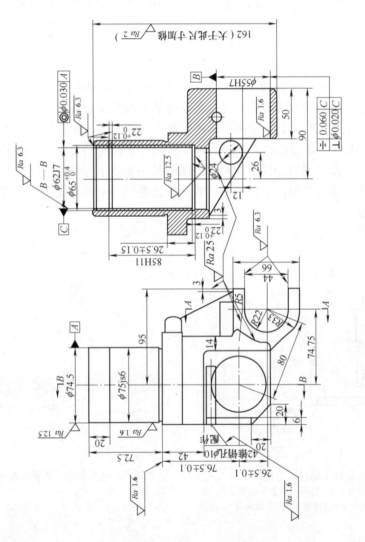

图 7-30 异形支架零件简图

# 第八章　数控电加工工艺

## 第一节　数控电火花成形加工工艺

电火花加工又称放电加工（Electrical Discharge Machining，简称 EDM），是一种直接利用电能和热能进行加工的新工艺。它是在加工过程中，使工具和工件之间不断产生脉冲性的火花放电，靠放电时局部、瞬时产生的高温把金属蚀除下来。因放电过程可见到火花，故称之为电火花加工。

### 一、工作原理及必备条件

**1. 工作原理**

电火花加工的原理是基于工具和工件（正、负电极）之间脉冲性火花放电时的电腐蚀现象来蚀除多余的金属，以达到对零件的尺寸、形状及表面质量预定的加工要求。

如图 8-1 所示，工件 1 与工具 4 分别与脉冲电源 2 的两输出端相连接。自动进给调节装置 3（此处为电动机及丝杠螺母机构）使工具和工件间经常保持一很小的放电间隙，当脉冲电压加到两极之间时，便在当时条件下相对某一间隙最小处或绝缘强度最低处击穿介质，在该局部产生火花放电，瞬时高温使工具和工件表面都蚀除掉一小部分金属，各自形成一个小凹坑，如图 8-2 所示。

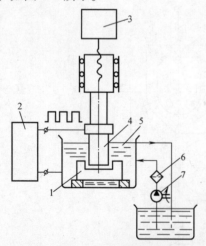

图 8-1　电火花加工原理示意图
1—工件　2—脉冲电源　3—自动进给调节装置
4—工具　5—工作液　6—过滤器　7—工作液泵

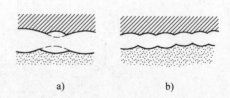

图 8-2　电火花加工表面局部放大图

图 8-2a 所示为单个脉冲放电后的电蚀坑，图 8-2b 所示为多次脉冲放电后的电极表面。脉冲放电结束后，经过一段间隔时间（即脉冲间隔 $t$），使工作液恢复绝缘后，第二个脉冲电压又加到两极上，又会在当时极间距离相对最近或绝缘强度最弱处击穿放电，又电蚀出一

个小凹坑。这样随着相当高的频率，连续不断地重复放电，工具电极不断地向工件进给，就可将工具的形状复制在工件上，加工出所需要的零件，整个加工表面将由无数个小凹坑所组成。

**2. 电火花加工的必备条件**

1）使工具电极和工件被加工表面之间经常保持一定的放电间隙。这一间隙随加工条件而定，通常约为几微米至几百微米。为此，在电火花加工过程中必须具有工具电极的自动进给和调节装置。

2）电火花加工必须采用脉冲电源。脉冲电源使火花放电为瞬时的脉冲性放电，并在放电延续一段时间后，停歇一段时间（放电延续时间一般为 $10^{-7} \sim 10^{-3}$ s）。这样才能使放电产生的热量来不及传导扩散到其余部分，把每一次的放电点分别局限在很小的范围内。

3）使火花放电在有一定绝缘性能的液体介质中进行，例如煤油、皂化液或去离子水。液体介质又称工作液，必须具有较高的绝缘强度（103～107Ω·cm），以利于产生脉冲性的火花放电。同时，液体介质还能把电火花加工过程中产生的金属小屑、炭黑等电蚀产物从放电间隙中悬浮排除出去，并且对工具电极和工件表面有较好的冷却作用。

## 二、数控电火花成形加工机床分类

### 1. 按控制方式分

1）普通数显电火花成形机床。普通数显电火花成形机床是在普通机床上加以改进而来，它只能显示运动部件的位置，而不能控制运动，如图 8-3a 所示。

2）单轴数控电火花成形机床。单轴数控电火花成形机床只能控制单个轴的运动，精度低，加工范围小，如图 8-3b 所示。

3）多轴数控电火花成形机床。多轴数控电火花成形机床能同时控制多轴运动，精度高，加工范围广，如图 8-3c 所示。

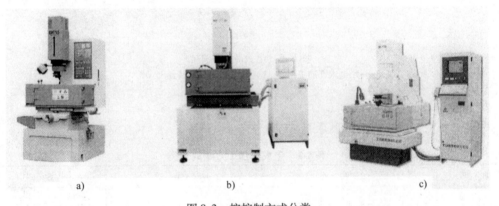

a)　　　　　　　　　　b)　　　　　　　　　　c)

图 8-3　按控制方式分类

a) 普通数显电火花成形机床　b) 单轴数控电火花成形机床　c) 多轴数控电火花成形机床

### 2. 按机床结构分

1）固定立柱式电火花成形机床。固定立柱式电火花成形机床结构简单，一般用于中小型零件加工，如图 8-4a 所示。

2）滑枕式电火花成形机床。滑枕式电火花成形机床结构紧凑，刚性好，一般只用于小型零件加工，如图 8-4b 所示。

3）龙门式电火花成形机床。龙门式电火花成形机床结构较复杂，应用范围广，常用于大中型零件加工，如图 8-4c 所示。

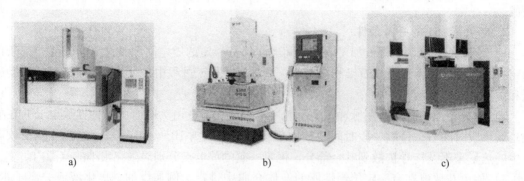

a)　　　　　　　　　　　　　b)　　　　　　　　　　　　　c)

图 8-4　按机床结构分类

a）固定立柱式电火花成形机床　b）滑枕式电火花成形机床　c）龙门式电火花成形机床

### 3. 按电极交换方式分

1）手动式，即普通数控电火花成形机床，结构简单，价格低，工作效率低。

2）自动式，即电火花加工中心（图 8-5），结构复杂，价格高，工作效率高。

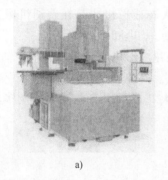 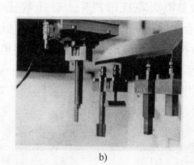

a)　　　　　　　　　　　　　　　　　　b)

图 8-5　电火花加工中心

a）电火花加工中心　b）电极自动交换装置（AEC）

### 4. 按加工方法分类

电火花加工方法的分类见表 8-1。

表 8-1　电火花加工方法的分类

| 类 别 | 特 点 | 用 途 | 备 注 |
|---|---|---|---|
| 电火花成形加工 | 1. 工具为与被加工表面有相同截面的成形电极<br>2. 工具与工件之间只有一个相对进给运动 | 型腔加工<br>穿孔加工 | 约占电火花机床总数的30%，典型机床有 D7125、D7140 等电火花成形机床 |
| 电火花线切割加工 | 1. 工具为线状电极<br>2. 工具沿线电极轴向运动，工件在水平面做进给运动 | 切割各种直纹面零件下料、裁边和窄缝加工 | 约占电火花机床总数的60%，典型机床有 DK6725、DK6732 等数控电火花线切割机床 |

(续)

| 类　别 | 特　点 | 用　途 | 备　注 |
|---|---|---|---|
| 电火花磨削加工 | 1. 工具与工件有相对旋转运动<br>2. 工具与工件有径向和轴向的进给运动 | 加工外圆、小模数滚刀<br>加工精度高、表面粗糙度值小的小孔 | 约占电火花机床总数的3%～4%，典型机床有D6310电火花小孔内圆磨床等 |
| 电火花同步共轭回转加工 | 1. 工具与工件都做旋转运动，但二者角速度相等或成整数倍，而相对应的放电点可有径向相对运动<br>2. 工具相对工件可做纵、横向进给运动 | 以同步回转、展成回转、倍角速度回转等加工各种复杂型面类零件，如高精度的异形齿轮，精密螺纹规，高精度、高对称度、表面粗糙度值小的内、外回转体零件 | 约占电火花机床总数的1%，典型机床有JN-2、JN-8内外螺纹加工机床 |
| 电火花高速小孔加工 | 1. 采用细管电极，管内冲入高压水基工作液，细管电极旋转<br>2. 细管电极和工件做相对进给运动 | 线切割穿丝预孔<br>深径比很大的小孔，如喷嘴等 | 约占电火花机床的1%，典型机床有D703A电火花高速小孔加工机床 |
| 电火花表面强化与刻字加工 | 1. 工具在工件表面上振动<br>2. 工件相对工具移动 | 模具刃口，刀、量具刃口表面强化和镀覆<br>电火花刻字、打印记 | 约占电火花机床总数的2%～3%，典型机床有D9105电火花强化机等 |

### 三、加工特点及应用范围

**1. 电火花加工的特点及应用范围**

（1）适于难切削材料的成形加工　由于电火花加工是靠脉冲放电时的电热作用来蚀除工件材料的，与工件材料的力学性能关系不大，这样可以突破传统切削加工对刀具的限制，可以实现用软的工具加工硬韧的材料，甚至可以加工像人造聚晶金刚石（PCD）及立方氮化硼（CBN）一类的超硬材料。目前电极材料多采用纯铜或石墨，因此工具电极较容易加工。

（2）可加工特殊及复杂形状的工件　由于加工中工具电极和工件不直接接触，没有机械加工的切削力，因此适宜加工低刚度工件及微细加工。由于可以简单地将工具电极的形状复制到工件上，因此特别适用于复杂表面形状工件的加工，如复杂型腔模具加工等，数控技术的采用使得用简单的电极加工复杂形状零件也成为可能。

（3）易于实现加工过程自动化　加工中的放电脉冲参数可以任意调节，在同一台机床上可完成粗、半精、精加工过程，且易于实现加工过程的自动化和无人化操作。

（4）可以改进结构设计，改善结构的工艺性　采用电火花成形加工还有助于改进和简化产品的结构设计与制造工艺，提高其使用性能。例如喷气发动机中的叶轮，采用电火花加工后可以将拼镶、焊接结构改为整体叶轮，既提高了工作可靠性，又减小了体积和质量。

**2. 电火花加工的局限性**

电火花加工也有其局限性，主要有以下几方面：

1）一般只能用于加工金属等导电材料，只有在特定条件下才能加工半导体和非导电体材料。

2）在一般情况下，电火花加工的加工速度要低于切削加工。因此通常安排加工工艺时多采用切削的方法来去除大部分余量，然后再进行电火花加工，以求提高生产率。最新科研成果表明，采用特殊水基不燃性工作液进行电火花加工，其粗加工生产率甚至高于切削加工。

3）存在电极损耗，由于电火花加工靠电、热来蚀除金属，电极也会遭受损耗，而且电极损耗多集中在尖角或底面，影响成形精度。近年来研制的新型脉冲电源，在粗加工时已能将工具电极的损耗控制在 0.1% 以下，中、精加工时的损耗也已降到 1% 左右。

4）最小圆角半径有限制，难以清角加工。一般电火花加工能得到的最小角部半径等于加工间隙（通常为 0.02 ~ 0.3mm），但由于电火花成形加工电极有损耗或采用平动加工，则角部半径还要增大。近来采用的多轴数控电火花加工机床，已可清棱清角地加工出方孔、窄槽的侧壁和底面。

由于电火花成形加工具有许多传统切削加工所无法比拟的优点，因此其应用领域日益扩大，目前已广泛应用于机械（特别是模具制造）、宇航、航空、电子、电机、电器、精密微细机械、仪器仪表、汽车、轻工等行业，以解决难加工材料及复杂形状零件的加工问题。其加工范围已达到小至几十微米的小轴、孔、缝，大到几米的超大型模具和零件。图 8-6 所示为电火花加工的零件。

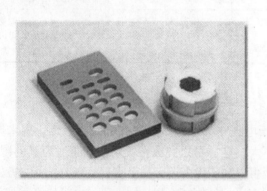 

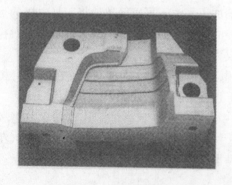 

图 8-6　电火花加工的零件

**四、数控电火花成形加工机床**

**1. 主要技术参数**

数控电火花成形加工机床主要技术参数包括尺寸及加工范围参数、电参数、精度参数等，其具体内容及作用详见表 8-2。

表 8-2　数控电火花成形加工机床主要技术参数

| 类　别 | 主要内容 | 作用 |
|---|---|---|
| 工作台参数 | 工作台面长度、宽度 | 影响加工工件的尺寸范围（重量）、夹具的使用及其设计 |
| | 工作台横向和纵向的行程 | |
| | 工作台最大承重 | |
| | T 形槽数、槽宽、槽间距 | |
| 主轴头参数 | 伺服行程 | 影响加工工艺指标 |
| | 滑座行程 | |
| | 摆动角度及旋转角度 | |
| 运动参数 | 主轴伺服进给速度 | 影响加工性能及加工效率 |
| | 工作台移动速度 | |
| 动力参数 | 主轴电动机功率 | 影响加工负荷 |
| | 伺服电动机额定转矩 | |
| 精度参数 | 工作台定位精度、重复定位精度 | 影响加工精度及其一致性 |
| | 电极的装夹定位精度、重复定位精度 | |
| | 横向、纵向坐标读数精度 | |
| | 最大加工电流、电压 | |
| | 最大电源功率 | |
| | 最小电极损耗 | |
| | 最小表面粗糙度 | |
| 其他参数 | 主轴连接板至工作台面的最大距离 | 影响使用环境 |

**2. 数控电火花成形加工机床主要组成**

数控电火花成形加工机床主要由主机、脉冲电源、机床电气系统、数控系统、伺服进给机构和工作液循环过滤系统等部分组成。

（1）主机及附件　机床主机由床身和立柱、工作台、主轴头等组成。附件包括用以实现工件和电极的装夹、固定和调整其相对位置的机械装置，以及电极自动交换装置（ATC 或 AEC）等。

1）床身和立柱。床身和立柱是基础结构，由它们确保电极与工作台、工件之间的相互位置。位置精度的高低对加工有直接影响，如果机床的精度不高，加工精度也难以保证。因此，不但床身和立柱的结构应该合理，有较高的刚度，能承受主轴负重和运动部件突然加速运动的惯性力，还应能减小温度变化引起的变形。

2）工作台。工作台主要用来支承和装夹工件。工作台可作纵向和横向进给，分别由直流或交流伺服电动机，经滚珠丝杠驱动。运动轨迹是靠数控系统通过数控程序控制实现的。工作台上装有工作液箱，用以容纳工作液，使电极和工件浸泡在工作液里，起到冷却、排屑的作用。工作台是操作者装夹找正时经常移动的部件，通过移动上下滑板，改变纵、横向位置，达到电极与工具件间所要求的相对位置。图 8-7 所示为十字工作台，图 8-8 所示为工作液箱

图 8-7　十字工作台

的形式。

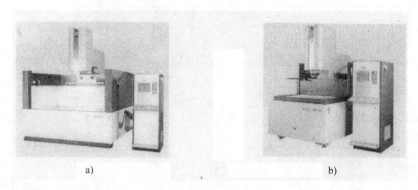

图 8-8　工作液箱

a) 侧开式工作液箱　b) 升降式工作液箱

3）主轴头。主轴头是数控电火花成形机床的关键部件，主轴头用来安装电极并通过自动进给调节系统（伺服电动机、滚珠丝杠螺母副等）带动在立柱上作升降移动，控制电极与工件之间的放电间隙。主轴头的好坏直接影响加工的工艺指标，如生产率、几何精度以及表面粗糙度，因此对主轴头有如下要求：有一定的轴向和侧向刚度及精度；有足够的进给和回升速度；主轴运动的直线性和防扭转性能好；灵敏度要高，无爬行现象；不同的机床要具备合理的承载电极质量的能力。

①可调节主轴头电极夹头结构。装夹在主轴下的工具电极，在加工前需要调节到与工件基准面垂直，在加工型腔或型孔时，还需在水平面内调节、转动一个角度，使工具电极的截面形状与加工出的工件型腔或型孔预定的位置一致。前一垂直度调节功能，常用球面铰链来实现，后一调节功能，靠主轴与工具电极安装面的相对转动机构来调节，垂直度与水平转角调节正确后，都应用螺钉夹紧，如图 8-9 所示。

②平动头。电规准电参数是指电火花加工时选用的电加工用量、电加工参数，主要有脉冲宽度 $t_i$、脉冲间隔 $t_0$、峰值电压 $u_e$、峰值电流 $I_e$ 等脉冲参数，这些脉冲参数在每次加工时必须事先选定。

电火花粗加工时的火花间隙比半精加工的要大，而半精加工的火花间隙比精加工的又要大一些。当用一个电极进行粗加工，将工件的大部分余量蚀除掉后，其底面和侧壁四周的表面粗糙度值很大，为了将其修光，就得改变规准逐挡进行修整。由于后挡规准的放电间隙比前挡小，对工件底面可通过主轴进给进行修光，而四周侧壁就无法修光了。平动头就是为解决修光侧壁和提高其尺寸精度而设计的。

平动头是一个使装在其上的电极能产生向外机械补偿动作的工艺附件。它在电火花成形加工采用单电极加工型腔时，可以补偿上一个加工（电）规准和下一个加工（电）规准之间的放电间隙差。

平动头的动作原理是：利用偏心机构将伺服电动机的旋转运动通过平动轨迹保持机构，转化成电极上每一个质点都能围绕其原始位置在水平面内做平面小圆周运动，许多小圆的外包络线就形成加工表面。其运动半径即平动量 $\Delta$ 通过调节可由零逐步扩大，以补偿粗、半精、精加工的火花放电间隙 $\delta$ 之差，从而达到修光型腔的目的。其中每个质点运动轨迹的半径就称为平动量。图 8-10 所示为平动加工时电极的运动轨迹。

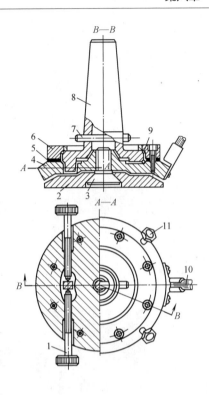

图 8-9 可调节主轴头电极夹头结构

1—调节螺钉 2—摆动法兰盘 3—球面螺钉 4—调角找正架 5—调整垫
6—上压板 7—销钉 8—锥柄座 9—滚珠 10—电源线 11—垂直度调节螺钉

图 8-11 所示为数控平动头。其机械头采用 $X$、$Y$ 两套丝杠和导轨，分别用步进电动机驱动，在电火花成形机床 $Z$ 轴锁定时由本控制系统进行伺服，轨迹可以选择方形、圆形、十字形、六角形等，对模具进行定向加工。

③ 电极自动交换装置（AEC）。与数控加工中心的自动换刀装置相似，电极自动交换装置具有在多电极加工时自动选择、交换电极的功能。电极自动变换装置如图 8-12 所示。

（2）电火花成形机床的脉冲电源 脉冲电源的作用是把工频交流电转换成一定频率的单向脉冲电流，以供给火花放电间隙所需要的能量来蚀除金属。脉冲电源对电火花加工的生产率、表面质量、加工速度、加工过程的稳定性和工具电极损耗等技术经济指标有很大的影响。

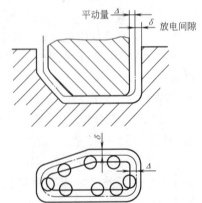

图 8-10 平动加工时电极的运动轨迹

现在普及型（经济型）的电火花加工机床都采用高低压复合的晶体管脉冲电源，中、高档的电火花加工机床都采用微机数字化控制的脉冲电源，而且内部存有电火花加工规准数据库，可以通过微机设置和调用各挡粗、半精、精加工规准参数。数控化的脉冲电源与数控系统密切相关，但有其相对的自主性，它一般由微处理器和外围接口、脉冲形成和功率放大部分、加工状态检测和自适应控制装置以及自诊断和保护电路等组成。

图 8-11　数控平动头 SKS8200

（3）数控系统

1）自动进给调节系统。自动进给调节系统的任务是通过改变、调节主轴头（电极）进给速度，使进给速度接近并等于蚀除速度，以维持一定的"平均"放电间隙，保证电火花加工正常而稳定地进行。

常用自动进给调节系统有电液自动控制系统和电—机械式自动进给调节系统，数控电火花成形机床普遍采用电—机械式自动进给调节系统。

图 8-12　电极自动交换装置（AEC）

①电液伺服进给。电液伺服进给正逐渐被电—机械式的各种交直流伺服电动机所取代，主要是它有漏油、液压泵噪声、占地面积大等缺点。

②步进电动机伺服进给。价廉，调速性能差，用于中、小型电火花机床及数控线切割机床。

③直流伺服电动机进给。用于大多数电火花成形加工机床。

④交流伺服电动机进给。无电刷，力矩大，寿命长，用于大、中型和高档电火花成形加工机床。图 8-13 所示为直（交）流伺服进给主轴头原理图。

我国早在 20 世纪 60～70 年代就曾广泛采用液压伺服进给的主轴头，如 DYT-1 型、DYT-2 型，目前已普遍采用步进电动机、直流电动机或交流伺服电动机作进给驱动的主轴头。

2）电火花成形加工单轴数控系统。电火花成形加工单轴数控系统往往控制 Z 轴，Z 向进给由自动进给调节系统完成。自动进给调节系统一方面始终保持电极和工件间的合理间隙，另一方面沿 Z 向控制主轴头（电极）相对工件进给，所以自动进给调节系统即为 Z 向自动进给系统。

3）电火花成形加工多轴数控系统。电火花成形加工多轴数控系统是对机床的多个坐标轴的移动和转动进行数字控制，使之成为数字控制进给或数控伺服进给。由于有 X、Y、Z 等多轴控制，电极和工件间的相对运动就可以变得复杂，以满足各种复杂型腔和型孔的加工。

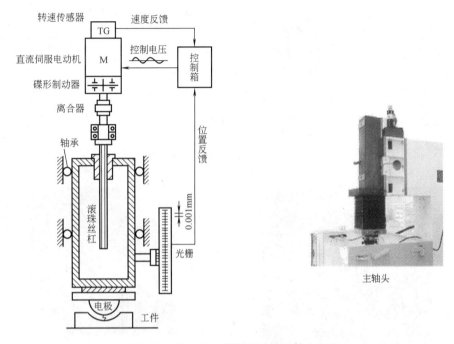

图 8-13　直（交）流伺服进给主轴头原理

图 8-14 所示为采用 $X$、$Z$、$C$ 多轴联动加工型孔。图 8-14a 所示为横向 $X$ 轴伺服进给水平加工型孔；图 8-14b 所示为横向 $X$ 轴和垂直方向 $Z$ 轴联动加工；图 8-14c 所示为 $Z$ 向伺服进给，每加工一个长方孔后，$C$ 轴分度转过 30°（12 等分），加工圆周均布的多个长方形孔。

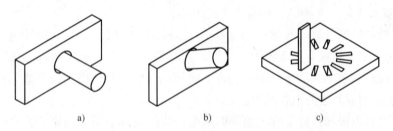

a)　　　　　　　　　b)　　　　　　　　　c)

图 8-14　$X$、$Z$、$C$ 多轴联动加工型孔

图 8-15 所示为电火花三轴数控摇动加工（指工作台在数控系统控制下向外逐步扩弧运动）型腔。图 8-15a 所示为摇动加工修光六角形孔侧壁和底面；图 8-15b 所示为摇动加工修光半圆柱侧壁和底面；图 8-15c 所示为摇动加工修光半圆球柱的侧壁和球头底面；图 8-15d 所示为圆柱形工具电极摇动展成加工出任意角度的内圆锥面。图 8-15 中箭头线为电极进给和摇动加工轨迹。

（4）电火花加工机床的伺服进给　电火花加工与切削加工不同，属于"不接触加工"。正常电火花加工时，工具和工件间有一放电间隙 $S$。如果间隙过大，脉冲电压击不穿间隙间的绝缘工作液，则不会产生火花放电，必须使电极工具向下进给，直到间隙 $S$ 等于或小于某一值（一般 $S = 0.1 \sim 0.01\text{mm}$，与加工规准有关），才能击穿并产生火花放电。图 8-16 所示为进给运动装置。

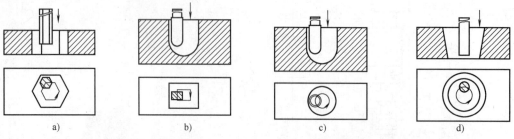

图 8-15　电火花三轴数控摇动加工型腔

图 8-16　进给运动装置

（5）电火花加工机床的工作液和循环过滤装置

1）工作液。

① 电火花加工时工作液的作用有以下几方面：

a）放电结束后恢复放电间隙的绝缘状态（消电离），以便下一个脉冲电压再次形成火花放电。为此要求工作液有一定的绝缘强度，其电阻率在 $10^3 \sim 10^6 \Omega \cdot cm$ 之间。

b）使电蚀产物较易从放电间隙中悬浮、排泄出去，免得放电间隙严重污染，导致火花放电点不分散而形成有害的电弧放电。

c）冷却工具电极和降低工件表面瞬时放电产生的局部高温，否则表面会因局部过热而产生结炭、烧伤并形成电弧放电。

d）工作液还可压缩火花放电通道，增加通道中压缩气体、等离子体的膨胀及爆炸力，以抛出更多熔化和气化了的金属，增加蚀除量。

② 对工作液的要求：要求低粘度，高闪点、高沸点，绝缘性好，安全，对加工件不污染、不腐蚀，氧化安全性要好，寿命长，价格便宜。

③ 工作液的种类：常用电火花加工专用油（20 世纪 70 ~ 80 年代），合成型、高速型和混合性电火花加工液（20 世纪 80 ~ 90 年代）。目前采用煤油作为电火花成形加工的工作液，因为煤油的电阻率为 $10^6 \Omega \cdot cm$，而使用中在 $10^4 \sim 10^5 \Omega \cdot cm$ 之间，且比较稳定，其粘度、密度、表面张力等性能也全面符合电火花加工的要求。不过煤油易着火。因此当粗规准加工时，应使用全损耗系统用油或掺全损耗系统用油的工作液。

2）循环过滤装置。电火花加工用的工作液循环过滤装置包括工作液泵、容器、过滤器及管道等，使工作液强迫循环，如图 8-17 所示，其中图 8-17a、b 所示为冲油式，图

8-17c、d所示为抽油式。冲油是把经过过滤的清洁工作液经液压泵加压,强迫冲入电极与工件之间的放电间隙里,将放电蚀除的电蚀产物随同工作液一起从放电间隙中排出,以达到稳定加工的目的。在加工时,冲油的压力可根据不同的工件和几何形状及加工的深度随时改变,一般压力选在0~200kPa之间。对不通孔加工,如图8-17b、d所示,采用冲油的方法循环效果比抽油的更好,特别在型腔加工中大都采用这种方式,可以改善加工的稳定性。

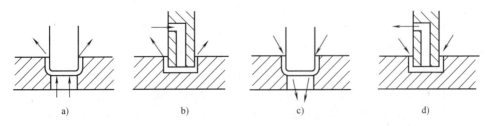

图8-17 冲抽油方式

a) 下冲油式 b) 上冲油式 c) 下抽油式 d) 上抽油式

介质过滤器采用如图8-18所示的纸过滤器芯,纸过滤器的优点是过滤的精度较高、阻力小、更换方便,本身的耗油量低,特别适合中、大型电火花机床,一般可连续应用250~500h,用后经反冲或清洗,仍可继续使用。

**五、工具电极**

**1. 对工具电极的要求**

导电性能良好、电腐蚀困难、电极损耗小、具有足够的机械强度,加工稳定、效率高、材料来源丰富、价格便宜等。

图8-18 纸过滤器芯

**2. 工具电极的种类及性能特点**

电极材料常采用铜和石墨,一般精密小电极用铜来加工,而大的电极用石墨来加工。常用电极材料及应用见表8-3。

表8-3 常用电极材料及应用

| 电极材料 | 电火花加工性能 | | 机械加工性能 | 说 明 |
|---|---|---|---|---|
| | 加工稳定性 | 电极损耗 | | |
| 钢 | 较差 | 中等 | 好 | 在选择电参数时应注意加工的稳定性,可以用凸模作电极 |
| 铸铁 | 一般 | 中等 | 好 | |
| 石墨 | 较好 | 较小 | 较好 | 机械强度较差,易崩角。广泛用于型腔加工中 |
| 黄铜 | 好 | 大 | 较好 | 电极损耗太大 |
| 纯铜 | 好 | 较小 | 较差 | 磨削困难,用于中、小型腔加工中 |
| 铜钨合金 | 好 | 小 | 较好 | 价格贵,多用于深孔、直壁孔,硬质合金穿孔 |
| 银钨合金 | 好 | 小 | 较好 | 价格昂贵,用于精密及有特殊要求的加工 |

电火花穿孔加工用电极一般采用切削加工或线切割加工来制造,对于铜类电极,因不适合磨削,故最后加工可用车削、铣削和钳工精修完成。当加工凹凸模时,可采用切削加工法或线切割加工法加工出钢凸模,然后将凸模淬火后直接作为电极加工钢凹模。型腔电极加工

比穿孔加工的电极要求高且复杂，对纯铜电极，可用切削加工法、电铸法、精锻法、液压放电成形法等加工，最后加工工序用钳工精修完成；对石墨电极，主要用机械加工法制造。

## 六、数控电火花成形加工工艺

### 1. 电加工工艺参数的确定

（1）电极极性的选择　工具电极极性的一般选择原则是：

1）铜电极对钢，或钢电极对钢，选"＋"极性。

2）铜电极对铜，或石墨电极对铜，或石墨电极对硬质合金，选"－"极性。

3）铜电极对硬质合金，选"＋"或"－"极性都可以。

4）石墨电极对钢，加工工件侧面的表面粗糙度值为 $Ra_{max}15\mu m$ 以下的孔，选"－"极性；加工工件侧面的表面粗糙度值为 $Ra_{max}15\mu m$ 以上的孔，选"＋"极性。

（2）加工脉冲电流峰值 $I_e$ 和脉冲宽度 $t_i$ 的选择　$I_e$ 和 $t_i$ 主要影响表面粗糙度、加工速度。这一对参数主要根据加工经验和所用机床的电源特性进行选择，见表8-4。

表8-4　脉冲电流峰值 $I_e$ 和脉冲宽度 $t_i$ 的选择

| 类别 参数 | 机床的电源特性 | | 加工时应用的选择 | | |
|---|---|---|---|---|---|
| | 最小 | 最大 | 精加工 | 半精加工 | 粗加工 |
| 脉冲电流峰值 $I_e/A$ | $I_{e\,min}$ | $I_{e\,max}$ | $I_{e\,min} \sim (1/6)I_{e\,max}$ 可取偏小值 | $(1/6)I_{e\,max} \sim (1/2)I_{e\,max}$ 可取中间值 | $(1/2)I_{e\,max} \sim I_{e\,max}$ 可取偏大值 |
| 脉冲宽度 $t_i/\mu s$ | $t_{i\,min}$ | $t_{i\,max}$ | $t_{i\,min} \sim (1/30)t_{i\,max}$ 可取偏小值 | $(1/30)t_{i\,max} \sim (1/12)t_{i\,max}$ 可取中间值 | $(1/12)t_{i\,max} \sim t_{i\,max}$ 可取偏大值 |

（3）脉冲间隔 $t_0$ 的选择　脉冲间隔 $t_0$ 主要影响加工效率，但太小的 $t_0$ 会引起放电异常（电弧放电），烧伤工具和工件；选得过长，将降低加工生产率。加工面积、加工深度较大时，脉冲间隔也应稍大。

### 2. 加工方法确定

（1）工件预加工　由于电加工的效率一般比较低，所以在电加工前要对工件进行预加工，留出加工余量。电火花成形加工余量一般对型腔的侧面单边余量为 0.1～0.5mm，底面余量为 0.2～0.7mm；对不通孔或台阶型腔，侧面单边余量为 0.1～0.3mm，底面余量为0.1～0.5mm。

（2）电火花加工方式　电火花加工方式主要有单电极加工、多电极多次加工和摇动加工等，其选择要根据具体情况而定。单电极加工一般用于比较简单的型腔；多电极多次加工的加工时间较长，电极需准确定位，但其工艺参数的选择比较简单；摇动加工用于一些型腔表面粗糙度和形状精度要求较高的零件。

### 3. 加工实例

如图 8-19 所示纪念币的尺寸为 φ38mm，型腔深 1.2mm。

（1）工艺分析　工件呈圆凹鼓形，要求纹路细且精致，表面粗糙度值要小，电极损耗要小。

图 8-19　纪念币模具加工

（2）工艺安排

1）电极：纯铜电铸电极。

2）电极极性："＋"极性接法。

3）工件预加工：模板上下面平磨，四边平面用作定位。

4）电极安装：以$\phi10mm$的电极铜柄作装夹柄并调整其垂直度应在0.007mm以内。

5）排屑方法：采用左、右喷射法，压力为0.3MPa。

6）电规准的选择：数控电火花成形加工的规准可从典型工艺参数的数据库中调出使用，其粗、半精、精、超精加工电规准见表8-5。

表8-5　加工电规准

| 加工阶段 | 脉冲电流峰值 $I_e$/A | 脉冲宽度 $t_i$/μs | 脉冲间隔 $t_0$/μs | 加工深度/mm |
|---|---|---|---|---|
| 粗加工 | 10 | 90 | 60 | 1.0 |
| 半精加工 | 5 | 32 | 32 | 1.1 |
| 精加工 | 2 | 16 | 16 | 1.16 |
| 光整加工 | 1 | 4 | 4 | 1.2 |

## 第二节　数控电火花线切割加工工艺

电火花线切割加工是在电火花线加工基础上发展起来的一种新的工艺形式，是用线状电极（常用的有钼、黄铜、纯铜等）靠火花放电对工件进行切割，故电火花线切割又称线切割。

### 一、加工原理及特点

**1. 数控电火花线切割加工原理**

电火花线切割是利用金属导线作为负极，工件作为正极，在线电极和工件之间加以高频的脉冲电压，并置于乳化液或者去离子水等工作液中，使其不断产生火花放电，工件不断被电蚀，从而达到对工件进行加工的一种工艺方法。

数控电火花线切割机床通过数字控制系统的控制，可按加工要求，自动切割任意角度的直线和圆弧。这类机床主要适用于切割淬火钢、硬质合金等金属材料，特别适用于一般金属切削机床难以加工的细缝槽或形状复杂的零件，在模具行业的应用尤为广泛。

图8-20所示为数控电火花线切割的加工原理。加工过程中线电极穿过工件上的穿丝孔，在运丝机构的带动下经过导向轮相对于工件不断往复运动（快走丝机床）或单向运动（慢走丝机床）。工件安装在十字工作台上并与其绝缘，工作台在数控装置的控制下沿$X$、$Y$轴方向按要求的加工轨迹运动，完成加工任务。

**2. 数控电火花线切割加工特点**

1）加工范围宽，只要被加工工件是导体或半导体材料，无论其硬度如何，均可进行加工。

2）由于电火花线切割加工线电极损耗极小，所以加工精度高。

3）除了电极丝直径决定的内侧角部的最小半径（电极丝半径＋放电间隙）$R$的限制外，任何复杂形状的零件，只要能编制加工程序就可以进行加工。该方法特别适于小批量和

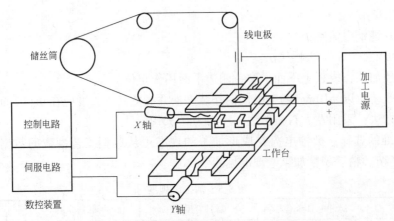

图 8-20 数控电火花线切割的加工原理

试制品的加工。

4）能方便调节加工工件之间的间隙，如依靠线径自动偏移补偿功能，使冲模加工的凸凹模间隙得以保证。

5）多用于加工零件上的直壁曲面。采用四轴联动可加工上、下面异形体、扭曲曲面体、变锥度体等工件。

**二、数控电火花线切割机床分类**

根据电极丝运动的方式可将数控电火花线切割机床分为两大类，即快走丝线切割机床和慢走丝线切割机床，如图 8-21 所示。二者的主要区别见表 8-6。

a)

b)

图 8-21 电火花线切割机床
a）快走丝电火花线切割机床 b）慢走丝电火花线切割机床

**表 8-6 快走丝和慢走丝电火花线切割机床的主要区别**

| 比较项目 | 快走丝电火花线切割加工机床 | 慢走丝电火花线切割加工机床 |
|---|---|---|
| 走丝速度 | ≥2.5m/s，常用值为 6~10m/s | <2.5m/s，常用值为 0.001~0.25m/s |
| 电极丝工作状态 | 往复供丝，反复使用 | 单向运行，一次使用 |
| 电极丝材料 | 钼、钨钼合金 | 黄铜、铜、以铜为主体的合金或镀覆材料 |
| 电极丝直径 | $\phi 0.03 \sim \phi 0.25mm$，常用值为 $\phi 0.12 \sim \phi 0.20mm$ | $\phi 0.003 \sim \phi 0.30mm$，常用值 $\phi 0.20mm$ |
| 穿丝方法 | 只能手工 | 可手工，可自动 |

（续）

| 比较项目 | 快走丝电火花线切割加工机床 | 慢走丝电火花线切割加工机床 |
|---|---|---|
| 工作电极丝长度 | 数百米 | 数千米 |
| 电极丝张力 | 上丝后即固定不变 | 可调，通常为 2.0 ~ 25N |
| 电极丝振动 | 较大 | 较小 |
| 运丝系统结构 | 较简单 | 复杂 |
| 运丝速度 | 7 ~ 10m/s | 0.2m/s |
| 脉冲电源 | 开路电压为 80 ~ 100V，工作电流为 1 ~ 5A | 开路电压为 300V 左右，工作电流为 1 ~ 32A |
| 单面放电间隙 | 0.01 ~ 0.03mm | 0.01 ~ 0.12mm |
| 工作液 | 线切割乳化液或水基工作液 | 去离子水，个别场合用煤油 |
| 工作液电阻率 | 0.5 ~ 50kΩ·cm | 10 ~ 100kΩ·cm |
| 导丝机构形式 | 导轮，寿命较短 | 导向器，寿命较长 |
| 机床价格 | 便宜 | 昂贵 |
| 切割速度 | 20 ~ 160mm$^2$/min | 20 ~ 240mm$^2$/min |
| 加工精度 | ±(0.02 ~ 0.005)mm(分度值为 0.01mm) | ±(0.005 ~ 0.002)mm(分度值为 0.001mm) |
| 表面粗糙度 | $Ra$3.2 ~ 1.6μm(0.63 ~ 1.25μm) | $Ra$1.6 ~ 0.1μm(0.3 ~ 0.8μm) |
| 重复定位精度 | ±0.01mm | ±0.002mm |
| 电极丝损耗 | 均布于参与工作的电极丝全长，加工(3 ~ 10)×10$^4$mm 时，损耗 0.01mm | 不计 |
| 最大切割厚度 | 钢 500mm，铜 610mm | 400mm |
| 最小切缝宽度 | 0.04 ~ 0.09mm | 0.0045 ~ 0.014mm |

　　快走丝线切割机床是我国在 20 世纪 60 年代研制成功的，其主要特点是电极丝运行速度快（300 ~ 700m/min），加工速度较高，排屑容易，机构比较简单，价格相对便宜，因而在我国应用广泛。但由于其运丝速度快容易引起机床的较大振动，丝的振动也大，从而影响加工精度。它的一般加工精度为 ±0.02mm，所加工表面的表面粗糙度值为 $Ra$1.25 ~ 2.5μm。快走丝线切割机床一般采用钼丝作为电极，双向循环往复运动，电极丝直径为 φ0.1 ~ φ0.2mm，工作液常用乳化液。

　　慢走丝线切割机床的运丝速度一般为 3 ~ 5m/min 左右，最高为 15m/min。电极丝采用黄铜、纯铜等，直径为 0.03 ~ 0.35mm，电极丝单向运动且为一次性使用，这使电极丝尺寸一致性好，加工精度相对较高。一般这类线切割机床运丝系统较复杂，能够设定并调整丝的张力，导向装置能进行断丝检测。最新的线切割机床还有自动穿丝和自动断丝功能。慢走丝线切割机床加工精度可达 ±0.001mm，所加工表面的表面粗糙度值可达 $Ra$0.3μm，工作液主要采用去离子水和煤油，切割速度目前能达到 350mm$^2$/min。

### 三、数控电火花线切割机床工艺范围

　　线切割加工为新产品试制、精密零件加工及模具制造开辟了一条新的工艺途径，主要适用于以下几个方面。

**1. 加工模具**

　　适用于加工各种形状的冲模。调整不同的间隙补偿量，只需一次编程就可以切割凸模、

凸模固定板、凹模及卸料板等。模具配合间隙、加工精度通常都能达到要求。此外，还可加工挤压模、粉末冶金模、弯曲模、塑压模等通常带锥度的模具。

**2. 加工电火花成形加工用的电极**

一般穿孔加工用的电极以及带锥度型腔加工用的电极，以及铜钨、银钨合金之类的电极材料，用线切割加工特别经济，同时也适用于加工微细复杂形状的电极。

**3. 加工零件**

在试制新产品时，用线切割在坯料上直接割出零件，例如试制切割特殊微型电动机硅钢片定、转子铁心，由于不需另行制造模具，可大大缩短制造周期、降低成本。另外修改设计、变更加工程序比较方便，加工薄件时还可多片叠在一起加工。在零件制造方面，可用于加工品种多、数量少的零件，特殊难加工材料的零件、材料试验样件、各种型孔、特殊齿轮凸轮、样板、成形刀具。同时还可进行微细加工，异形槽和窄缝加工等。图8-22所示为数控电火花线切割加工的零件。

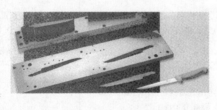

a)                               b)                                   c)

图8-22  数控电火花线切割加工的零件
a）复杂型腔零件  b）模具  c）微细结构零件

**四、数控电火花线切割机床主要技术参数**

数控电火花线切割机床主要技术参数包括：工作台尺寸、最大加工厚度、$X$、$Y$轴行程、最大切割锥度、定位精度、最大加工电流、最大加工速度、电极丝直径范围、电极丝运行速度。

**五、数控电火花线切割机床**

数控电火花线切割机床主要由机械装置（包括床身、移动工作台、线电极驱动装置等）、脉冲电源、数控装置、工作液供给系统等组成。

**1. 移动工作台**

数控线切割机床上常采用$X$、$Y$向移动工作台，又称为十字工作台，它是安装工件并相对线电极进行插补运动的部分。移动工作台由工作台驱动电动机（步进电动机或交、直流伺服电动机）、进给丝杠、导轨与滑板、安装工件的工作台面和工作液护罩等组成。机床的移动工作台如图8-23所示，工作台分上下滑板，下滑板移动完成横向运动（$Y$坐标），上滑板移动完成纵向运动（$X$坐标），如同时运动可形成复杂图形。

另外，在具有锥度切割功能的线切割机床中，还配合十字工作台面设置有沿$U$轴、$V$轴移动的工作台。锥度切割装置如图8-24所示。

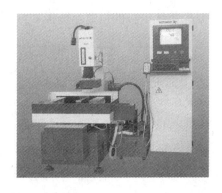

图 8-23　移动工作台

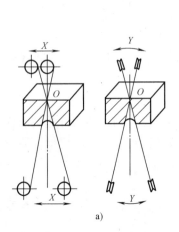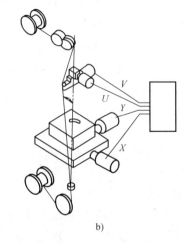

a)　　　　　　　　　　　b)

图 8-24　锥度切割装置

a) 上下导轮偏移方式　b) *X*、*Y*、*U*、*V* 四轴联动方式

## 2. 线电极驱动装置

线电极驱动装置又称走丝系统，有快速走丝和慢速走丝两种。

（1）快速走丝系统　快速走丝线切割机床的线电极，被整齐地排列在一只由普通电动机驱动的储丝筒上，如图 8-25 所示，线电极从储丝筒上的一端经丝架定位后，穿过工件或再经过下导轮（定位器）返回到储丝筒上的另一端。加工时，线电极在储丝筒电动机的驱动下，将在上、下导轮之间做高速往返运动。当驱动储丝筒的电动机为交流电动机时，线电极的走丝速度将受到电动机转速和储丝筒外径的影响而固定在

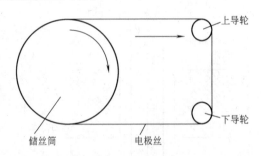

图 8-25　快速走丝系统

450m/min 左右，最高可达 700m/min。如果采用直流电动机驱动储丝筒，该驱动装置可根据加工工件的厚度自动调节线电极的走丝速度，使加工参数更为合理。

（2）慢速走丝系统　如图 8-26 所示，慢速走丝系统实施单向运丝，即新的线电极只一次性通过加工区域，因而线电极的损耗对加工精度几乎没有影响。线电极通过加工区域的走

丝速度，可根据工件厚度自动调整。加工时，需要保持线电极的恒速、恒张紧力，才有利于使加工切缝自始至终保持稳定。

### 3. 工作液供给系统

工作液供给系统主要由泵（水、油）、储液箱、管路、阀（开关）、喷头及过滤装置等部分组成。喷头设置在线架的上、下导轮处，带有压力的工作液将从上、下喷头的喷口同时喷向工件，水柱包围着加工区域的线电极。用过的工作液经回收管路及过滤装置处理后，流回储液箱中循环使用。

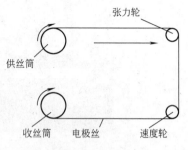

图 8-26　慢速走丝系统

### 4. 脉冲电源

脉冲电源是数控电火花线切割机床最重要的组成部分，脉冲电源参数的选择直接影响到切割速度、表面粗糙度、尺寸精度、加工表面的状况和线电极的损耗等。

线切割加工一般都采用晶体管高频脉冲电源，用单个脉冲能量小、脉宽窄、频率高的脉冲参数进行正极性加工。加工时，可改变的脉冲参数主要有电流峰值、脉冲宽度、脉冲间隔、空载电压、放电电流。

### 六、线切割加工工艺分析

数控线切割加工一般是作为工件加工中的最后一道工序，为了使工件达到图样规定的尺寸、形位精度和表面粗糙度要求，必须合理制订数控线切割加工工艺，以保证质量和提高加工效率。数控线切割加工的工艺规程大致分以下几个步骤：

### 1. 零件图工艺分析

主要分析零件的凹角和尖角是否符合线切割加工的工艺条件，零件的加工精度、表面粗糙度是否在线切割加工所能达到的经济精度范围内。

（1）凹角和尖角的尺寸分析　因线电极具有一定的直径 $d$，加工时又有放电间隙 $\delta$，使线电极中心的运动轨迹与给定图样相差距离 $l$，即 $l = d/2 + \delta$，如图 8-27 所示。因此加工凸模类零件时，电极丝中心轨迹应放大；加工凹模类零件时，电极丝中心轨迹应缩小，如图 8-28 所示。

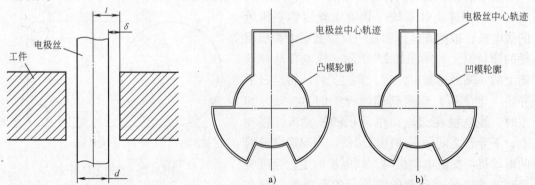

图 8-27　电极丝与工件放电位置的关系　　　图 8-28　电极丝中心运动轨迹与给定图线的关系
　　　　　　　　　　　　　　　　　　　　　　　　a）凸模加工　b）凹模加工

一般数控装置都具有刀具补偿功能，不需要计算刀具中心运动轨迹，只需要按零件轮廓编程，使编程简单方便。但需要考虑电极丝直径及放电间隙，即需要设置间隙补偿量 $JB$。

$$JB = \pm ( d/2 + \delta )$$

加工凸模时取"＋"值，加工凹模时取"－"值。

**例**　钼丝的直径为 0.18mm，单边放电间隙为 0.01mm，求电极丝间隙补偿量。

**解**　$JB = d/2 + \delta = 0.18mm/2mm + 0.01mm = 0.10mm$

即电极丝间隙补偿值为 0.10mm。

线切割加工时，在工件的凹角处不能得到"清角"，而是半径等于 $l$ 的圆弧。对于形状复杂的精密冲模，在凸、凹模设计图样上应注明拐角处的过渡 $R$。

加工凹角时 $$R_1 \geqslant l = ( d/2 + \delta )$$

加工尖角时 $$R_2 = R_1 - \Delta$$

式中　$R_1$——凹角圆弧半径（mm）；

　　　$R_2$——尖角圆弧半径（mm）；

　　　$\Delta$——凸、凹模配合间隙（mm）。

（2）表面粗糙度和加工精度分析　线切割加工表面是由无数的小坑和凸起组成，粗细较均匀，特别有利于保存润滑油；而机械加工表面则存在切削刀痕且具有方向性。在相同表面粗糙度的情况下，其耐磨性比机械加工的表面好。因此，采用线切割加工时，工件表面粗糙度的要求可以较机械加工法降低半级到一级。此外，如果线切割加工的表面粗糙度等级提高一级，则切割速度将大幅度下降。所以，图样中要合理地给定表面粗糙度。线切割加工所能达到的表面粗糙度是有限的，若无特殊要求，对表面粗糙度的要求不能太高。同样加工精度的给定也要合理，目前，绝大多数数控线切割机床的脉冲当量一般为每步 0.001mm。由于工作台传动精度所限，加上走丝系统和其他方面的影响，切割加工精度一般为 IT6 级左右。如果加工精度要求很高，则是难以实现的。

**2. 工艺准备**

工艺准备包括工件准备、电极丝准备、工作液配置和电参数的确定。

（1）工件准备

1）工件材料的选择和处理。线切割加工一般是大面积去除金属和切断加工，如果工件材料选择不当，热处理不合适，会使材料内部产生较大的内应力，在加工过程中导致剩余内应力释放，使工件变形，从而破坏零件的加工精度，严重时甚至会在切割过程中使材料出现裂纹。因此，要进行线切割加工的工件，应选择锻造性能好、淬透性好、内部组织均匀、热处理变形小的材料，并采用合适的热处理方法，以达到加工后变形小、精度高的目的。工件的材料应尽量选用 CrWMn、Cr12Mo、GCr15 等合金工具钢。

2）工件加工基准的选择。为了便于线切割加工，根据工件外形和加工要求，应准备相应的找正和加工基准，此基准应尽量与图样的设计基准一致，常见的有以下两种形式：

① 以外形为找正和加工基准。外形是矩形的工件，一般需要有两个相互垂直的基准面，并垂直于工件的上下平面，如图 8-29 所示。

② 以外形为找正基准，内孔为加工基准。无论是矩形、圆形还是其他异形的工件，都应准备一个与上、下平面保持垂直的找正基准。此时，工件的内孔可作为加工基准，如图 8-30 所示。在大多数情况下，外形基面在线切割加工前的机械加工中就已准备好了。工件淬硬后，若基面变形很小，可稍加打磨即可；若变形较大，则应当重新修磨基准面。

3）穿丝孔和电极丝切入位置的选择。

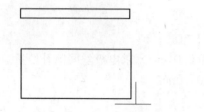

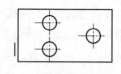

图 8-29　矩形工件的找正和加工基准　　　图 8-30　外形一侧边为找正基准，内孔为加工基准

①　当切割凸模需要设置穿丝孔时，位置可选在加工轨迹的拐角附近，以简化编程。

②　切割凹模等零件的内表面时，将穿丝孔设置在工件对称中心对编程计算和电极丝定位都较为方便。但切入行程较长，不适合大型工件采用。

③　在加工大型工件时，穿丝孔应设置在靠近加工轨迹边角处或选在已知坐标点上使运算简便，缩短切入行程。

④　在加工大型工件时，还应沿加工轨迹设置多个穿丝孔，以便发生断丝时能就近重新穿丝，切入断丝点。

穿丝孔的设置具有一定灵活性，应根据具体情况确定。穿丝孔大小要适宜，常用直径一般为 $\phi 3 \sim \phi 10mm$。

4）切割路线的选择。在加工中，工件内部应力的释放要引起工件的变形，所以在选择加工路线时，尽量避免破坏工件或毛坯结构刚性。因此要注意以下几点：

①　如图 8-31 所示，应从远离夹具的方向开始进行加工，最后转向工件夹具的方向。图 8-31a 所示是错误的，如果按此路线加工，第一段切割加工就将主要连接的部位割断，余下的材料与夹持部分连接较少，工件刚度降低，易产生变形。图 8-31b 可减少由于材料割断后残余应力重新分布引起的变形。

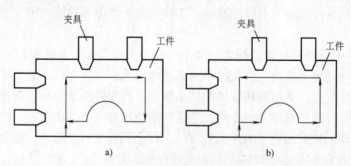

图 8-31　切割路线的选择

②　尽量避免从工件外侧端面开始向内切割，破坏工件的强度，引起变形。而应在工件上预制穿丝孔，再从孔开始加工，如图 8-32 所示。

③　不能沿工件端面加工，这样放电时电极丝单向受电火花冲击力，使电极丝运行不稳定，难以保证尺寸精度和表面粗糙度。加工路线距端面距离应大于 5mm，以保证工件结构强度少受影响，不发生变形。

④　切割孔槽类工件时可采用多次切割法，以减少变形，保证加工精度，如图 8-33 所示。第一次粗加工型孔时留 0.1～0.5mm 的精加工余量，以补偿变形，第二次精加工要达到

精度要求。

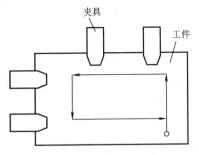

图 8-32　从预制孔开始加工

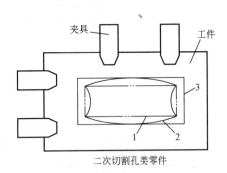

二次切割孔类零件

图 8-33　多次切割示意图
1—第一次切割路线（双点画线）
2—第一次切割后的变形图形
3—第二次切割的形状

⑤ 在一块毛坯上切割两个（或两个以上）工件时，应从不同的预制孔开始加工，而不应一次连续切割出来，如图 8-34 所示。

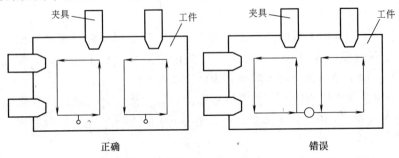

正确　　　　　　　　　　　　　　　　错误

图 8-34　一块毛坯上加工多个工件的切割路线

（2）电极丝的准备

1）电极丝材料的选择。电极丝应具有良好的导电性和抗电蚀性，抗拉强度高、材质均匀。常用电极丝有钼丝、钨丝、黄铜丝和包芯丝等。钨丝抗拉强度高，一般用于各种窄缝的精加工，但价格昂贵。黄铜丝适合于慢速加工，加工表面粗糙度和平直度较好，蚀屑附着少，但抗拉强度差，损耗大，一般用于慢速单向走丝加工。钼丝抗拉强度高，适于快速走丝加工，所以我国快速走丝机床大都选用钼丝作电极丝。

2）电极丝直径的选择。电极丝直径的选择应根据切缝宽窄、工件厚度和拐角尺寸大小来选择，一般范围为 $\phi 0.03 \sim \phi 0.35mm$。电极丝直径 $d$ 应根据工件加工的切缝宽窄、工件厚度及拐角尺寸大小等来选择。若加工带尖角、窄缝的小型模具，宜选用较细的电极丝；若加工大厚度工件或进行大电流切割，则应选较粗的电极丝。由图 8-35 可知，电极丝直径 $d$ 与拐角半径及放电间隙 $\delta$ 的关系为 $d < 2(R - \delta)$。

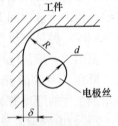

图 8-35　电极丝直径与拐角的关系

电极丝的主要类型、规格如下：钼丝直径 $0.08 \sim 0.2mm$；钨丝直径 $0.03 \sim 0.1mm$；黄铜丝直径 $0.1 \sim 0.3mm$；包芯丝直径 $0.1 \sim 0.3mm$。表 8-7 列出了不同材料、不同直径电极丝的拐角 $R$ 和加工工件厚度的极限值。

表 8-7　电极丝直径与拐角 R 和工件厚度的极限值　　　（单位：mm）

| 电极丝直径 | 拐角 R 极限 | 工件厚度 |
|---|---|---|
| 0.05（钨） | 0.04 ~ 0.07 | 0 ~ 10 |
| 0.07（钨） | 0.05 ~ 0.10 | 0 ~ 20 |
| 0.10（钨） | 0.07 ~ 0.12 | 0 ~ 30 |
| 0.15（黄铜） | 0.10 ~ 0.16 | 0 ~ 50 |
| 0.20（黄铜） | 0.12 ~ 0.20 | 0 ~ 100 |
| 0.25（黄铜） | 0.15 ~ 0.22 | 0 ~ 100 |

3）电极丝张力的选择。电极丝的张力越大，切割速度越高，表面质量越好，但电极丝张力过大会引起断丝。一般电极丝的张力为8N左右，某些慢走丝线切割机床专用电极丝的张力可达 15 ~ 20N。

（3）工作液的选配　工作液具有可恢复极间绝缘、产生放电的爆炸压力、冷却线电极和工件、排除电蚀物等作用。

工作液对切割速度、表面粗糙度、加工精度等都有较大影响，加工时必须正确选配。常用的工作液主要有乳化液和去离子水（纯水）。

1）慢速走丝线切割加工目前普遍使用去离子水。为了提高切割速度，在加工时还要加进有利于提高切割速度的导电液，以增加工作液的电阻率。加工淬火钢，使电阻率在 $2 \times 10^4 \Omega \cdot cm$ 左右；加工硬质合金时电阻率在 $30 \times 10^4 \Omega \cdot cm$ 左右。

2）对于快速走丝线切割加工，目前最常用的是乳化液。乳化液是由乳化油和工作介质配制（质量分数为 5% ~ 10%）而成的。工作介质可用自来水，也可用蒸馏水、高纯水和磁化水。

（4）脉冲电源参数的确定　电火花线切割工艺参数指标主要有切割速度、切割精度、切割表面粗糙度和电极丝在加工过程中的损耗等。影响电火花线切割加工精度的因素有很多，主要有脉冲电源、电极丝、工作液、工件材料和厚度及数控进给的控制力式。而脉冲电源的主要参数包含峰值电流、平均加工电流、脉冲电流前沿、空载电压、脉冲宽度、脉冲间隔。选择电火花线切割加工的电参数主要有脉冲宽度、脉冲间隔、峰值电压、峰值电流等脉冲参数，又称电规准。

1）脉冲宽度 $t_i$ 的选择。脉冲宽度越宽，则单个脉冲的能量越大，放电间隙加大，切割效率也越高，加工越稳定，但加工的表面粗糙度值会变大。较小的脉冲宽度能减小表面粗糙度值，但由于放电间隙较小，加工稳定性较差。因此要根据不同工件的加工要求选择合适的脉冲宽度。脉冲宽度的选择范围一般为 1 ~ 60μs，而脉冲频率约为 10 ~ 100kHz，有时也高于这个范围。一般放电峰值电流一定时，为保证表面粗糙度，半精加工时选择较宽的脉冲宽度，可在 20 ~ 60μs 选择；精加工时脉冲宽度可在 20μs 以内选择。另外，脉冲宽度的选择还与切割工件的厚度有关，工件的厚度增加，脉冲宽度应适当增大。

2）放电峰值电流 $i_e$ 的选择。放电峰值电流对线切割加工速度和表面粗糙度影响较大，在一定工艺条件下，放电峰值电流增加，单个脉冲的能量随之增加，放电腐蚀量加大，线切割速度提高。但因此造成了表面粗糙度变差，电极丝的损耗加大，加工精度降低。一般可以在正式加工前进行试切，以调整峰值电流的大小，或者根据加工引入段的加工状况来调整峰值电流，使之在不断丝的条件下有较高的切割速度。

快走丝线切割机床峰值电流约为 $15 \sim 40A$，慢走丝机床峰值电流约为 $100 \sim 500A$，最大可达 $1\,000A$。

3）脉冲间隔 $t_0$ 的选择。脉冲电源的脉冲间隔对切割速度影响较大，对表面粗糙度值的影响较小。脉冲间隔增大，将降低主切割速度，工件的表面粗糙度改变较小；脉冲间隔减小，致使脉冲频率提高，及单位时间内放电加工次数增多，则平均加工电流增大，切割速度提高。

选择脉冲间隔太小，会使放电产物来不及排除，放电间隙来不及充分消电离，加工不稳定，易造成工件的烧蚀或断丝。

选择脉冲间隔太大，会使切割速度明显降低，严重时不能连续进给，影响加工的稳定性。

一般脉冲间隔选择在 $10 \sim 25\mu s$，取脉冲间隔等于 $4 \sim 8$ 倍的脉冲宽度，即 $t_0 = （4 \sim 8）t_i$，基本上能适应各种加工条件进行下稳定加工。

根据工件的厚度和脉冲宽度合理选择脉冲间隔，以保证加工的稳定性。切割厚件时，选用大的脉冲间隔，有利于排屑，保证加工稳定性。

4）空载电压的选择。适当提高空载电压，可使加工电流和放大间隙增加，有利于放电产物的排除和提高线切割的加工速度，但加工精度则略有降低。必须注意的是，空载电压不宜过高，过高会造成集中放电，产生拉弧，引起断丝。当电极丝直径较小（0.1mm）、切缝较窄，要减小加工面腰鼓形时，应选较低的空载电压；当要改善表面粗糙度，减小拐角的塌角时，应选较高的空载电压。一般快走丝机床的空载电压选 100V，慢走丝机床的空载电压选 150V 以下。

**3. 工件和电极丝的装夹与找正**

（1）工件的装夹

1）工件装夹的要求：

① 装夹时工件基准面应清洁、无毛刺。经过热处理的工件一定要清除热处理留下的渣物及氧化皮，否则会影响其与电极丝间的正常放电，甚至卡断电极丝，造成加工不稳定，影响加工精度。

② 所有夹具精度要高，工件应牢固地固定在夹具或工作台上，装夹工件的作用力要均匀，不能引起工件的变形和翘曲。

③ 工件装夹的位置必须保证切割部位位于机床工作台纵、横进给的允许范围之内和电极丝的运行空间，避免工作台移动时和丝架臂相碰。

④ 加工精密、细小的工件时应使用不易变形的专用辅助夹具，加工成批零件，应采用专用夹具，以提高工作效率。

2）工件常用的装夹方式：

① 悬臂式装夹。如图 8-36 所示为悬臂方式装夹工件，这种方式装夹方便、通用性强。但由于工件一端悬伸，易出现切割表面与工件上、下平面间的垂直度误差。适用于重量较轻、工件的精度要求不高、悬臂短的工件装夹。

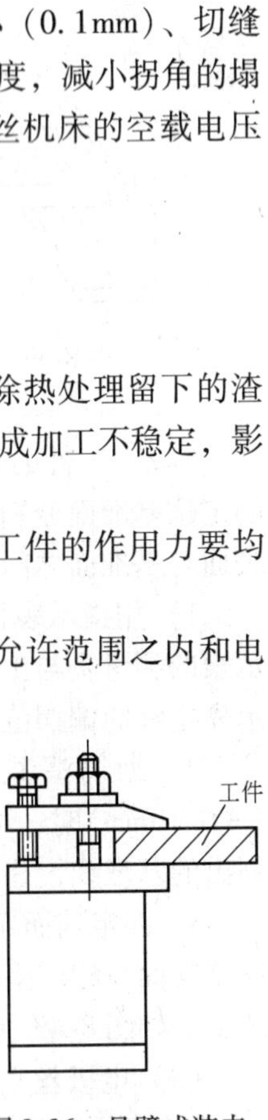

② 两端支撑方式装夹。如图 8-37 所示为两端支撑方式装夹工件，

图 8-36　悬臂式装夹

这种方式装夹方便、稳定，定位精度高，但不适于装夹较小的零件。

③ 桥式支撑方式装夹。这种方式是在两端支撑的夹具上架上两块支撑垫铁后再装夹工件，如图8-38所示。这种方式装夹方便，通用性强，对大、中、小型工件都能采用。

④ 板式支撑方式装夹。如图8-39所示为板式支撑方式装夹工件。根据常规工件的形状和大小，制成具有矩形或圆形孔的支承板夹具，它增加了 X、Y 方向的定位基准。其装夹方式精度高，适用于批量生产，但通用性差。

⑤ 复式支撑式装夹。如图8-40所示，这种方式是在通用夹具上再装专用夹具。此方式装夹方便，装夹精度高。它减少了工件调整和电极丝位置的调整，既提高了生产效率，又保证了工件加工的一致性，适用于工件的批量生产。

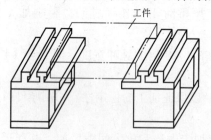

图 8-37　两端支撑方式装夹

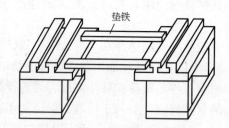

图 8-38　桥式支撑方式装夹

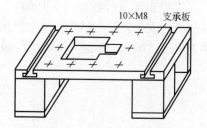

图 8-39　板式支撑方式装夹

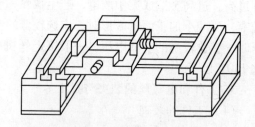

图 8-40　复式支撑式装夹

（2）工件的找正　采用以上方式装夹工件，还必须配合找正法进行调整，方能使工件的定位基准面分别与机床的工作台面和工作台的进给方向 X、Y 保持平行，以保证所切割的表面与基准面之间的相对位置精度。常用的找正方法有：

1）用指示表找正。如图8-41所示，用磁力表架将指示表固定在丝架或其他位置上，指示表的测量头与工件基面接触，往复移动工作台，按指示表指示值调整工件的位置，直至指示表指针的偏摆范围达到所要求的数值。找正应在相互垂直的三个方向上进行。

2）划线法找正。工件的切割图形与定位基准之间的相互位置精度要求不高（±0.10mm）时，可采用划线法找正，如图8-42所示。利用固定在丝架上的划针对准工件上划出的基准线，往复移动工作台，目测划针、基准间的偏离情况，将工件调整到正确位置。

3）固定基面靠定法。利用通用或专用夹具纵、横方向的基准面，经过一次找正后，保证基准面与相应坐标方向一致，于是具有相同加工基准面的工件可以直接靠定，适用于多件加工，如图8-43所示。

（3）电极丝垂直度找正

1）专用工具找正。垂直找正器如图8-44所示，是一种由触点、基准座、指示灯组成的

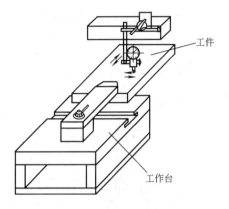

图 8-41 用指示表找正

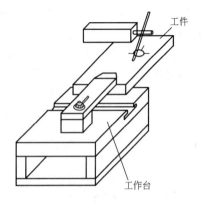

图 8-42 划线法找正

光电找正装置。在使用时，先擦净工作台面和找正器各表面，把找正器置于工件基准面上，移动 $X$、$Y$ 方向，使找正器的上、下触点与电极丝接触，当指示灯同时亮起，说明电极丝垂直度符合要求，如果一支指示灯亮，则表明电极丝的垂直度尚未找正好，需要调整导轮基座的轴向位置和丝架位置。

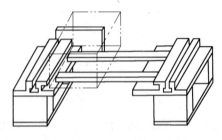

图 8-43 固定基面靠定法

2）火花找正法。火花找正法是用直角精度很高的找正尺或找正杯，也可以直接用工件的垂直面，缓慢移至电极丝，此时加上小能量脉冲，观察电极丝是否同时放电来确定电极丝的垂直度，如图 8-45 所示。操作时，先将垂直样块平稳放在工作台上或切割工件的上表面，打开控制柜的脉冲电源并调整放电参数，使之处于微弱状态和手动控制状态；然后移动 $X$、$Y$ 轴将垂直样块靠近运行的电极丝，观察火花放电是否均匀；最后，分别调整导轮的基架和丝架使电极丝和工作台的 $X$、$Y$ 轴垂直。

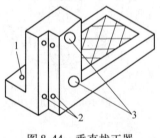

图 8-44 垂直找正器
1—导线 2—触点 3—指示灯

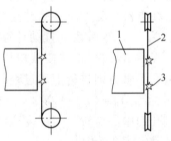

图 8-45 火花找正法
1—垂直样块 2—电极丝 3—火花

（4）工件和电极丝位置的调整 线切割加工之前，应将电极丝调整到切割的起始坐标位置上，其调整方法有以下几种：

1）目测法。对于加工要求较低的工件，在确定电极丝与工件基准间的相对位置时，可以直接利用目测或借助 2～8 倍的放大镜来进行观察。图 8-46 所示是利用穿丝处划出的十字基准线，分别沿划线方向观察电极丝与基准线的相对位置，根据两者的偏离情况移动工作台，当电极丝中心分别与纵、横方向基准线重合时，工作台纵、横方向上的读数就确定了电极丝中心的位置。

2）火花法。如图8-47所示。调整时，移动工作台（滑板）使工件的基准面逐渐靠近电极丝，在发生火花的瞬时，记下工作台（滑板）的相应坐标。然后根据工件的外形尺寸，得出工件在某轴的中心，再根据放电间隙推算电极丝中心的坐标。计算方法为

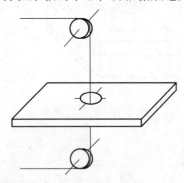

图8-46　目测法调整电极丝位置

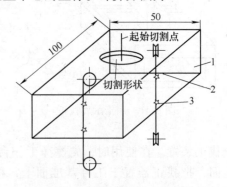

图8-47　火花法调整电极丝位置
1—工件　2—电极丝　3—火花

$$工件外形尺寸/2 + 电极丝的半径 + 单边放电间隙$$

此方法简单易行，但往往因放电间隙的存在而产生误差。

用四面找中心可以消除单边找中心的误差，方法和单边找中心近似。四面找中心是在工件的两边同时进行火花找中心。这样可以消除单面放电间隙带来的误差。

3）自动找中心。所谓自动找中心，就是让电极丝在工件孔的中心自动定位。此法是根据线电极与工件的短路信号，来确定电极丝的中心位置。数控功能较强的线切割机床常用这种方法。如图8-48所示，首先让线电极在 $X$ 轴方向移动至与孔壁接触（使用半程移动指令 G82），则此时当前点 $X$ 坐标为 $X_1$，接着线电极往反方向移动与孔壁接触，此时当前点 $X$ 坐标为 $X_2$，然后系统自动计算 $X$ 方向中点坐标 $X_0[X_0 = (X_1 + X_2)/2]$，并使线电极到达 $X$ 方向中点 $X_0$；接着在 $Y$ 轴方向进行上述过程，线电极到达 $Y$ 方向中点坐标 $Y_0[Y_0 = (Y_1 + Y_2)/2]$。这样经过几次重复就可找到孔的中心位置。当精度达到所要求的允许值之后，就确定了孔的中心。

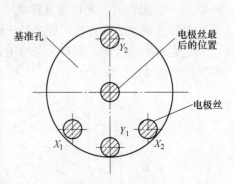

图8-48　自动找中心

### 七、线切割加工零件实例

数控线切割加工主要用于加工模具零件和各种特殊的微细、薄片类零件。

（一）实例一：冷冲模加工

数控线切割加工应用最广的是冷冲模加工，其加工工艺路线与加工顺序的安排分析如下。

模具工作零件一般采用锻造毛坯，其线切割加工常在淬火与回火后进行。由于受材料淬透性的影响，当大面积去除金属和切断加工时，会使材料内部残余应力的相对平衡状态遭到

破坏而产生变形，影响加工精度，甚至在切割过程中造成材料突然开裂。为减少这种影响，除在设计时应选用锻造性能好、淬透性好、热处理变形小的合金工具钢（如 Cr12、Cr12MoV、CrWMn）作模具材料外，对模具毛坯锻造及热处理工艺也应正确进行。

**1. 加工工艺路线**

（1）凹模的工艺路线如图 8-49 所示。

1）下料。用锯床切断所需材料。

2）锻造。改善内部组织，并锻成所需的形状。

3）退火。消除锻造内应力，改善加工性能。

4）刨（铣）六面，并留磨削余量0.4 ~ 0.6mm。

5）磨。磨出上下平面及相邻两侧面。

6）划线。划出刃口轮廓线和孔（螺纹孔、销孔、穿丝孔等）的位置。

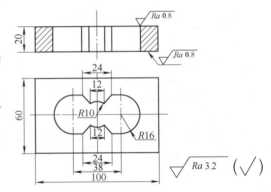

图 8-49 凹模零件示例

7）加工型孔部分。当凹模较大时，为减少线切割加工量，需将型孔漏料部分铣（车）出，只切割刃口高度；对淬透性差的材料，可将型孔的部分材料去除，留 3 ~ 5mm 切割余量。

8）孔加工。加工螺纹孔、销孔、穿丝孔等。

9）淬火。达设计要求。

10）磨。磨削上下平面及相邻两侧面。

11）退磁处理。

12）线切割加工成形。

13）钳工修配。

加工工艺中，磨削基面的目的是为了线切割加工时找正，基面一般选择工件侧面的一组直角边。

（2）凸模的工艺路线 图 8-50 所示为一凸模零件。凸模的工艺路线可根据凸模的结构特点参照凹模的工艺路线，将其中不需要的工序去掉即可。但应注意以下几点：

1）为便于加工和装夹，一般都将毛坯锻造成平行六面体。对尺寸、形状相同，断面尺寸较小的凸模，可将几个凸模制成一个毛坯。

2）凸模的切割轮廓线与毛坯侧面之间应留足够的切割余量（一般不小于5mm）。毛坯上还要留出装夹部位。

3）在有些情况下，为防止切割时模坯产生变形，要在模坯上加工出穿丝孔。切割的引入程序从穿丝孔开始。

**2. 加工顺序**

冲模一般主要由凸模、凹模、凸模固定板、卸料板、侧刃、侧导板等部件组成。

在线切割加工时，安排加工顺序的原则是先切割卸料板、凸模固定板等非主要件，然后再切割凸模、凹模等主要件。在加工中也可用圆柱销将固定板、凹模、卸料板在一起加工。这要求冲裁的材料厚度最好在 0.5mm 以下，如果冲裁的材料厚度大于 0.5mm，凹模和卸料板可一起切割。

### 3. 加工实例

（1）数字冲裁模（凸凹模）的加工　图8-51所示为数字冲裁模（凸凹模），材料为CrWMn，凸凹模与相应凹模和凸模的双面间隙为0.01~0.02mm。

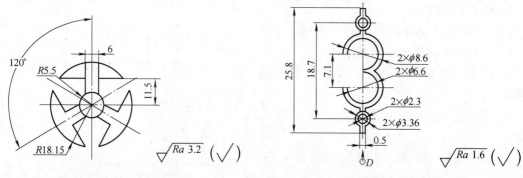

图8-50　凸模零件示例

图8-51　数字冲裁模（凸凹模）

因凸凹模形状较复杂，为满足其技术要求，可采用以下主要措施。

1）淬火前将工件坯料上预制穿丝孔，如图8-51中的孔D。

2）将所有非光滑过渡的交点用半径为0.1mm的过渡圆弧连接。

3）先切割两个φ2.3mm小孔，再由辅助穿丝孔开始，进行凸凹模的成形加工。

4）选择合理的电参数，以保证切割表面粗糙度和加工精度的要求。

加工时的电参数为：空载电压80V，脉冲宽度8μs，脉冲间隔30μs，平均电流1.5A。采用快速走丝方式，走丝速度为9m/s，电极丝为φ0.12mm的钼丝，工作液为乳化液。

加工结果如下：切割速度为20~30mm²/min；表面粗糙度值为Ra1.6μm。通过与相应的凸模、凹模试配，可直接使用。

（2）大、中型冷冲模加工　图8-52所示为卡箍落料模凹模。工件材料为Cr12MoV，凹模工作面厚度为10mm。该凹模待加工图形行程长，重量大，厚度高，去除金属量大。为保证工件的加工质量，采取如下工艺措施：

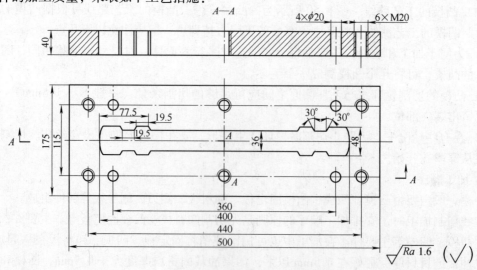

图8-52　卡箍落料模凹模

1）虽然工件材料已经选择了淬透性好，热处理变形小的高合金钢，但因工件外形尺寸较大，为保证型孔位置的硬度及减少热处理过程中产生的残余应力，除热处理工序应采取必要的措施外，在淬硬前，应增加一次粗加工（铣削或线切割），使凹模型孔各面均留 2 ~ 4mm 的余量。

2）加工时采用双支撑的装夹方式，即利用凹模本身架在两夹具体定位平面上。

3）因去除金属重量大，在切割过半，特别是在快完成加工时，废料易发生偏斜和位移，而影响加工精度或卡断线电极。为此，在工件和废料块的上平面上，添加一平面经过磨削的永久磁钢，以利于废料块在切割的全过程中位置固定。

加工时选择的电参数为：空载电压峰值 95V，脉冲宽度 25μs，脉冲间隔 78μs，平均加工电流 1.8A。采用快走丝方式，走丝速度为 9m/s，线电极为 $\phi$0.3mm 的黄铜丝，工作液为乳化液。

加工结果：切割速度为 40 ~ 50mm²/min，表面粗糙度和加工精度均符合要求。

（二）实例二：防松垫圈加工

某机床在维修中，一防松垫圈在拆卸时损坏，经测绘，尺寸如图 8-53 所示。要求按图 8-53 所示尺寸加工出配件。

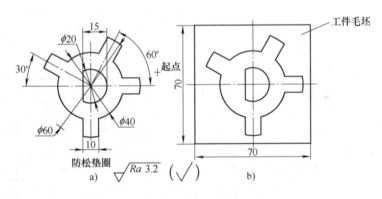

图 8-53 防松垫圈线切割

a）防松垫圈 b）垫圈在板料上的位置

1）工艺分析。该零件为冲压件，但从加工成本角度考虑，采用不用制作模具的铣削和线切割方法都可行，但考虑到该零件很薄，不易铣削且铣削不能清根，故选用线切割方法最为合理。

2）机床的选择。由于该零件精度要求不高，故采用快走丝数控线切割机床。

3）确定工艺基准。选择底平面作为定位基准面，选择孔的中心作为工序尺寸基准，并作为加工内孔时的穿丝点。

4）确定加工路线。加工内孔时对工件的强度影响不大，采用顺、逆圆加工都可以。加工外轮廓时，应向远离工件夹具的方向进行加工，以避免加工中因内应力释放引起工件变形。待最后再转向接近工件装夹处进行加工，若采用悬臂式装夹，应从起点开始逆时针方向加工。

5）加工参数的确定。电极丝直径 $\phi$0.15mm，放电间隙为 0.01μs。

# 复习思考题

1. 什么是电火花线切割加工？有何特点？

2. 数控电火花线切割机床如何分类？

3. 数控电火花线切割机床工艺范围有哪些？

4. 数控电火花线切割线电极驱动装置有哪几种？有何特点？

5. 数控电火花线切割为什么要进行间隙补偿？

6. 如何选用电极丝？

7. 脉冲电源参数如何确定？

8. 线切割工件的装夹有哪些形式？工件怎样找正？

9. 如何用火花法调整工件和电极丝的位置？

10. 完成图8-54所示零件的线切割加工工艺。

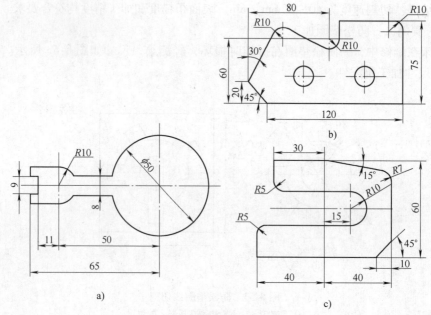

图8-54 题图10

a）凸模 b）样板 c）凹模

# 参 考 文 献

［1］华茂发. 数控机床加工工艺［M］. 北京：机械工业出版社，2000.

［2］王爱玲，张吉堂. 现代数控原理及控制系统［M］. 北京：国防工业出版社，2002.

［3］罗学科，李跃中. 数控电加工机床［M］. 北京：化学工业出版社，2003.